高等学校“十二五”规划教材

综合化学实验

刘希光　主编
李桂英　刘　刚　陈　厚　副主编

化学工业出版社
·北京·

本书精选53个实验，分为基础性综合实验、研究设计性综合实验和附录三部分，其中基础性综合实验21个，研究设计性综合实验32个。

书中大部分实验来源于生产实践和教师的科研成果，具有较强的应用性、综合性和创新性，并涉及学科发展的前沿和交叉。每个实验都含有多步合成或多种分析方法的综合应用，内容涉及无机和分析化学、有机化学、物理化学、材料化学、应用化学和高分子材料等领域。基础性综合实验主要对学生进行不同专题的化学实验操作和研究方法的训练。研究设计性综合实验旨在扩展学生的知识领域，培养学生独立实验的能力和运用现代仪器综合分析问题、解决问题的能力。为满足研究应用的需要，附录部分提供了化学实验中的常用数据表。

本书可作为高等院校理工科化学专业、应用化学专业、高分子材料与工程专业或材料化学专业高年级学生的综合化学实验课程教材以及研究生的实验参考书。

图书在版编目（CIP）数据

综合化学实验/刘希光主编．—北京：化学工业出版社，2015.7
高等学校“十二五”规划教材
ISBN 978-7-122-24054-5

Ⅰ.①综…　Ⅱ.①刘…　Ⅲ.①化学实验-高等学校-教材　Ⅳ.①O6-3

中国版本图书馆CIP数据核字（2015）第106309号

责任编辑：宋林青　王　岩　　　文字编辑：孙凤英
责任校对：王素芹　　　装帧设计：刘剑宁

出版发行：化学工业出版社（北京市东城区青年湖南街13号　邮政编码100011）
印　　刷：北京永鑫印刷有限责任公司
装　　订：三河市宇新装订厂
787mm×1092mm　1/16　印张12½　字数318千字　2015年9月北京第1版第1次印刷

购书咨询：010-64518888（传真：010-64519686）　售后服务：010-64518899
网　　址：http://www.cip.com.cn
凡购买本书，如有缺损质量问题，本社销售中心负责调换。

定　　价：25.00元

前　言

综合化学实验是在掌握化学实验的基本原理和基本操作基础上开设的，与化学学科前沿紧密结合，内容涉及无机化学、分析化学、有机化学、物理化学、高分子化学和材料化学等各分支学科中的实验技术和实验方法，将较多的实验基本理论和技能融合到一个实验中，具有较强综合性、创新性和应用性的实验课程；同时增加了基础化学实验中学生未接触的实验操作训练。综合化学实验的开设对于提高学生运用基础化学实验技能解决实际问题的能力、设计实验的能力以及操作和使用现代仪器的能力，培养具有较强的实践能力和创新能力的高素质综合人才具有重要的意义。

本书内容的选取以对学生进行综合素质培养和科学研究训练为目的，实验内容大多来自教师的科研项目、生产实践以及大学生课外科技创新项目等，涉及无机材料、有机材料、高分子材料的合成与性能以及各种材料的物理化学性质的表征等。每一个实验在内容上都包含有多步合成或多种分析方法的综合应用。在选择实验时，除注重实验的普适性和应用性以外，还特别注重实验的综合性、创新性和实验内容的与时俱进。同时注重多学科交叉，如无机与分析、有机与高分子等不同学科的组合。在实验过程中涉及很多现代常用仪器设备的使用，如红外光谱、紫外光谱、X射线光谱、核磁共振、原子吸收、扫描电镜等，对于提高学生的实验操作能力、综合解决问题能力以及培养科研思维能力起到很大的帮助。部分实验内容还有进一步探索的余地，为学生创新能力的发挥留有空间。另外，各组实验在训练内容上具有不同的侧重点和不同的难度，以适应不同专业发展方向学生的不同要求，可根据学生的具体情况及设备条件等进行灵活调整，结合学生情况因材施教。

全书内容分为基础性综合实验、研究设计性综合实验和附录三部分。第1部分基础性综合实验，共包含21个实验，以无机化合物或有机化合物的制备、分析、表征等各种实验技术以及基本化学理论为主线选择实验内容。主要对学生进行不同专题实验操作和研究方法的训练。通过这些实验，学生可以学习各种常用仪器的使用、各类化学物质的合成方法、实验参数的研究以及性能测定方法，侧重化学各分支学科的融合和单元操作的衔接。第2部分研究设计性综合实验，包含32个实验，涉及材料化学、应用化学、高分子材料等领域，选择某些代表性材料的合成、表征为实验内容，如纳米材料和多孔材料的制备、智能材料的分析和表征等，旨在扩展学生的知识领域，提高学生独立实验、综合分析问题和解决问题的能力，注重学科前沿和科学研究能力的培养。第3部分为附录，包含各类实验中常用数据表，如常用酸、碱的相对密度与浓度，常用有机溶剂的沸点及相对密度等，便于查阅。

本书由鲁东大学化学与材料科学学院刘希光教授主编，负责全书的策划和统稿，李桂英、刘刚、陈厚任副主编，参加撰写的还有徐强、郭振良、徐彦宾等老师。其他编写者已在每个实验的最后注明。全书由刘希光、陈厚、李桂英和刘刚等经过多次反复讨论和认真修改最后定稿。

本书在编写过程中得到了山东省高等学校教学改革重点项目（2012030）、山东省名校工程建设项目、鲁东大学应用型人才培养改革与建设项目（412—20140407）的资助。本教材在编写过程中参考了国内外的相关书刊，并得到了化学工业出版社的支持和帮助，在此深表感谢。

由于《综合化学实验》内容涉及面广、信息量大，且限于编者水平，尽管在内容取舍和编写中尽了最大努力，但书中不当之处在所难免，恳请读者批评指正。

编者

2015 年 1 月

目 录

CONTENTS

第1部分　基础性综合实验

实验1　硫酸四氨合铜的制备及组成测定

硫酸四氨合铜常用作杀虫剂、媒染剂，在碱性镀铜中也常用作电镀液的主要成分，在工业上用途广泛。硫酸四氨合铜为蓝色正交晶体，溶于水，不溶于乙醇、乙醚、丙酮、三氯甲烷、四氯化碳等有机溶剂。

【实验目的】

1. 掌握制备硫酸四氨合铜的原理和方法。
2. 掌握蒸发、结晶、减压过滤等基本操作。
3. 掌握利用碘量法测定铜含量以及酸碱滴定法测定氨含量的原理和方法。

【实验原理】

硫酸四氨合铜由硫酸铜与氨水作用后缓慢加入乙醇而得。其制备的主要原理是：

$$CuSO_4+4NH_3+H_2O=\!=\!=[Cu(NH_3)_4]SO_4\cdot H_2O$$

利用铜氨配合物在乙醇溶液中溶解度较小的原理，使水合铜氨配合物结晶析出而得到产品。利用间接碘量法可测定铜氨配合物中铜的含量，利用酸碱滴定法可测定配合物中氨的含量。根据分析结果，可以推判出水合铜氨配合物的组成。

【仪器和试剂】

1. 仪器

台秤（0.01g）	1台；	电子天平（0.1mg）	1台；	电热鼓风干燥箱	1台；
循环水真空泵	1台；	滴定台（附蝴蝶夹）	1套；	25mL酸式滴定管	1支；
250mL抽滤瓶	1个；	200℃温度计	1支；	布氏漏斗	1个；
50mL量筒	1个；	锥形瓶	4个；	容量瓶（250mL）	1个；
25mL移液管	1支；	250mL烧杯	2个；	烧杯(100mL)	3个；
表面皿	3个；	25mL量筒	3个；	10mL量筒	2个；
蒸发皿	1个；	5mL量筒	1个。		

2. 试剂

硫酸铜	分析纯；	浓氨水	分析纯；
95%乙醇	分析纯；	乙醚	分析纯；
$K_2Cr_2O_7$（已烘干）	分析纯；	HCl（1+1）	分析纯；
KI溶液（10%）	分析纯；	H_2SO_4（1.0mol/L）	分析纯；
淀粉指示剂（5g/L）	分析纯；	KSCN（10%）	分析纯；
Na_2CO_3（已烘干）	分析纯；	甲基橙指示剂	分析纯；

$Na_2S_2O_3$溶液　　分析纯；　　HCl 溶液　　分析纯；
（约 0.1mol/L，待标定）　　（约 0.1mol/L，待标定）

甲基红-亚甲基蓝指示剂　分析纯。

【实验步骤】

1. 铜(Ⅱ) 配合物的制备

称取 10g $CuSO_4 \cdot 5H_2O$，放入 100mL 烧杯中，加 14mL 蒸馏水溶解，在通风橱中加入 20mL 浓氨水，搅拌溶解后，生成深蓝色的溶液；边搅拌边向深蓝色溶液中缓慢加入 35mL 95%的乙醇，立即有深蓝色的晶体生成，搅拌均匀，盖上表面皿静置 15min 后；将糊状产物转移到布氏漏斗中进行减压过滤，抽干后，用 40mL(1+1) 的氨水-乙醇混合液洗涤晶体 4 次（每次 10mL），抽干后，再用 20mL 乙醇-乙醚混合液淋洗两次（每次 10mL）抽干；将抽干后的晶体转移到蒸发皿中，将大块破碎，放入干燥箱里，在 60℃左右烘干 20min，取出冷却到室温称重，计算产率。

2. 铜(Ⅱ) 配合物中铜、氨含量的测定

(1) 0.1mol/L $Na_2S_2O_3$溶液浓度的标定

准确称取 0.10～0.12g $K_2Cr_2O_7$固体，置于 250mL 锥形瓶中，加入 25mL 蒸馏水，使 $K_2Cr_2O_7$固体溶解后，加入 5mL(1+1)HCl 溶液调 pH 值为酸性，再加入 10mL 10% KI 溶液，盖上表面皿振荡均匀后，放置在暗处（实验柜中）反应 5min 后取出，加入 50mL 蒸馏水，用待标定的 $Na_2S_2O_3$溶液滴定，当溶液由黄棕色变为淡黄绿色时，再加入 3mL 5g/L 淀粉指示剂，继续滴定至溶液呈现亮绿色时为终点，放置 2min 后不变为蓝色即可读数。记录滴定消耗的 $Na_2S_2O_3$ 标准溶液的体积，计算 $Na_2S_2O_3$ 溶液的浓度（mol/L）。平行测定三份。

(2) 配合物中铜含量的测定

准确称取自制产品 0.4～0.5g，置于 250mL 锥形瓶中，加入 5mL 1mol/L H_2SO_4溶液，振荡溶解后，加入 25mL 蒸馏水、10mL 10% KI 溶液，振荡反应片刻后，用 $Na_2S_2O_3$标准溶液滴定至浅黄色，然后加入 3mL 5g/L 淀粉指示剂，继续滴定至灰蓝色。再向其中加入 10mL 10% KSCN 溶液，振荡溶液约半分钟后，再继续滴定，当溶液蓝色刚好消失变为乳白色（或有些泛红）时，滴定达到终点，读数、记录消耗的 $Na_2S_2O_3$标准溶液的体积，根据所消耗 $Na_2S_2O_3$标准溶液的体积，计算试样中 Cu 的含量（以%计），平行测定三份。

(3) 0.1mol/L HCl 溶液的标定

准确称取无水碳酸钠 1.0～1.2g，置于 100mL 烧杯中，加入蒸馏水 25mL，搅拌使其溶解，转移至 250mL 容量瓶中，用蒸馏水稀至刻度，摇匀即可。

准确移取上述碳酸钠溶液 25.00mL，置于 250mL 锥形瓶中，加入 2 滴甲基橙指示剂，用待标定的 HCl 溶液滴定，当溶液由黄色变为橙色时，滴定达到终点。读数、记录所消耗 HCl 溶液的体积，计算 HCl 溶液的浓度（mol/L），平行移取测定三份。

(4) 配合物中氨含量的测定

准确称取自制产品 0.1～0.12g，置于 250mL 锥形瓶中，加入蒸馏水 25mL 溶解，滴加甲基红-亚甲基蓝指示剂 3～4 滴，用 HCl 标准溶液滴定，当溶液由绿色变为紫色时，滴定达到终点；读数、记录所消耗 HCl 标准溶液的体积，计算氨的含量（以%计），平行测定三份。

硫酸四氨合铜组成的推判：由铜和氨的百分含量分别除以相应的摩尔质量得到相应的物

质的量，取最小正整数之比即为硫酸四氨合铜中铜和氨的组成之比。

【思考题】

1. 用乙醇-乙醚混合液淋洗的目的是什么？

2. 碘量法的主要误差来源有哪些？如何减免误差？

【参考文献】

[1] 殷学峰主编．新编大学化学实验．北京：高等教育出版社，2002.

[2] 郭伟强主编．大学化学基础实验．第 2 版．北京：科学出版社，2010.

（徐强）

实验 2　二水合草酸镍的制备及组成测定

二水合草酸镍是浅绿色粉末，加热分解成一氧化碳、二氧化碳和镍，溶于无机酸、氯化铵、硝酸铵和硫酸铵溶液，不溶于水。二水合草酸镍主要用于生产镍催化剂，也可用于生产超细氧化镍、镍粉。

【实验目的】

1. 掌握制备二水合草酸镍的原理和方法。

2. 掌握蒸发、结晶、减压过滤等基本操作。

3. 掌握利用高锰酸钾法测定草酸根含量以及配位滴定法测定镍含量的原理和方法。

【实验原理】

硫酸镍与草酸在一定条件下反应可制备二水合草酸镍。利用 $C_2O_4^{2-}$ 的还原性用高锰酸钾法可以测定样品中 $C_2O_4^{2-}$ 的含量，利用 Ni^{2+} 和 EDTA 的络合反应用络合滴定法可测定样品中镍的含量，根据分析结果，可以推判出水合草酸镍的组成。

【仪器和试剂】

1. 仪器

电热恒温水浴锅	1 台；	电子天平	1 台；	真空干燥箱	1 台；
干燥器	1 个；	电热干燥箱	1 台；	250mL 抽滤瓶	1 个；
循环水真空泵	1 台；	锥形瓶	2 个；	布氏漏斗（40mm）	1 个；
点滴板	1 个；	9cm 表面皿	1 个；	量筒（25mL）	3 个；
量筒（100mL）	1 个；	广泛 pH 试纸	1 包；	滤纸	1 盒；
烧杯（250mL）	3 个；	烧杯（100mL）	3 个；	台秤（0.01g）	1 台；
温度计（100℃）	1 支；	剪刀	1 把；		

滴定分析仪器一套。

2. 试剂

七水硫酸镍 $NiSO_4 \cdot 7H_2O$	分析纯；	草酸 $H_2C_2O_4 \cdot 2H_2O$	分析纯；
氨水（1+1）	分析纯；	硫酸（1+1）	分析纯；

丙酮	分析纯；	无水乙醇	分析纯；
草酸钠（$Na_2C_2O_4$）	分析纯；	3mol/L H_2SO_4	分析纯；
NaOH 溶液（2mol/L）	分析纯；	H_2O_2（1+2）	分析纯；
NaOH 溶液（6mol/L）	分析纯；	NH_3-NH_4Cl 缓冲溶液（pH≈10）	分析纯；
紫脲酸铵指示剂	分析纯；		
高锰酸钾标准溶液（约 0.02mol/L，待标定）；		EDTA 标准溶液（约 0.02mol/L，待标定）。	

【实验步骤】

1. 水合草酸镍的制备

（1）称取 7.9g 硫酸镍，于 250mL 烧杯中，加 60mL 水和 1 滴硫酸（1+1），搅拌溶解，此液为 A 液。

（2）称取 4.0g 草酸，于 250mL 烧杯中，加 70mL 水，搅拌溶解，并滴加（1+1）氨水使 pH 在 4～5 之间（用 pH 试纸检验）。此液为 B 液。

（3）将 A 液加热到约 60℃，在不断搅拌下逐滴（每分钟约 3mL）加入 B 液，60℃静置 30min，过滤上清液。在烧杯中用 60℃水洗涤沉淀 2 次，每次 30mL，减压过滤。用 60℃水在漏斗中再洗涤沉淀二次，每次 10mL，最后用乙醇洗涤沉淀 2 次，丙酮洗涤沉淀 1 次，每次皆 7mL，抽干，取出沉淀，60℃下烘干 30min，冷却，称重，置于干燥器中备用。

2. 水合草酸镍组成测定

（1）$KMnO_4$标准溶液浓度的标定

称取草酸钠（$Na_2C_2O_4$）______g（称准至 0.0001g）于锥形瓶中，加入 50mL 水溶解，加 15mL 3mol/L H_2SO_4，加热至有蒸气冒出，趁热用待标定 $KMnO_4$溶液滴定至溶液颜色突变为淡红色保持 30s 不褪。记录消耗 $KMnO_4$ 标准溶液的体积。平行测定两份，计算 $KMnO_4$标准溶液的浓度。

（2）$C_2O_4^{2-}$百分含量的测定

称取产品 0.18～0.20g（称准至 0.0001g），加 20mL 3mol/L H_2SO_4，水浴（60℃）加热至沉淀溶解，再加 50mL 水，在 75～85℃用标准 $KMnO_4$溶液滴定至溶液颜色突变为淡红色保持 30s 不褪。记录消耗 $KMnO_4$ 标准溶液的体积。平行测定两份，求 $C_2O_4^{2-}$ 的百分含量。

（3）EDTA 标准溶液浓度的标定

准确称取硫酸镍（$NiSO_4 \cdot 7H_2O$）______g 于锥形瓶中，加入 35mL 水溶解，加入 15mL NH_3-NH_4Cl 缓冲溶液，加紫脲酸铵指示剂 0.2g，用 EDTA 溶液滴定至紫红色。记录所消耗 EDTA 溶液的体积。平行测定两份，计算 EDTA 的浓度。

（4）Ni^{2+}百分含量的测定

称取产品 0.75～1.0g（称准至 0.0001g）于 100mL 烧杯中，加 NaOH（2mol/L）溶液 15mL，搅拌均匀，逐滴加入 H_2O_2（1+2）15mL，盖上表面皿，40℃静置 10min 后，微沸 5min，冷却，滴加 H_2SO_4（1+1）至沉淀溶解，定量转入 250mL 容量瓶中，用水稀至刻度，摇匀。准确移取 25.00mL 上述溶液于 250mL 锥形瓶中，滴加 NaOH（6mol/L）至刚有沉淀生成，再加 NH_3-NH_4Cl 缓冲溶液 15mL，加紫脲酸铵指示剂 0.2g，用 EDTA 标准溶液滴定至紫红色，记录所消耗 EDTA 溶液的体积。平行测定两份。求 Ni^{2+}的百分含量。

草酸镍组成的推判： 由 $C_2O_4^{2-}$ 和 Ni^{2+} 的百分含量分别除以相应的摩尔质量得到相应的

物质的量，取最小正整数之比即为水合草酸镍中 $C_2O_4^{2-}$ 和 Ni^{2+} 的组成之比。

【思考题】

1. 在标定和测定过程中，如何估算称量的基准物质和样品的质量范围？

2. Ni^{2+} 百分含量测定过程中加入 H_2O_2 的作用是什么？如何控制络合滴定时的酸度？

【参考文献】

首届山东省大学生化学实验竞赛试题（无机与分析化学实验）. 山东师范大学化学化工与材料科学学院，2009.

（徐强）

实验3　过碳酸钠（$2Na_2CO_3 \cdot 3H_2O_2$）的制备及产品质量检验

过碳酸钠是一种新型氧系漂白剂，它集洗涤、漂白、杀菌于一体，无毒无味，漂白性能温和，无环境污染。另外它还可用作供氧源、食品保鲜剂、氧化剂和金属表面处理剂等。过碳酸钠又名过氧碳酸钠，为碳酸钠和过氧化氢的加成化合物，属于正交晶系层状结构。过碳酸钠具有碳酸钠和过氧化氢的双重性质，不稳定，受热、遇水易分解。浓度为1%（质量分数）的过碳酸钠溶液在20℃时的pH值为10.5，与相同条件下的过氧化氢和碳酸钠的性质相似，是一种优良的无磷洗涤助剂。在纺织行业中，它是一种新型的漂白剂，性能在许多方面优于次氯酸钠和双氧水。与次氯酸钠相比，对纤维无破坏作用，无异味，无污染。与双氧水相比，放氧速度温和，操作安全性高。

【实验目的】

1. 利用过氧化氢与碳酸钠为原料，湿法制备过碳酸钠。

2. 采用盐析法和醇析法提高过碳酸钠的产率。

3. 产品质量的检测：(1) 活性氧的含量（%）；(2) 杂质Fe的含量；(3) 热稳定性。

【实验原理】

碳酸钠和双氧水在一定条件下反应生成过碳酸钠，过碳酸钠理论活性氧含量为15.3%，反应为放热反应，其反应式如下：

$$2Na_2CO_3 + 3H_2O_2 \xlongequal{} 2Na_2CO_3 \cdot 3H_2O_2$$

由于过碳酸钠不稳定，重金属离子或其他杂质污染、高温、高湿等因素都易使其分解，从而降低过碳酸钠活性氧含量。其分解反应式为：

$$2(2Na_2CO_3 \cdot 3H_2O_2) \xlongequal{} 4Na_2CO_3 + 6H_2O + 3O_2 \uparrow$$

过碳酸钠分解后，活性氧分解成 H_2O 和 O_2，使得过碳酸钠活性氧的含量降低。因此，通过测定在不同条件下活性氧的含量及变化，即可研究过碳酸钠的稳定性。

【仪器和试剂】

1. 仪器

可见分光光度计；

分析天平（0.1mg）	1台；	电子天平（0.01g）	1台；	循环水真空泵	1台；
磁力搅拌器及磁子	1套；	数字显示烘箱	1台；	250mL抽滤瓶	1个；
玻璃砂芯漏斗3号	1个；	温度计（0～100℃）	1支；	锥形瓶	3个；
烧杯（50mL）	2只；	烧杯（100mL）	2个；	烧杯（250mL）	2个；
烧杯（500mL）	2只；	容量瓶（100mL）	4个；	不锈钢勺	1个；

精密pH试纸1.4～3.0　1包。

2. 试剂

30% H_2O_2	分析纯；	无水 Na_2CO_3	分析纯；
硫酸镁（$MgSO_4 \cdot 7H_2O$）	分析纯；	硅酸钠（$Na_2SiO_3 \cdot 9H_2O$）	分析纯；
氯化钠	分析纯；	无水乙醇	分析纯；
2mol/L H_2SO_4	分析纯；	盐酸羟胺溶液	分析纯；
HAc-NaAc缓冲溶液（pH=4.5）	分析纯；	HCl（1+1）溶液	分析纯；
$KMnO_4$标准溶液	分析纯；	10% $NH_3 \cdot H_2O$	分析纯；
0.2%邻菲罗啉溶液	分析纯；	冰块；	

蒸馏水。

【实验步骤】

1. 产品Ⅰ的制备

（1）配制反应液A：称取0.15g硫酸镁于烧杯中，加入25mL 30% H_2O_2搅拌至溶解。

（2）配制反应液B：称取0.15g硅酸钠和15g无水Na_2CO_3于烧杯中，分批加入适量的去离子水中，搅拌至溶解。

（3）将反应液A分批加入盛有反应液B的烧杯中（如有需要可添加少许去离子水），磁力搅拌反应，控制反应温度在30℃以下。加完后继续搅拌5min。

（4）在冰水浴中将反应物温度冷却至0～5℃。

（5）反应物转移至布氏漏斗，抽滤至干，滤液定量转移至量筒，记录体积。

（6）产品用适量无水乙醇洗涤2～3次，抽滤至干。

（7）产品转移至表面皿中，放入烘箱，50℃干燥60min。

（8）冷却至室温，即得产品Ⅰ，称量（精确至0.01g），记录数据，计算产率。

2. 产品Ⅱ的制备

（1）用量筒将滤液平均分成两部分（如有沉淀物需搅拌混合均匀），分别放入两个烧杯中。

（2）在一个盛有滤液的烧杯中加入5.0g NaCl固体，磁力搅拌5min（如有需要可添加少许去离子水）。

（3）随后操作参照产品Ⅰ的制备［从第（4）步操作开始］，可得产品Ⅱ，称量（精确至0.01g），记录数据。

3. 产品Ⅲ的制备

（1）在另一个盛有滤液的烧杯中，加入10mL无水乙醇，磁力搅拌5min（如有需要可添加少许去离子水）。

（2）随后操作参照产品Ⅰ的制备［从第（4）步操作开始］，可得产品Ⅲ，称量（精确至0.01g），记录数据。

4. 计算过碳酸钠（产品Ⅰ、Ⅱ和Ⅲ）的总产率

5. 产品质量的检测

（1）活性氧含量的测定

① 准确称取产品（Ⅰ、Ⅱ和Ⅲ）各0.2000～0.2200g，分别放入3个250mL锥形瓶中，加50mL去离子水溶解，再加50mL 2mol/L H_2SO_4。

② 用$KMnO_4$标准溶液滴定至终点（至溶液呈粉红色并在30s内不消失即为终点），记录所消耗$KMnO_4$溶液的体积。

③ 每个产品测定三个平行样品。

④ 计算产品活性氧的含量（%）。

（2）铁含量的测定

① 准确称取0.2000～0.2200g产品Ⅰ（平行测定三次），置于小烧杯中，用10mL去离子水润湿，加2mL HCl（1+1）至样品完全溶解。

② 添加去离子水约10mL，用10% $NH_3 \cdot H_2O$调节溶液的pH值为2～2.5。

③ 混合溶液定量转移至100mL的容量瓶中，加1mL 10%盐酸羟胺溶液，摇匀；放置5min后，再加1mL 0.2%邻菲罗啉溶液和10mL HAc-NaAc缓冲溶液（pH=4.5），稀释至刻度，放置30min，待测。

④ 以空白试样为参比溶液，在510nm波长处，用1cm的比色皿测定试液的吸光度，记录数据。

⑤ 对照标准曲线即可算得样品中Fe的含量（%）。

（3）热稳定性的检测

① 准确称取0.3000～0.3500g产品Ⅰ于表面皿上（平行测定三次）。

② 放入烘箱，100℃加热60min。

③ 冷却至室温，称量（精确至0.0001g），记录数据。

④ 根据加热前后质量的变化，结合产品Ⅰ活性氧的测定结果对产品的热稳定性进行讨论。

【思考题】

1. 在制备过碳酸钠产品时，加入硫酸镁和硅酸钠有何作用？

2. 要得到高产率和高活性氧的过碳酸钠产品的关键因素有哪些？

【参考文献】

郭伟强主编．大学化学基础实验．第2版．北京：科学出版社，2010.

（张丕俭）

实验4　分光光度法测定食品中的钙含量

钙在维持人体正常生理功能和构成人体组织方面起着非常重要的作用，它们同时存在于各种食品中，因此钙含量测定是食品品质的重要指标。本实验探讨了酸性铬蓝K与钙的显色反应及最佳操作条件，利用分光光度法测定食品中钙的含量。

【实验目的】

1. 掌握分光光度计的使用方法。
2. 掌握用分光光度法测定钙的原理及方法。
3. 学习如何选择分光光度法分析的实验条件。

【实验原理】

分光光度法是基于朗伯-比耳定律对元素进行定性定量分析的一种方法，通过吸光度值定量地确定元素离子的浓度。酸性铬蓝 K［1,8-二羟基-(2-羟基-5-磺酸基-1-偶氮苯)-3,6-二磺酸萘］是一种显色剂，可与钙生成玫瑰红色配合物。

分光光度法的实验条件，如测量波长、溶液酸度、显色剂用量、显色时间等，都是通过实验确定的。

条件试验的简单方法是：变动某实验条件，固定其余条件，测得一系列吸光度值，绘制吸光度-某实验条件的曲线，根据曲线确定某实验条件的适宜值或适宜范围。

【仪器和试剂】

1. 仪器

分光光度计	1台；	电子天平	1台；	酸度计	1台；
比色管（25mL）	10支；	容量瓶（1000mL）	1个。		

2. 试剂

钙标准溶液（0.1000g/L）：称取于105～110℃干燥至恒重的基准碳酸钙0.2512g，滴加盐酸至碳酸钙完全溶解，转移、定容至1L容量瓶。

酸性铬蓝K（0.50g/100L）：取0.50g酸性铬蓝K，加100mL无水乙醇溶解。

NH_3-NH_4Cl缓冲液：pH值分别为9.20、9.40、9.60、9.80、10.00、10.20、10.40。

盐酸（1+4）：1体积盐酸加4体积蒸馏水配制。

【实验步骤】

1. 条件实验

（1）吸收曲线的制作和测量波长的选择

用吸量管吸取2.00mL 0.1000g/L的钙标准溶液，1.00mL酸性铬蓝K显色剂，1.50mL pH=10.00的NH_3-NH_4Cl缓冲溶液于25mL比色管中，以蒸馏水稀释至刻度，摇匀，放置10min，在分光光度计上，用1cm的比色皿，以试剂空白作参比，在波长440～550nm范围内每改变10nm测量一次吸光度。绘制吸光度-波长吸收曲线，从吸收曲线上选择测定钙的适宜波长。

（2）溶液酸度的影响

取7个25mL比色管，各加入2.00mL钙标准溶液，1.00mL酸性铬蓝K显色剂，用吸量管分别加入pH值为9.20、9.40、9.60、9.80、10.00、10.20、10.40的NH_3-NH_4Cl缓冲溶液，以蒸馏水稀释至刻度，摇匀，放置10min，在分光光度计上，在选定的波长，用1cm的比色皿，以试剂空白作参比，测量吸光度。绘制A-pH曲线，选择测定钙的适宜酸度。

（3）缓冲溶液用量的确定

取7个25mL比色管，各加入2.00mL钙标准溶液，1.00mL酸性铬蓝K显色剂，用吸量管分别加入0.50mL、0.80mL、1.00mL、1.20mL、1.50mL、1.80mL、2.00mL选定的

NH_3-NH_4Cl 缓冲溶液，以蒸馏水稀释至刻度，摇匀，放置 10min，在分光光度计上，在选定的波长，用 1cm 的比色皿，以试剂空白作参比，测量吸光度。绘制 A-V_{pH} 曲线，选择测定钙的缓冲溶液的最佳用量。

（4）显色剂用量的确定

取 7 个 25mL 比色管，各加入 2.00mL 钙标准溶液，用吸量管分别加入 0.50mL、0.80mL、1.00mL、1.20mL、1.50mL、1.80mL、2.00mL 酸性铬蓝 K 显色剂，再加入 1.50mL 选定的 NH_3-NH_4Cl 缓冲溶液，以蒸馏水稀释至刻度，摇匀，放置 10min，在分光光度计上，在选定的波长，用 1cm 的比色皿，以试剂空白作参比，测量吸光度。绘制 A-$V_{显色剂}$ 曲线，选择测定钙的显色剂的最佳用量。

（5）显色时间的选择

取 1 个 25mL 比色管，用吸量管吸取 2.00mL 钙标准溶液，1.00mL 酸性铬蓝 K 显色剂，1.50mL pH＝10.00 的 NH_3-NH_4Cl 缓冲溶液于比色管中，以蒸馏水稀释至刻度，摇匀，放置 10min，在分光光度计上，在选定的波长，用 1cm 的比色皿，以试剂空白作参比，测量 1min、5min、10min、15min、20min、30min、60min、90min、120min 时相应的吸光度。绘制 A-t 曲线，从曲线上选择测定钙的适宜时间。

2. 标准曲线的绘制

取 7 个 25mL 比色管，用吸量管分别加入 0.20mL、0.50mL、1.00mL、1.50mL、2.00mL、2.50mL、3.00mL 钙标准溶液，再分别加入 1.00mL 酸性铬蓝 K 显色剂，1.50mL 选定的 NH_3-NH_4Cl 缓冲溶液，以蒸馏水稀释至刻度，摇匀，放置 10min，在分光光度计上，在选定的波长，用 1cm 的比色皿，以试剂空白作参比，测量吸光度。绘制 A-c 曲线，即标准曲线。计算摩尔吸收系数 ε，确定线性范围。

3. 食品中钙含量的测定

（1）样品处理

干法消解法：精确称取 2～5g 样品（如红豆，黑豆，黑米，芝麻等）于坩埚中，在电炉上微火炭化至不放烟，移入高温炉中升温至 500℃使样品灰化。如果有黑色炭粒，冷却后，滴加少许（1＋1）硝酸湿润。在电炉上小火蒸干后，移入 500℃高温炉中继续灰化，灰化完毕，冷却至室温，加（1＋4）盐酸 5.0mL 使灰烬充分溶解，冷却后，转移、定容至 100mL 容量瓶。

（2）样品中钙含量的测定

用吸量管吸取 5.00mL 样品溶液，1.00mL 酸性铬蓝 K 显色剂，1.50mL pH＝10.00 的 NH_3-NH_4Cl 缓冲溶液于 25mL 比色管中，以蒸馏水稀释至刻度，摇匀，放置 10min，在分光光度计上，在选定的波长，用 1cm 的比色皿，以试剂空白作参比，测量吸光度 A_x。根据吸光度找出相应的钙含量，计算样品中钙的质量浓度（以 mg/L 表示）。

【实验数据记录表格】

表 4-1 吸收曲线的绘制

波长 λ/nm	
吸光度 A	

表 4-2 溶液酸度的影响

pH 值	
吸光度 A	

表 4-3　缓冲溶液用量

缓冲溶液体积 V_{pH}/mL	
吸光度 A	

表 4-4　显色剂用量

显色剂体积 $V_{显色剂}$/mL	
吸光度 A	

表 4-5　显色时间的影响

时间 t/min	
吸光度 A	

表 4-6　标准曲线的绘制

$c_{钙}$/(mg/L)	
吸光度 A	

表 4-7　样品中钙含量的测定

编号	1	2	3	4
吸光度 A				
样品中钙/(mg/L)				
样品中钙平均值/(mg/L)				
相对平均偏差/%				

【思考题】

1. 分光光度法实验的定量依据是什么？
2. 本实验中，各种试剂溶液的量取，采取何种量器较为合适？为什么？
3. 酸性铬蓝 K 测定钙的反应条件是什么？
4. 如何根据实验结果计算酸性铬蓝 K-钙的摩尔吸收系数？

【参考文献】

武汉大学主编．分析化学实验（上）．第 5 版．北京：高等教育出版社，2011.

（侯法菊）

实验 5　分光光度法检测水中六价铬及总铬的含量

重金属铬广泛存在于电镀、金属加工、制革、印刷、染料、颜料等工业废水中，工业生产过程中含铬废水的大量排放对环境构成了严重的威胁，它对人体健康和植物生长有严重的危害，且铬对人体的危害是潜在的，达到一定的累积后将引起疾病。各国都制定了含铬废水的排放标准，所以六价铬及总铬含量的测定是在现实生活中常用的一项分析技术。如果水中只含有三价铬可按照总铬的测定方法进行，先将三价铬氧化为六价铬，然后测定。

【实验目的】

1. 练习分光光度计的使用方法。

2. 掌握水中六价铬和总铬的测定方法。

【实验原理】

铬是一种在废水和废弃物处理中引起广泛关注的有毒金属，废水中的铬主要以Cr(Ⅲ)和Cr(Ⅵ)的形式存在，Cr(Ⅵ)的毒性约是Cr(Ⅲ)毒性的100倍，且氧化性非常强，容易引起基因突变而产生很强的毒性。因此，Cr(Ⅵ)是水质污染控制的一项指标，各国都制定了含铬废水的排放标准，如：美国环保局将Cr(Ⅵ)确定为17种高度危险毒性物质之一；欧盟发布指令，2007年7月1日以后将在欧洲禁止使用六价铬及其制品。

通常用二苯碳酰二肼（DPCI）分光光度法测定六价铬，在酸性条件下，Cr(Ⅵ)与二苯碳酰二肼反应，生成紫红色化合物，于波长540nm处进行分光光度测定。然而在测定总铬和Cr(Ⅲ)时要先将Cr(Ⅲ)氧化为Cr(Ⅵ)后，再用二苯碳酰二肼分光光度法测定。其原理为：在酸性溶液中，试样的Cr(Ⅲ)被高锰酸钾氧化成Cr(Ⅵ)。过量的高锰酸钾用亚硝酸钠分解，而过量的亚硝酸钠又被尿素分解，再用本法测定。

【仪器和试剂】

1. 仪器

紫外-可见分光光度计；

电子天平	1台；	烧杯（100mL）	5个；	比色管（25mL）	10支；
容量瓶（1000mL）	1个；	容量瓶（500mL）	2个；	锥形瓶（250mL）	10个。

2. 试剂

重铬酸钾（基准）	分析纯；	4%高锰酸钾	分析纯；
(1+1)硫酸	分析纯；	2%亚硝酸钠	分析纯；
(1+1)磷酸	分析纯；	二苯碳酰二肼	分析纯；
丙酮	分析纯。		

【实验步骤】

1. 溶液的配制

(1) 铬标准储备液

称取于120℃干燥2h的重铬酸钾0.2829g，用水溶解后转移至1000mL容量瓶中，用水稀释至标线，摇匀。此溶液的浓度为0.1000g/L。

(2) 铬标准使用液

吸取5.00mL铬标准储备液于500mL容量瓶中，用水稀释至标线，摇匀。此溶液浓度为1.00mg/L。

(3) 显色剂

称取0.2g二苯碳酰二肼，溶于50mL丙酮中，加水稀释至100mL，摇匀。其浓度为2g/L，保存于棕色瓶中。

2. 六价铬的测量

(1) 标准曲线的绘制

取7支50mL比色管，依次加入0、0.50mL、1.00mL、2.00mL、4.00mL、6.00mL、

8.00mL 铬标准使用液，用水稀释至标线，加入（1＋1）硫酸 0.5mL 和（1＋1）磷酸 0.5mL，摇匀。加入 2mL 显色剂溶液，摇匀。10min 后于 540nm 波长处用 1cm 比色皿，以水作参比，测定吸光度并做空白校正。以吸光度为纵坐标，相应六价铬含量为横坐标绘出标准曲线。

（2）水样中六价铬的测量

取适量含 Cr(Ⅵ）的无色透明或经过预处理的水样于 50mL 比色管中（铬含量小于 50μg），用水稀释至标线，其他步骤同 2.（1），检测吸光度。从标准曲线上查得六价铬的含量。

3. 水样中总铬的测量

（1）标准曲线的绘制

向一系列 150mL 锥形瓶中分别加入 0、0.50mL、1.00mL、2.00mL、4.00mL、6.00mL、8.00mL 铬标准使用液，加水至约 50mL，加入几粒玻璃珠，并加入（1＋1）硫酸 0.5mL 和（1＋1）磷酸 0.5mL，摇匀。加入 4％高锰酸钾溶液 2 滴，如紫红色消褪，则应添加高锰酸钾溶液保持紫红色，加热煮沸至溶液体积约剩 20mL，冷却后，加入 1mL 20％的尿素溶液，摇匀。用滴管滴加 2％亚硝酸钠溶液，每加一滴充分摇匀，至紫色刚好消失。稍停片刻，待溶液内气泡逸出，转移至 50mL 比色管中，稀释至标线，加入 2mL 显色剂摇匀，10min 后在 540nm 波长下，以水作参比，测定吸光度并做空白校正。

（2）水样中总铬的测量

取适量同时含 Cr(Ⅲ）和 Cr(Ⅵ）的未知水样（铬含量小于 50μg）于 150mL 锥形瓶中，按 3.（1）中的步骤处理，检测吸光度，从 3.（1）的校准曲线上查得总铬含量。

【实验结果与处理】

1. 六价铬的测量

按照实验步骤，绘制六价铬标准曲线，并从曲线上查得未知水样中六价铬的含量。

表 5-1　六价铬标准曲线的数据

编号	0	1	2	3	4	5	6
加入铬量/μg							
吸光度 A							

2. 总铬的测量

按实验步骤，绘制总铬标准曲线，并从曲线上查的未知水样中总铬的含量。

表 5-2　总铬标准曲线的数据

编号	0	1	2	3	4	5	6
加入铬量/μg							
吸光度 A							

【常见问题及解决方法】

1. 当水样浑浊或有色时，应进行预处理。

2. 所有玻璃仪器都不能用重铬酸钾洗液洗涤，可用硝酸-硫酸混合液或洗涤液洗涤。洗涤后要冲洗干净。

【思考题】

1. 从实验测出的吸光度求铬含量的根据是什么？如何求得？

2. 如果试液测得的吸光度不在标准曲线范围内怎么办？

【参考文献】

GB 7466—87 水质 总铬的测定.

（祝丽荔）

实验6 气相色谱内标法测定混合溶剂中乙醇等4种组分的含量

内标法在气相色谱定量分析中是一种重要的技术。它是一种间接或相对的校准方法。在测定样品中某组分含量时，加入一种内标物质以校准和消除由于操作条件的波动而对分析结果产生的影响，从而提高分析结果的准确度。

【实验目的】

1. 掌握气相色谱法的分离原理。

2. 掌握内标法定量的原理和方法。

3. 学习 GC2010 岛津气相色谱仪的操作。

【实验原理】

对一个混合试样成功地分离，是气相色谱法完成定性及定量分析的前提和基础。衡量一对色谱峰分离的程度可用分离度 R 表示：

$$R=\frac{t_{R,2}-t_{R,1}}{\frac{1}{2}(Y_1+Y_2)}$$

式中，$t_{R,2}$、Y_2 和 $t_{R,1}$、Y_1 分别是两个组分的保留时间和峰底宽，如图 6-1 所示。当 $R=1.5$ 时，两峰完全分离；当 $R=1.0$ 时，98%的分离。在实际应用中，$R=1.0$ 一般可以满足需要。

用色谱法进行定性分析的任务是确定色谱图上每一个峰所代表的物质。在色谱条件一定时，任何一种物质都有确定的保留值、保留时间、保留体积、保留指数及相对保留值等保留参数。因此，在相同的色谱操作条件下，通过比较已知纯样和未知物的保留参数或在固定相上的位置，即可确定未知物为何种物质。

内标法在气相色谱定量分析中是一种重要的技术，使用内标法时，在样品中加入一定量的标准物质，它可被色谱柱所分离，又与其他组分有较好的分离度，不受其他组分出峰的影响，只要测定内标物和待测组分的峰面积与相对响应值，即可求出待测组分在样品中的百分含量。内标物的选择是一项十分重要的工作。内标物应当是一个能得到纯样的已知化合物，能以准确的量加到样品中去，它和被分析的样品组分有尽可能一致的物理化学性质（如极性、挥发性及在溶剂中的溶解度等）、色谱行为和响应特征，最好是被分析物质的一个同系

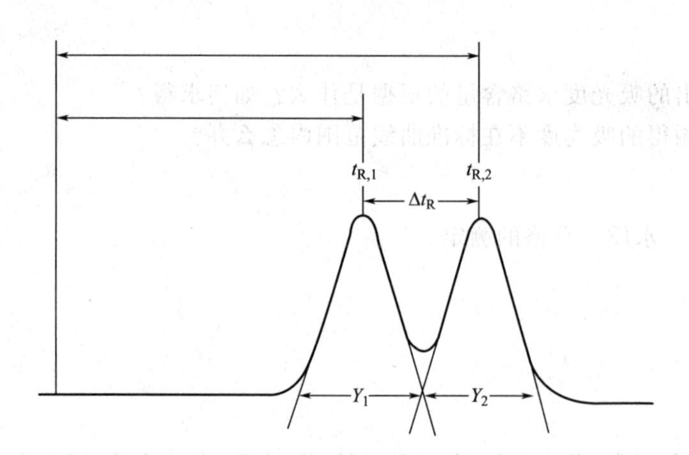

图 6-1 色谱分离保留时间 t_R 和分离度

物。当然，在色谱分析条件下，内标物必须能与样品中各组分充分分离。在使用内标法定量时，影响内标物和被测组分峰高或峰面积比值的因素主要有化学方面的、色谱方面的和仪器方面的三类。

化学方面的因素包括：①内标物在样品里混合不好；②内标物和样品组分之间发生反应；③内标物纯度可变等。由化学方面的原因产生的面积比的变化常常在分析重复样品时出现。

对于一个比较成熟的方法来说，色谱上常见的一些问题（如渗漏）对绝对面积的影响比较大，对面积比的影响则要小一些，但如果绝对面积的变化已大到足以使面积比发生显著变化的程度，那么一定有某个重要的色谱问题存在，比如进样量改变太大，样品组分浓度和内标物浓度之间有很大的差别，检测器非线性等。进样量应足够小并保持不变，这样才不至于造成检测器和积分装置饱和。如果认为方法比较可靠，而色谱柱也是正常的话，应着重检查积分装置和设置、斜率和峰宽定位。对积分装置发生怀疑的最有力的证据是：面积比可变，而峰高比保持相对恒定。

具体操作方法是用待测组分的纯物质配制成不同浓度的标准溶液，然后在等体积的这些标准溶液中分别加入浓度相同的内标物，混合后进行色谱分析。以待测组分的浓度为横坐标，待测组分与内标物峰面积（或峰高）的比值为纵坐标建立标准曲线（或线性方程）。在分析未知样品时，分别加入与绘制标准曲线时同样体积的样品溶液和同样浓度的内标物，用样品与内标物峰面积（或峰高）的比值，在标准曲线上查出被测组分的浓度或用线性方程计算。

【仪器和试剂】

1. 仪器

气相色谱仪：岛津 GC2010，氢火焰离子检测器（FID）；

电子天平 1 台； 10μL 微量进样器 1 支；

具塞刻度比色管（25mL） 10 支； 移液管（5mL） 2 支； 容量瓶（50mL） 10 只。

2. 试剂

甲醇（99.5%） 优级纯； 乙醇（99.8%） 优级纯；

乙腈（99.5%） 分析纯； 二氯甲烷（99.0%） 分析纯；

乙酸乙酯（99.5%）； 丙酮甲醇内标溶液（185g/L）；

乙醇（约 30g/L）、二氯甲烷（约 90g/L）、乙腈（约 40g/L）乙酸乙酯（约 36g/L）的混合标准溶液；

试样溶液。

【实验步骤】

1. 内标溶液、混合标准工作溶液、试样溶液的配制

内标溶液的配制：先取少许甲醇加入 100mL 容量瓶中，置于分析天平上，去皮归零，量取 24mL 丙酮于容量瓶中，称重，精确至 0.0001g。用甲醇定容至刻度，摇匀即制备成内标溶液。

混合标准工作溶液的配制：先取 10mL 内标溶液加入 50mL 容量瓶中，置于分析天平上，去皮归零，用移液管分别量取 2.0mL 乙醇（约 1.5g）、3.5mL 二氯甲烷（约 4.5g）、2.5mL 乙腈（约 2g）、2.0mL 乙酸乙酯（约 1.8g）于容量瓶中并依次称重，精确至 0.0001g，然后用甲醇定容至刻度即为混合标准工作溶液。

试样溶液的配制：取 10mL 内标溶液于 50mL 容量瓶中，置于分析天平上，去皮归零，用移液管量取适量的试样溶液，称重，精确至 0.0001g，用甲醇定容至刻度即为试样溶液。实验课教师负责配制含不同组分和含量的试样溶液，配制后分发给各实验小组。

2. 样品测定

（1）气相色谱仪的操作条件设置

载气：高纯氮气；分流比：20∶1；进样量：1.0μL；

气化室：200℃；

色谱柱：Rtx1701 毛细管色谱柱（30m×0.53mm×1 μm）；柱流量为 0.1mL/min；

柱温：开始为 60℃，保持 1min，升温速率设为 7℃/min，升至 180℃，维持 1.86min；运行 9min 后手动停止。

检测器为 FID 检测器，温度为 200℃；

保留时间：乙醇，约 7.4min；丙酮（内标物），约 7.7min；二氯甲烷，约 7.9min，乙腈，约 8.0min；乙酸乙酯，约 8.6min。

（2）样品测定

在上述分析条件下，待基线平稳后，连续注入数针混合标准工作溶液，直至相邻两针的峰面积变化小于 1.5%时，开始进样分析。本实验已对甲醇、乙醇、丙酮、二氯甲烷、乙腈、乙酸乙酯单标溶液逐一进样分析，确定了它们的各自相对保留时间。接下来用混合标准工作溶液进样建标后，获得相应的色谱图（见图 6-2），并在相同分析条件下对试样溶液进行测定，确证各组分并计算结果。

【实验数据处理】

内标法手动计算试样中各组分的百分含量

本实验采用内标法。将测得的两针试样溶液以及其前后两针混合标准工作溶液，相应组分与内标物峰面积的比值，分别进行平均。以质量分数表示的各组分含量 X，按下式计算：

$$X=\frac{\overline{r}_2 m_1 P}{\overline{r}_1 m_2}$$

式中，$\overline{r}_1$ 为标样溶液中，相应组分与内标物峰面积比的平均值；$\overline{r}_2$ 为试样溶液中，相应组分与内标物峰面积比的平均值；m_1 为标样的质量，g；m_2 为试样的质量，g；P 为混标样品中各标样纯度。

【常见问题及解决方法】

1. 气相色谱开机时先通载气后通电；关机时，先关电源后关载气。

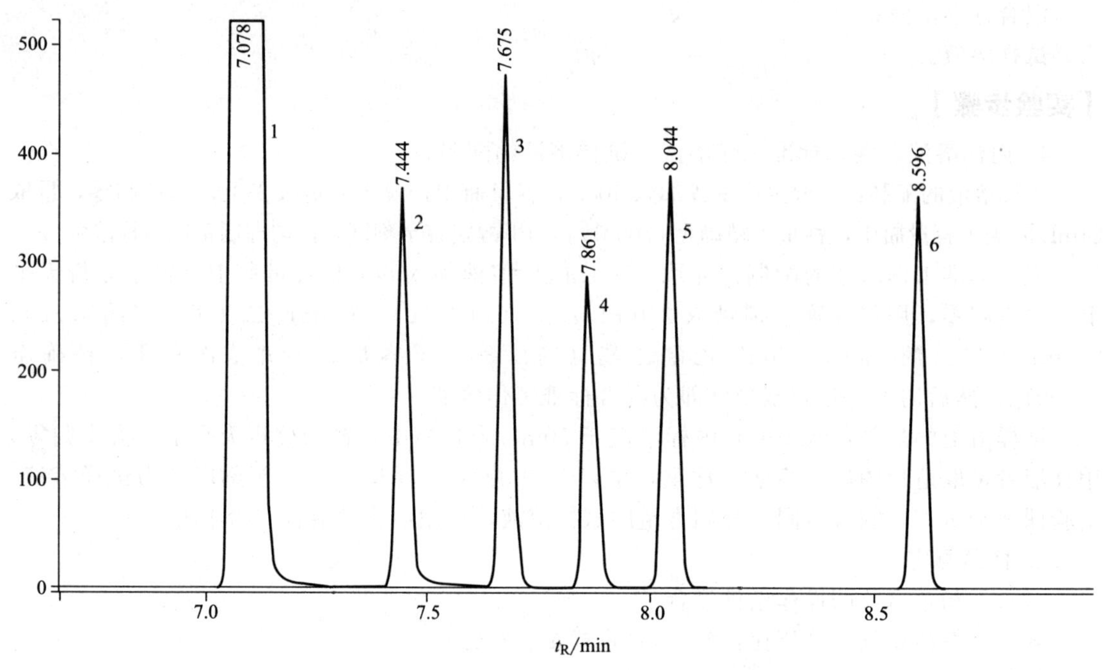

图 6-2 混标溶液气相色谱分离图

1—溶剂（甲醇）；2—乙醇；3—丙酮（内标物）；4—二氯甲烷；5—乙腈；6—乙酸乙酯

2. 经常检查气路的气密性和减压阀的压力指示。

3. 用微量进样器进样时，切记防止用力过猛，避免折弯针柄。

4. 养成进样后马上用溶剂洗针数次的习惯。

5. H_2 比较危险，一定要经常检漏，不用时要立即关上。

6. 柱子要老化后再接上检测器，以免固定相流失造成喷嘴堵塞。

7. 不使用的检测器、进样口最好在 OFF 状态。

【思考题】

1. 何谓吹扫、分流、分流比、尾吹？它们的含义或作用是什么？

2. 何种情况下采用内标法定量？比较内标法和外标法的异同点。

3. 本实验要求进样量十分准确吗？

【参考文献】

李志富，干宁，颜军主编．仪器分析实验．武汉：华中科技大学出版社，2012.

附：气相色谱仪操作规程

1. 开机、条件设置、测试步骤

① 打开气源，载气为氮气 N_2 0.7MPa，燃气 H_2 0.25MPa；助燃气为空气 0.3～0.4MPa。

② 打开 GC 主机电源，打开计算机电源。

③ 在计算机桌面上打开“GC Real Time Analysis”快捷键，启动工作站，进入实时分析窗口。

④ 打开 System Configuration 进行进样口、色谱柱、检测器的配制，在此窗口需设置载气、尾吹气种类；柱参数（柱长、内径、膜厚、最高使用温度）输入及色谱柱的选择，设定

完毕，回到 System Configuration 窗口，点击 SET 键确认。

⑤ 仪器参数的设定，先设柱温（可做程序升温），再设进样口温度、柱流量及分流比，检测器温度、H_2、Air（空气）流量（通常 H_2：47mL/min、Air：400mL/min）。

⑥ 用鼠标点 File 菜单找到 Save Method File As 输入你想保存的方法文件名。

⑦ 点击 Download Parameters，再点击 System On。

⑧ 等 FID 检测器温度升到 160℃以上时，点火，点击 Flame On。

⑨ 等仪器稳定后，进行 Slope Test，出现对话框点击 OK 即可。

⑩ 点 Single Run—Sample Login 出现样品注册对话框，样品名、数据文件名、样品质量等输完后，点确定键。再点一下 Start 键，等数据采集窗口上面出现 Ready（Standby）之后，即可进样，再按 GC Start 键进行数据采集。

2. 关机步骤

① 点一下 System Off，等柱温＜50℃，检测器温度＜100℃以后，退出 Real Time Analysis 窗口，关闭计算机。

② 关闭气源，载气（N_2）、H_2、Air。

③ 关闭 GC 电源开关。

（柳全文）

实验 7　巯基化聚苯乙烯-二乙烯苯的合成与表征

巯基是一类对重金属离子具有优良螯合作用的功能基团，将巯基键载在聚苯乙烯-二乙烯苯基体上所得到的螯合树脂，可用于从水溶液中吸附、分离微量 Hg(Ⅱ) 等有毒、有害金属离子。本实验以氯甲基化聚苯乙烯-二乙烯苯为原料，先与硫脲反应，再在碱性条件下水解得到巯基化聚苯乙烯-二乙烯苯。

【实验目的】

1. 了解螯合树脂的概念和应用。
2. 学习并掌握巯基化聚苯乙烯-二乙烯苯的制备。
3. 了解相转移催化剂的应用。

【实验原理】

以氯甲基化聚苯乙烯-二乙烯苯为原料、二氧六环为溶剂，先通过氯甲基与硫脲的亲核取代反应，得到硫脲取代的聚苯乙烯聚合物；再以四丁基碘化铵为相转移催化剂，50%氢氧化钠作用下水解得到巯基化聚苯乙烯-二乙烯苯。

—CH—CH₂— (C₆H₄)—CH_2Cl $\xrightarrow[\text{1, 4-dioxane}]{H_2NCSNH_2}$ —CH—CH₂— (C₆H₄)—$CH_2S(=NH)NH_3Cl$ $\xrightarrow[\text{50\% NaOH}]{(n\text{-}C_4Hg)_4N^+I^-}$ —CH—CH₂— (C₆H₄)—CH_2SH

【仪器和试剂】

1. 仪器

红外光谱仪	MAGNA550 型；	真空干燥箱	1 台；	索氏提取器	1 套；
带机械搅拌反应装置	1 套；	电子天平	1 台；	布氏漏斗	1 个；
抽滤装置	1 套；	烧杯（250mL）	2 个；	分液漏斗	1 台；
圆底烧瓶（250mL）	2 个；	水循环真空泵	1 台；	双排管或氮气球	1 套。

2. 试剂

氯甲基化聚苯乙烯-二乙烯苯	分析纯（氯含量 5.6mmol/g）；	硫脲	分析纯；
四丁基碘化铵	分析纯；	氢氧化钠	分析纯；
二氧六环	分析纯；	无水乙醇	分析纯；
苯	分析纯。		

【实验步骤】

在 250mL 圆底烧瓶中，加入 2g 氯甲基化聚苯乙烯、3.4g 硫脲和 50mL 二氧六环与无水乙醇的混合液（体积比为 4∶11），于 85℃下机械搅拌反应 1h。用去离子水和苯分别洗涤后，将反应后产品转移至盛有 120mL 苯、0.16g 四丁基碘化铵、3g 氢氧化钠和 1.2mL 水的 250mL 圆底烧瓶中，氮气保护下，机械搅拌加热回流反应 48h。反应结束后，粗产物分别用四氢呋喃、水、甲醇洗涤，然后转移至索氏提取器中用 95％乙醇抽提 12h，产品于 50℃下真空干燥 24h，得到约 2g 巯基化聚苯乙烯-二乙烯苯。所得产品用红外光谱进行表征。

【实验结果与处理】

1. 分析红外光（IR）谱图，表征巯基化聚苯乙烯-二乙烯苯结构特征。
2. 剩余样品回收。

【常见问题及解决方法】

1. 硫脲与氯甲基化聚苯乙烯-二乙烯苯反应后的产物可以直接用于第二步反应。
2. 碱性水解是否进行完全可以通过水解过程中释放的氨基进行判断。

【思考题】

指出图 7-1 中 C—Cl 键和图 7-2 中巯基的红外吸收位置？

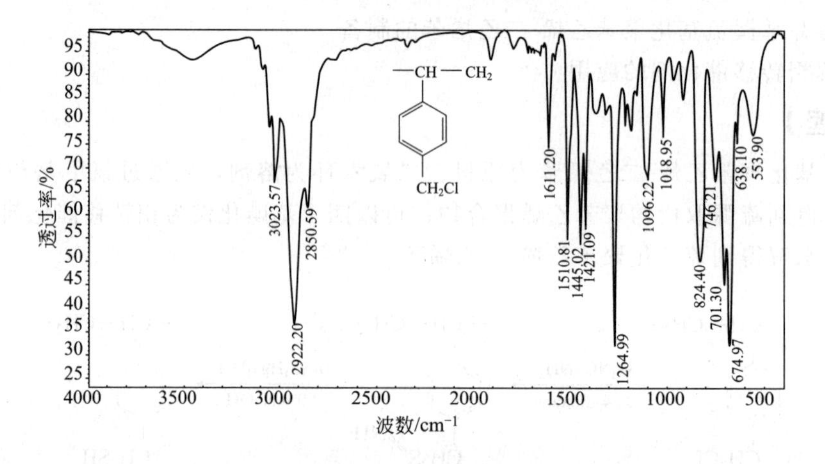

图 7-1　氯甲基化聚苯乙烯的红外光谱图

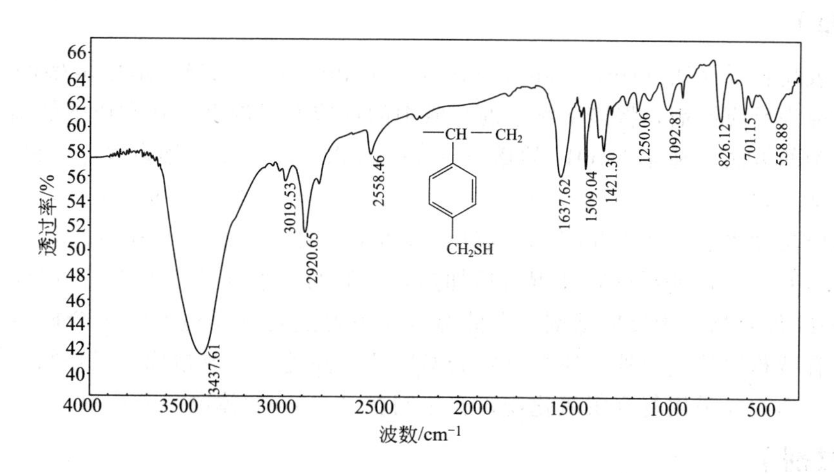

图 7-2　巯基化聚苯乙烯-二乙烯苯的红外光谱图

【参考文献】

[1] Ji C N，Qu R J，Sun C M，et al. Journal of Applied Polymer Science，2007，103：3220-3227.

[2] 陈义镛．功能高分子．上海：上海科技出版社，1988.

（纪春暖）

实验 8　复合氢氧化物媒介法制备 Ag_2Te 固体电解质材料

固体电解质是近 20 多年来才发展起来的一种新型的固体材料，在能源工业、电子工业、机电一体化等领域中获得了广泛的应用。固体电解质又称为快离子导体或超离子导体，它有很高的离子导电性，其离子电导率可达 $\sigma \geqslant 10^{-2}$ S/cm 数量级。它的导电机理与一般的离子晶体也不同。通常认为固体电解质中并非只有一种晶格结构，而是由两种晶格构成的，即由迁移离子的刚性晶格和可迁移离子的准熔融态次晶格组成。这种处于固态与液态之间的固体，表现出一种与两者都不同的状态。Ag_2Te 是硫属化合物中的一种重要材料。Ag_2Te 具有 α 和 β 两种晶相，低温相的 Ag_2Te 是单斜晶（β 相），空间群是 $P2/n$(13)，是一种窄带隙半导体；当温度升高到 145℃时，Ag_2Te 从单斜相转化成面心立方相（α 相）。在高温相时，Ag^+ 在由 Te 离子组成的立方亚晶格中自由移动，因而具有超离子导电性，是一种优良的固体电解质材料。

【实验目的】

1. 掌握 Ag_2Te 固体电解质的快离子导电原理。
2. 掌握复合氢氧化物媒介法（CHM）制备 Ag_2Te 纳米线。
3. 熟悉差热分析仪（DTA）的使用。

【实验原理】

复合氢氧化物媒介法（composite-hydroxide-mediated，CHM）是以熔融的无水氢氧化钠和氢氧化钾为反应熔剂，将能溶解于混合碱中的反应原料混合，在常压下低温（>165℃）合成所需产物的方法。纯净 NaOH 的熔点 T_m≈323℃，KOH 的熔点 T_m≈360℃。如果仅以二者中的某一种作为熔剂进行材料合成，那么需要将反应原料加热至 300℃以上才能熔化，合成反应温度也必须大于 300℃，这样的高温对晶体的生长是不利的。但是当 NaOH 和 KOH 以 51.5∶48.5 的物质的量比混合后加热，它们的共熔点只有 165℃。因此，以无水的 NaOH、KOH 混合物作为反应熔剂，在低温常压下通过化学反应有利于合成纳米材料。该方法除了具有液相法的优点外，还具有合成温度低、高纯、组成精确、操作简单、成本低廉等许多优点。本实验采用复合氢氧化物媒介法制备 Ag_2Te 固体电解质材料。

【仪器和试剂】

1. 仪器

磁力搅拌器	1 台；	真空干燥箱	1 台；	高温干燥箱	1 台；
电子天平	1 台；	电子天平	1 台；	差热分析仪	1 台；
高速离心机	1 台；	离心管（10mL）	5 个；	烧杯（50mL）	3 个；
烧杯（100mL）	2 个。				

2. 试剂

硝酸银	分析纯；	碲粉	分析纯；
乙二胺	分析纯；	水合肼（80%）	分析纯；
氢氧化钠	分析纯；	氢氧化钾	分析纯。

【实验步骤】

1. Ag_2Te 固体电解质粉末合成

按 51.5∶48.5 的物质的量比例称量总量为 18g 的氢氧化钠和氢氧化钾，并且分别准确称量 2mmol $AgNO_3$ 和 1mmol Te 粉。将以上粉体混合均匀后移入容积为 50mL 的 Teflon 反应釜中，然后将 3mL 的乙二胺和 3mL 的水合肼用滴管滴入。将容器密封并将其放入到事先加热到 180℃的电热鼓风干燥器中。在氢氧化物完全达到熔融状态后，摇动容器使反应物均匀混合。在加热 36h 后，将容器取出并自然冷却至室温。将反应釜中固态产物用去离子水溶解在烧杯中。待样品沉淀后再用去离子水将产物过滤清洗，并用热水清洗去除微粒表面的氢氧化物。用 pH 试纸测量此时溶液的 pH 值大概呈中性后，用无水乙醇清洗 1～2 次，最后放入真空干燥箱中干燥保存。

2. Ag_2Te 相变测试

接通差热分析仪（DTA）电源，从下至上依次打开控制器的三个开关；打开电炉炉盖：逆时针旋转旋钮，然后逆时针推开；用吊钩将炉盖勾出，放在右侧盘中，取出中间瓷盖；称取 Ag_2Te 粉末 10mg，装入 DTA 坩埚中，放入电炉中，放样时，右手可靠在炉壁，使放样更稳一些，注意，远离身体一侧为待测样品，靠近身体一侧为 α-氧化铝参比样，可重复使用；依次将瓷盖、内盖、外盖盖上；接通循环冷却水；差热旋钮放短路处，调零。50μV、100μV 为常用量程，数值越小，灵敏度越高；先激活 XML2001 程序，设置温度控制曲线（曲线名称 1，程序段 1，起点温度 0，终点温度 300，升温速率 10），然后依次：添加→完成→确定→读取曲线→曲线下载→运行；激活 CRY-2P→采样→直接采样，所有设定要与初始设定一致；测量结束后，存盘返回；设置→停止→停止电炉→关闭电源，最后依次打开炉盖，取出样品。根据测试数据绘制 Ag_2Te 样品的 DTA 曲线，分析其相变过程，确定 Ag_2Te 升温和降温阶段的相变温度点，对相变过程中的吸热、放热峰面积的计算可以得到样品的相变潜热。

【实验结果与处理】

表 8-1 实验记录和结果处理

时间	所进行的操作	现象	备注

【常见问题及解决方法】

1. DTA 操作过程中，点击运行后，设定温度在 2℃左右时，电压表数值应小于 5V 才可按“启动电炉”，如大于 5V，必须马上点击“恒温”，等电压降至小于 5V 后，再点击“运行”、“启动电炉”（绿色按钮）。

2. DTA 测试结束后，仪器温度降至 100℃以下，再关闭冷却水和仪器电源。

【思考题】

1. 什么是固体电解质？Ag_2Te 为何具有超离子导电性？

2. 在 Ag_2Te 差热分析中，升温和降温过程的相变温度是否相同，为什么？

【参考文献】

Xiao F，Chen G，Wang Q，et al. Journal of Solid State Chemistry，2010，183：2382-2388.

（金仁成）

实验 9 抗癫痫药苯妥英锌的合成

苯妥英可作为抗癫痫药，用于治疗癫痫大发作，也可用于三叉神经痛。在临床上常用苯妥英钠和苯妥英锌作为制剂，苯妥英锌的刺激性小于苯妥英钠。苯妥英锌化学名为 5,5-二苯基乙内酰脲锌，白色粉末，熔点（mp.）222～227℃（分解），微溶于水，不溶于乙醇、氯仿、乙醚。

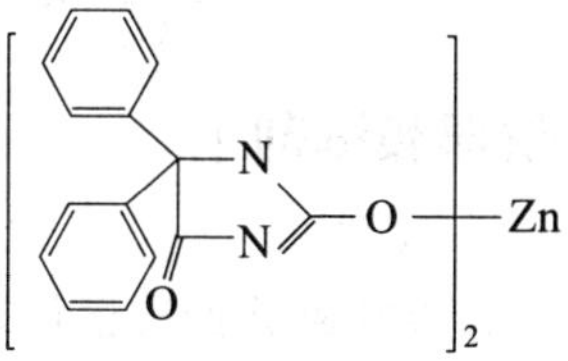

苯妥英锌

【实验目的】

1. 了解酯缩合反应的原理和方法。

2. 掌握苯妥英锌的合成原理和合成方法。

3. 掌握用三氯化铁作氧化剂的实验方法。

【实验原理】

1. 总合成路线

总合成路线如下：

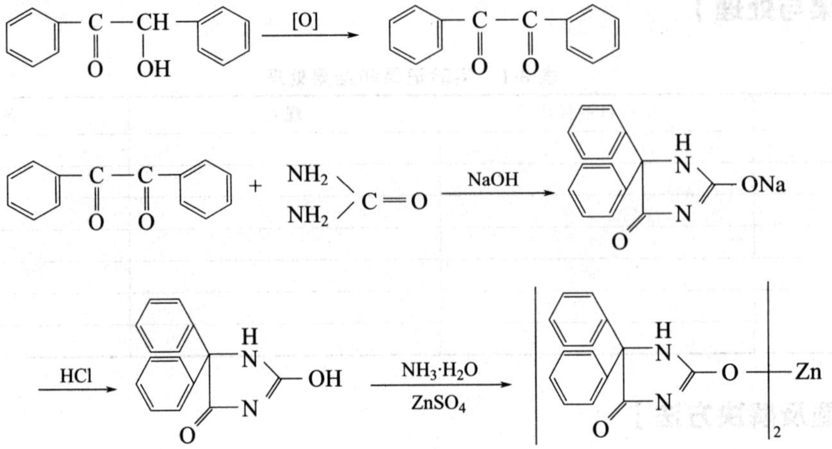

2. 反应机理

联苯甲酰（二苯乙二酮）与尿素合成5,5-二苯基乙内酰脲（苯妥英）的反应机理如下：

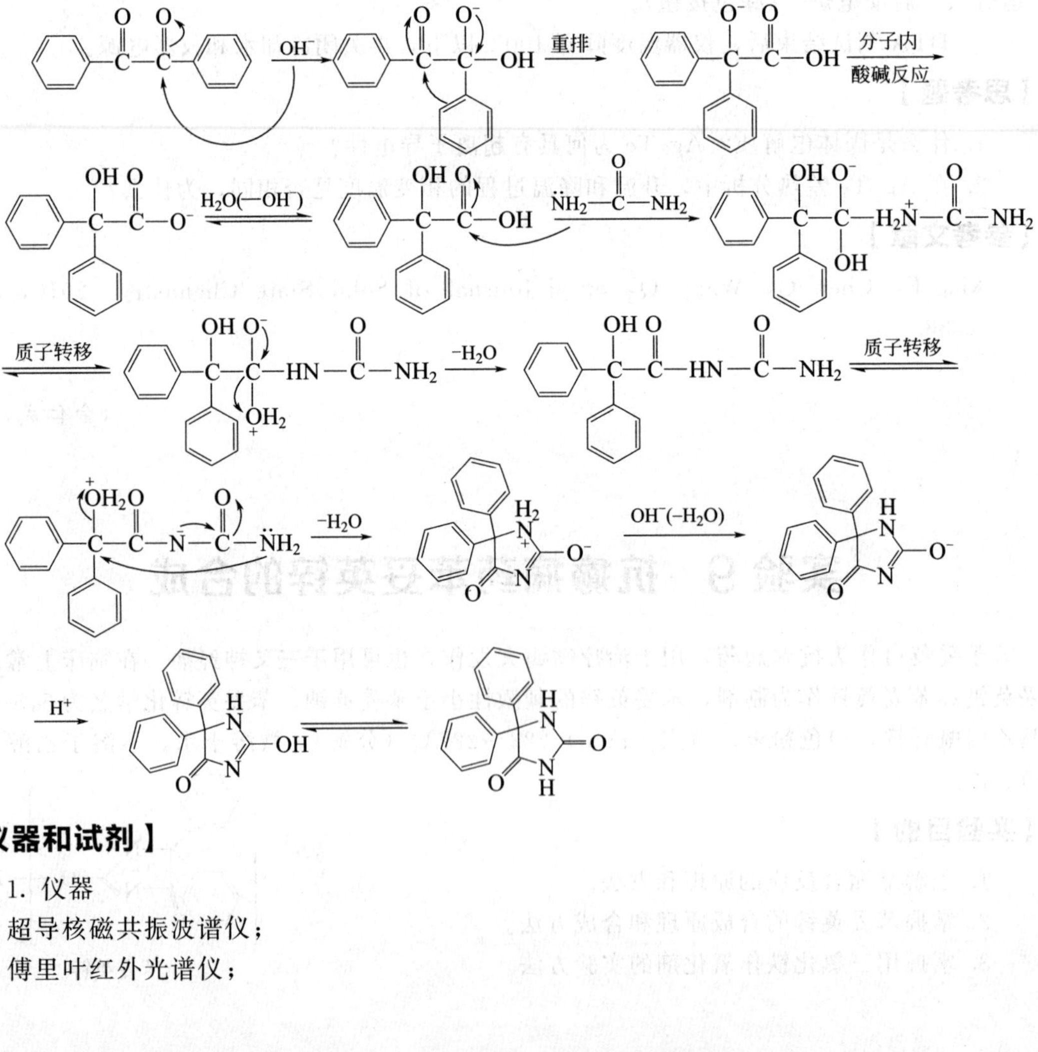

【仪器和试剂】

1. 仪器

超导核磁共振波谱仪；

傅里叶红外光谱仪；

圆底烧瓶	2个；	电子天平	1台；	真空干燥箱	1台；
磁力加热搅拌机	1台；	真空泵	1台；	布氏漏斗	1个；
烧杯	5个；	具塞锥形瓶	1个；	温度计	1支；
薄层色谱硅胶板	1片；	展缸	1个；	磁子	2粒；
熔点仪	1台。				

2. 试剂

冰醋酸	分析纯；	$FeCl_3 \cdot 6H_2O$	分析纯；
安息香	分析纯；	尿素	分析纯；
氢氧化钠	分析纯；	$ZnSO_4 \cdot 7H_2O$	分析纯；
氨水	分析纯；	盐酸	分析纯；
蒸馏水	自制。		

【实验步骤】

1. 联苯甲酰（二苯乙二酮）的制备

在装有冷凝器的100mL圆底烧瓶中，依次加入$FeCl_3 \cdot 6H_2O$ 7g，冰醋酸7.5mL，水3mL及磁子，加热搅拌沸腾5min。稍冷，加入安息香12.5g，加热回流50min。稍冷，加水50mL，再加热至沸腾后，将反应液倾入100mL烧杯中，搅拌，自然冷却，析出黄色固体，抽滤。固体用少量水洗，真空干燥，得粗品，测熔点，mp. 88～90℃，计算产率。

2. 苯妥英的制备

在装有冷凝器的100mL圆底烧瓶中，依次加入联苯甲酰1g，尿素0.35g，20%氢氧化钠3mL，50%乙醇5mL及磁子一粒，加热，回流反应30min，然后加入沸水30mL，活性炭0.15g，煮沸脱色10min，放冷过滤。滤液用10%盐酸调pH=6，析出结晶，抽滤。结晶用少量水洗，干燥，得粗品，计算产率。

3. 苯妥英锌的制备

将苯妥英0.5g置于50mL烧杯中，加入氨水（15mL $NH_3 \cdot H_2O$+10mL H_2O），尽量使苯妥英溶解，如有不溶物抽滤除去。另取0.3g $ZnSO_4 \cdot 7H_2O$加3mL水溶解，然后加到苯妥英溶液中，析出白色沉淀，抽滤，结晶用少量水洗，干燥，得苯妥英锌，称重，计算产率。

4. 产品的检测和表征

用薄层色谱（TLC）来检测产物的纯度和反应情况，硅胶板，紫外灯显色，展开剂为二氯甲烷。

产品可以用核磁共振氢谱（^1H NMR）、红外光谱（IR）进行表征。

【实验结果与处理】

1. 计算产率。
2. TLC实验中计算反应物和产物的R_f值，并进行分析。
3. 对照标准谱图对产品的核磁共振氢谱和IR谱图进行分析。

【常见问题及解决方法】

1. 在各步反应中注意加料顺序。
2. 如果用TLC检测，展开剂用二氯甲烷，可根据实际情况进行调整。
3. 制备苯妥英钠时，用了过量的NaOH，必须用HCl将它除掉，再用温和的氨水和$ZnSO_4$反应制备苯妥英锌。不除掉NaOH，将生成Zn（OH）$_2$。

【思考题】

1. 简述二苯乙二酮在碱性醇液中与脲缩合生成苯妥英钠的反应过程。

2. 制备联苯甲酰时，为何先在圆底烧瓶中，依次加入 $FeCl_3 \cdot 6H_2O$ 7g，冰醋酸 7.5mL，水 3mL，在石棉网上直火加热沸腾 5min 后才加安息香，而不是一开始一起加入？

3. 制备苯妥英时，乙醇的作用是什么，为何不在反应完成后加？

4. 制备苯妥英时，为何要调 pH 为 6？

【参考文献】

[1] 冯金城，麦禄根．天津大学学报（自然科学版），2000，20(3)：70-72.

[2] 杨仕豪，李莉萍，杨建文．中国医药工业杂志，1995，26(1)：4-5.

[3] 何黎琴，见玉娟，高文武等．安徽化工，2003，126(6)：24-24.

[4] 蒲其松，李毓倩，王鲁石等．石河子医学学报，1989，11(4)：210-211.

附：苯妥英锌的红外光谱图和核磁共振氢谱图见图 9-1 和图 9-2。

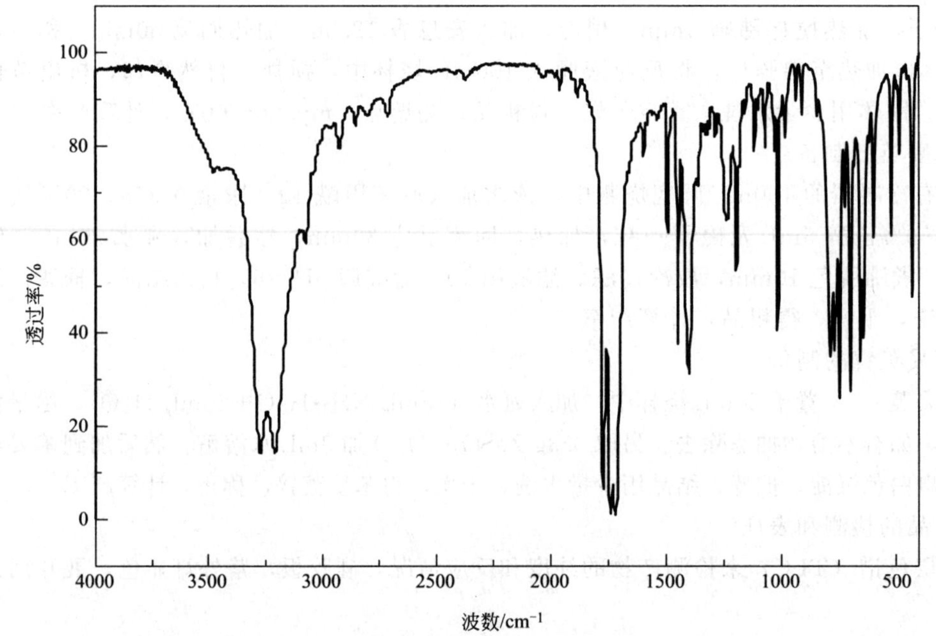

图 9-1　苯妥英锌的红外光谱

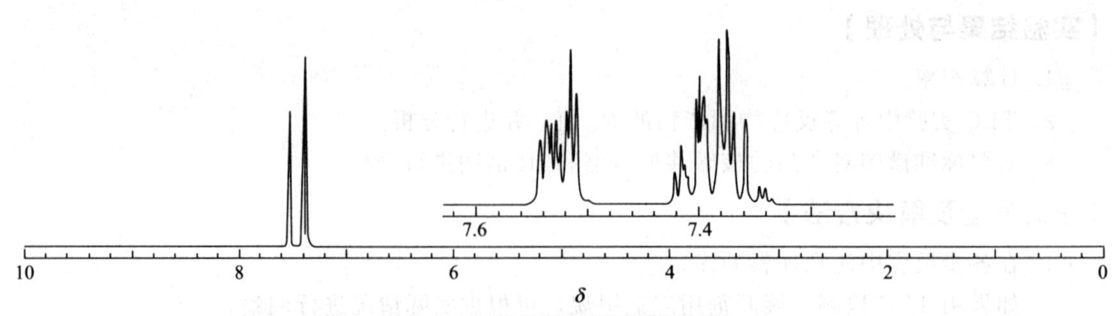

图 9-2　苯妥英锌的核磁共振氢谱

（徐胜广）

实验10　香豆素的催化合成

香豆素（coumarin）又称可买林，学名为邻羟基肉桂酸内酯，是一个重要的香料，天然存在于黑香豆、香蛇鞭菊、野香荚兰、兰花中。香豆素的衍生物有些存在于自然界，有些则可通过合成方法制得。由于香豆素及其衍生物具有一定的香气，在自然界及有机合成中均占有重要位置，可在化妆品、饮料、食品、香烟、橡胶制品及塑料制品中作为增香剂。因其同时具有抗微生物等重要的生物活性，因而在农业、工业、医药行业也表现出重要作用；在制药行业中常被用作药物和中间体。香豆素通常利用Perkin反应制取。合成香豆素可采用不同的催化剂合成，如无水醋酸钠或无水醋酸钾为催化剂合成，无水碳酸钾为催化剂合成，以乙酸钙为催化剂和PEG600为活化剂合成，或以KF为催化剂合成。香豆素也可通过香豆素-3-羧酸脱羧来制备。本实验采用无水碳酸钾做催化剂通过Perkin反应制备香豆素。

香豆素分子量为146.15，白色晶体，具有黑香豆浓重香味及巧克力气息，熔点：69℃（68～70℃），沸点：297～299℃，相对密度为0.935（20℃）。溶于乙醇、氯仿、乙醚，不溶于水，较易溶于热水。

【实验目的】

1. 了解香豆素及其衍生物的性质与应用。
2. 学会通过Perkin反应在催化条件下一步合成香豆素。
3. 学习用薄层色谱（TLC）法判断有机反应的终点。
4. 进一步熟练掌握减压蒸馏、重结晶等有机实验的基本操作，学会空气冷凝管的使用方法。

【实验原理】

水杨醛和乙酸酐在催化剂的作用下，一步就得到香豆素，它是香豆酸的内酯，是由顺式香豆酸脱水得到的。反应中也得到少量反式香豆酸，不能形成内酯。一般Perkin缩合反应中，产物为反式，两个大的基团在双键两侧，但反式不能形成内酯，因此，内酯的形成可能是促进反应生成顺式异构体的原因。

反应机理：

水杨醛（OH，CHO） + $(CH_3CO)_2O$ $\xrightarrow{\text{催化剂}}$ [OH，$CHCH_2COOCOCH_3$，OH]

$\xrightarrow{-CH_3COOH}$ OH，$C{=}C$（H，COOH，H）] $\xrightarrow{-H_2O}$ 香豆素（O，O）

反式香豆酸（OH，$C{=}C$，H，H，COOH）　　顺式香豆酸（OH，$C{=}C$，COOH，H，H）

副产物：滤液用20%盐酸酸化，过滤收集沉淀物，沉淀物用水-乙醇混合溶剂重结晶，得反式邻乙酰氧基肉桂酸，熔点为153～154℃。

【仪器和试剂】

1. 仪器

傅里叶红外光谱仪；

250mL三口瓶	1个；	电子天平	1台；	恒压滴液漏斗	1个；
圆底烧瓶	1个；	分液漏斗	1台；	抽滤装置	1套；
烧杯	5个；	具塞锥形瓶	1个；	薄层色谱仪器	1套；
紫外灯	1台；	调温电热套	1台。		

2. 试剂

水杨醛	分析纯；	环已烷	分析纯；	醋酸酐	分析纯；
无水碳酸钾	分析纯；	碳酸钠	分析纯；	乙醇	分析纯；
饱和食盐水	自制；	蒸馏水	自制。		

【实验步骤】

1. 加料

在250mL干燥的三口瓶中，加入5.2mL(6.1g，0.05mol)水杨醛和9.4mL（10.2g，0.1mol）醋酸酐，加入1.7g(0.0125mol)的无水碳酸钾混合均匀，加入沸石。在干燥的恒压滴液漏斗中加入4.7mL(5.1g，0.05mol）醋酸酐[水杨醛与醋酸酐的比例可为1：(2.5～4)]。实验装置图见图10-1。

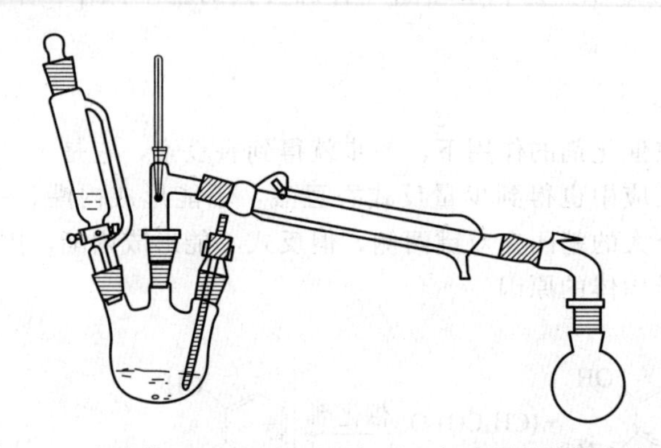

图10-1 实验装置（注：也可用短的空气冷凝管代替蒸馏头）

2. 反应

文火加热混合物至馏出物温度为120～125℃，反应混合物温度约为160℃，控制加热速率，使乙酸馏出速度约为1.0mL/min，开始滴加醋酸酐，滴加的速度约等于馏出乙酸速度的二分之一，滴加完毕后在180℃左右保温反应0.5～1h，当反应温度升至200℃时，停止加热。

3. 产品后处理与精制

稍冷却，将混合物趁热倒入烧杯，用质量分数为10%的Na_2CO_3水溶液中和至弱碱性pH≈8，冷却，抽滤，用（1+1）乙醇-水重结晶，用少量的乙醇-水洗涤滤饼，得白色香豆素产品。干燥，称重，计算产率。

[中和后若出现油珠，可用乙醚或苯溶解固体，并用乙醚或苯萃取水层2～3次，合并有

机层，干燥，先蒸出有机物，再在 1.333kPa（10mmHg）下减压蒸馏，空气冷凝管，收集 140～150℃区间的馏分，冷却得产品。]

4. 产品分析

（1）测定香豆素熔点（68～70℃）。

（2）用 TLC 分析产品纯度，分别点样品点和产品点，展开剂为环己烷：乙醚＝3：1（体积比）。

（3）红外光谱数据：$3054cm^{-1}$，$1716cm^{-1}$，$1605cm^{-1}$，$1557cm^{-1}$，$1446cm^{-1}$，$1172cm^{-1}$，$1111cm^{-1}$，$925cm^{-1}$，$828cm^{-1}$，$756cm^{-1}$。

【实验结果与处理】

1. 香豆素性状：
2. 香豆素熔点：
3. 香豆素产率计算：
4. 香豆素产率分析：
5. 香豆素薄层色谱分析：

【常见问题及解决方法】

1. 水杨醛和醋酸酐有毒性和刺激性，取用时防止溅到皮肤上。
2. 反应瓶温度高，避免烫伤。
3. 所用仪器需干燥！醋酸酐用新蒸的！
4. 开始反应时需加热一段时间，若有乙酸蒸出，待反应瓶内温度达 160℃后即可开始滴加醋酸酐。控制加热速率使反应瓶内温度维持在 180～190℃，温度过高容易发生炭化，反应结束时温度可升至 210℃。
5. 后处理时也可将混合物冷却至 80℃时加入 5～7mL 饱和食盐水，再加入固体碳酸钠中和。
6. 反应过程中可用 TLC 跟踪反应进程，尽量使水杨醛转化完全。

【思考题】

1. 香豆素有哪些制备方法？
2. 反应温度对产物有什么影响？
3. 如何提高香豆素的产率？
4. 该反应可能有什么副反应？
5. 分析红外光谱中各吸收峰的归属。

【参考文献】

[1] Koepp E，Vogtle F. Synthesis，1997，(2)：177-179.

[2] 谢国龙，周成栋．精细化工，1995，12(2)：40-42.

[3] 肖如亭，李乃，董庆洁等．应用化学，2000，17(3)：288-291.

[4] 李品华，阮学海，孙兴华．淮北煤炭师院学报，2002，23(1)：51-54.

[5] 张友兰．有机精细化学品合成及应用实验．北京：化学工业出版社，2005.

[6] 焦家骏．有机化学实验．上海：上海交通大学出版社，2000.

（刘春萍）

实验 11　手性催化剂——1,1′-联-2-萘酚 [(±)-BINOL] 的合成、表征及拆分

手性是构成生命世界的重要基础，而光学活性物质的合成则是合成化学家为创造有功能价值的物质（如手性医药、农药、香料、液晶等）所面临的挑战，因此手性合成已经成为当前有机化学研究中的热点和前沿领域之一。在各种手性合成方法中，不对称催化是获得光学物质最有效的手段之一，因为使用很少量的光学纯催化剂就可以产生大量的所需要的手性物质，并且可以避免无用对映异构体的生成，因此它又符合绿色化学的要求。在众多类型的手性催化剂中，以光学纯 1,1′-联-2-萘酚（BINOL）及其衍生物为配体的金属络合物是应用最为广泛和成功的例子，有大量的文献报道。目前获得光学纯的 BINOL 已经非常容易，成为任何一个具备简单合成条件的实验室都可以进行的工作，这主要依赖于分子识别原理的发展与应用。

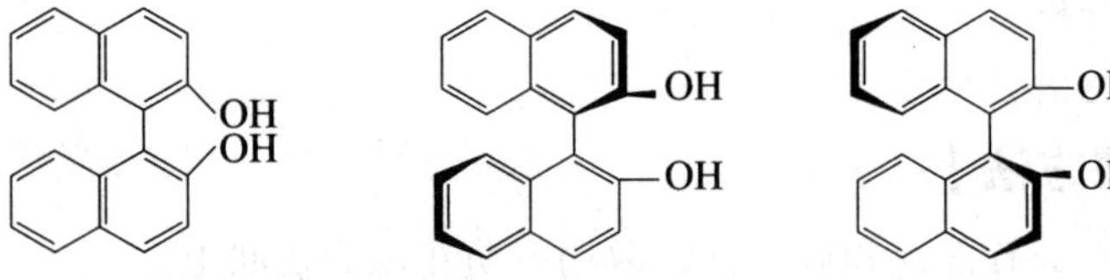

(±)-BINOL　(*R*)-BINOL　(*S*)-BINOL

【实验目的】

1. 了解（±)-BINOL 是目前常用的手性催化剂的配体以及氧化偶联的实验原理。
2. 了解分子识别原理及其在手性拆分中的应用。
3. 制备光学纯（*R*)-BINOL 和（*S*)-BINOL。
4. 熟练运用熔点仪，IR、UV、NMR 光谱仪进行结构表征。

【实验原理】

1.（±)-BINOL 的合成

外消旋 BINOL 的合成主要通过 2-萘酚的氧化偶联获得，常用的氧化剂有 Fe^{3+}、Cu^{2+}、Mn^{3+} 等，反应介质主要有有机溶剂、水或无溶剂三种条件。我们以 $FeCl_3 \cdot 6H_2O$ 为氧化剂，水作为反应介质。这里用 $FeCl_3 \cdot 6H_2O$ 主要原因是 $FeCl_3 \cdot 6H_2O$ 和水价廉易得、反应产物分离回收操作简单（冷却、过滤、水洗）、无污染，当然在无溶剂条件下也具备上述优点，但在固态下对反应混合物的研磨和加热比较困难，因此我们进行不均相反应效果更好些。

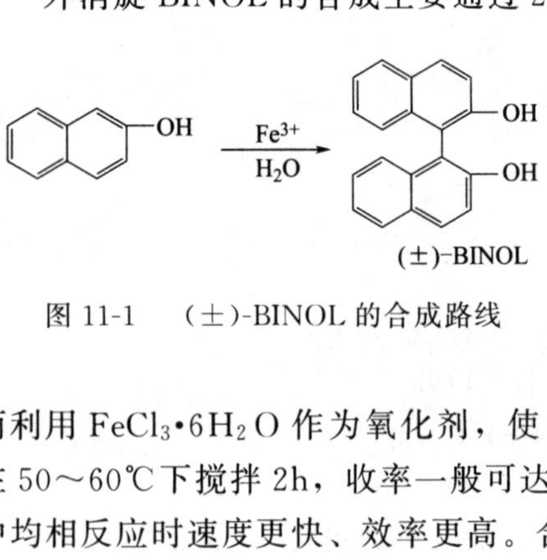

OH　$\xrightarrow[H_2O]{Fe^{3+}}$　OH OH (±)-BINOL

图 11-1　(±)-BINOL 的合成路线

而利用 $FeCl_3 \cdot 6H_2O$ 作为氧化剂，使 2-萘酚固体粉末悬浮在盛有 Fe^{3+} 水溶液的反应瓶中，在 50～60℃下搅拌 2h，收率一般可达 90%以上。此反应不需要特殊装置，且比在有机溶剂中均相反应时速度更快、效率更高。合成反应如图 11-1 所示。

反应机理如图 11-2 所示。

2.（±)-BINOL 的拆分

从 BINOL 的分子结构分析，由于 8,8′位氢的位阻作用，使得 1,1′之间 C—C 键的旋转受阻，因而分子中两个萘环不是处于同一平面上，而是存在一定夹角（通常在 80°～90°之

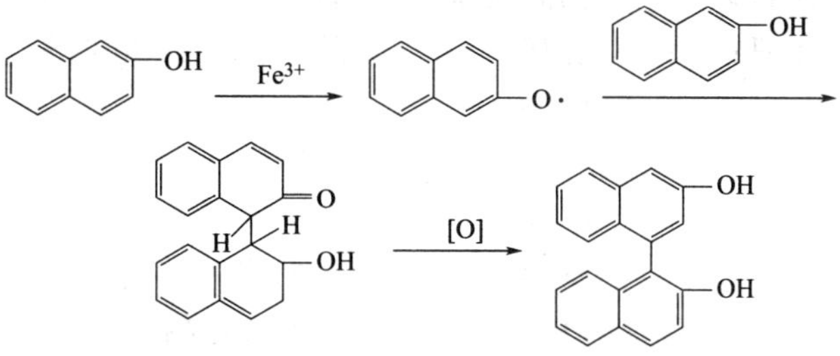

图 11-2　(±)-BINOL 的合成反应机理

间)，所以分子中没有对称面，在垂直于 1,1′之间 C—C 键有一 C_2 对称轴，因此 BINOL 是具有 C_2 对称性的手性分子。到目前为止，BINOL 的拆分方法有 20 余种，在众多类型的光学拆分方法中，通过分子识别的方法对映选择性地形成主-客体（或超分子）复合物，已经被证实是最有效、实用而且方便的手段之一。这里推荐利用容易制备的 *N*-苄基氯化辛可宁（记为 2）作为拆分试剂，因为它能够选择性地与（±)-BINOL 中的（*R*)-对映异构体形成稳定的分子复合物晶体，而（*S*)-BINOL 则被留在母液中，从而实现（±)-BINOL 的光学拆分。

rac-BINOL + 2 ⟶ (*R*)-(+)-BINOL·2 + (*S*)-(−)-BINOL
分子晶体 → (*R*)-BINOL
母液中 → (*S*)-BINOL

N-苄基氯化辛可宁与（*R*)-BINOL 的分子识别模式如图 11-3 所示，二者间主要通过分子间氢键作用以及氯负离子与季铵正离子的静电作用结合，包括一个（*R*)-BINOL 分子的羟基氢与氯负离子间以及临近的另一个（*R*)-BINOL 分子的羟基氢与氯负离子间的氢键作用，氯负离子在两个（*R*)-BINOL 分子间起桥梁作用，同时氯负离子与 *N*-苄基辛可宁正离子的静电作用以及 *N*-苄基辛可宁分子中羟基氢与（*R*)-BINOL 分子中的一个羟基氧间的氢键作用使 BINOL 部分与 *N*-苄基辛可宁部分结合起来。

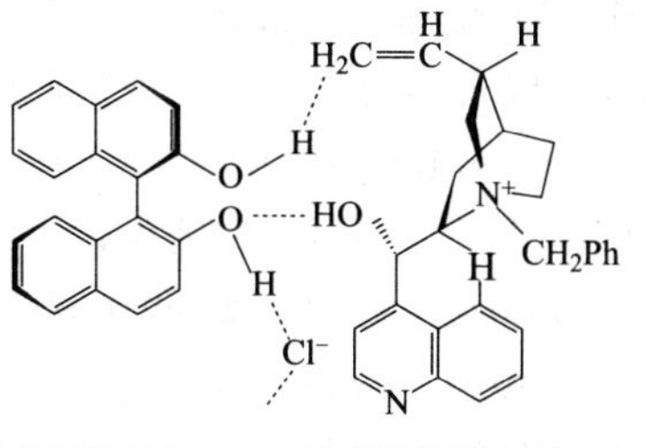

(*R*)-BINOL　　*N*-苄基氯化辛可宁, 2

图 11-3　*N*-苄基氯化辛可宁与（*R*)-BINOL 的分子识别模式

【仪器和试剂】

1. 仪器

显微熔点测定仪	MP120 型；	紫外光谱仪	UV2550 型；	红外光谱仪	MAGNA550 型；
旋转蒸发仪	IKA RV10；	核磁共振仪	JNM-MY60FT；	温度计	1 支；
滴加搅拌回流反应装置	1 套；	电子天平	1 台；	真空干燥箱	1 台；

水循环真空泵	1台；	抽滤装置	1套；	布氏漏斗	1只；
三口反应瓶（125mL）	1只；	烧杯（100mL）	2只；	电热套	1台。

2. 试剂

2-萘酚	分析纯；	甲苯	分析纯；
六水合三氯化铁	分析纯；	*N*-苄基氯化辛可宁	分析纯；
乙腈	分析纯；	乙酸乙酯	分析纯；
盐酸	分析纯；	$MgSO_4$	分析纯；
苯	分析纯；	食盐	分析纯；
Na_2CO_3	分析纯；	甲醇	分析纯；
N,*N*-二甲基甲酰胺	分析纯；	辛可宁	分析纯；
氯化苄	分析纯。		

【实验步骤】

1. (±)-BINOL的合成

在125mL三口圆底烧瓶中，将8g $FeCl_3 \cdot 6H_2O$（30mmol），溶解于40mL水中，然后加入2.0g粉末状的2-萘酚（14mmol），加热悬浮液至50～60℃，并在此温度下搅拌2h。然后冷却至室温，过滤得到粗产品。用蒸馏水洗涤以除去Fe^{3+}和Fe^{2+}。最后用20mL甲苯重结晶，得到白色针状晶体。

测熔点（文献熔点：216～218℃），计算收率。

2. (±)-BINOL的结构表征

IR：溴化钾压片测试，3486.2cm^{-1}、3403.5cm^{-1}、1618.3cm^{-1}、1593.9cm^{-1}、1512.2cm^{-1}、1464.6cm^{-1}、1380.6cm^{-1}、1214.9cm^{-1}、1174.4cm^{-1}、1145.3cm^{-1}、823.6cm^{-1}、751.1cm^{-1}。

^1H NMR：将样品溶解在氘代二甲亚砜溶剂中，化学位移δ：9.20、7.83、7.22。

UV：样品溶解在无水乙醇中测试，200～400nm扫描。

3. (±)-BINOL的拆分

在一装有回流冷凝管的50mL圆底烧瓶中，加入(±)-BINOL（1.0g，3.5mmol）和*N*-苄基氯化辛可宁（0.884g，2.1mmol）以及20mL乙腈。加热回流2h，然后冷却至室温，过滤析出的白色固体并用乙腈洗涤3次（3×5mL）。固体是(*R*)-(+)-BINOL与*N*-苄基氯化辛可宁形成的1∶1分子复合物，熔点为248℃（分解）。母液保留，用于回收(*S*)-(−)-BINOL。

将白色固体悬浮于由40mL乙酸乙酯和稀盐酸水溶液（1mol/L盐酸30mL＋H_2O 30mL）组成的混合体系中，室温下搅拌30min，直至白色固体消失。分出有机相，水相用10mL乙酸乙酯再萃取一次，合并有机相，并用饱和食盐水洗涤，无水$MgSO_4$干燥。蒸去有机溶剂，残余物用苯重结晶，得到0.3～0.4g无色柱状晶体，即(*R*)-(+)-BINOL，收率为60%～80%，熔点为208～210℃，$[\alpha]_D^{27}$：+32.1（c=1.0，THF）。

将母液蒸干，所得固体重新溶于乙酸乙酯（40mL）中，并用10mL稀盐酸（1mol/L）和10mL饱和食盐水各洗涤一次，有机层用无水$MgSO_4$干燥。以下操作同上，得到0.3～0.4g (*S*)-(−)-BINOL，收率为60%～80%，熔点为208～210℃，$[\alpha]_D^{27}$：−33.5（c=1.0，THF）。

上述萃取后的盐酸层（水相）合并后用固体Na_2CO_3中和至无气泡放出，得到白色沉淀，过滤，固体用甲醇-水混合溶剂重结晶，得到*N*-苄基氯化辛可宁，回收率>90%，可重新用来拆分且不降低效率。

【实验结果与处理】

1. 分析 IR、UV、^{1}H NMR 谱图，分析联二苯酚类化合物的结构特征。

2. 剩余样品回收。

【常见问题及解决方法】

1. *N*-苄基氯化辛可宁由辛可宁和氯化苄在无水 *N*，*N*-二甲基甲酰胺中反应制得，可预先制备。

2. 外消旋 BINOL 与光学纯 BINOL 的熔点有明显区别，晶体外形也明显不同，外消旋 BINOL 为针状晶体而光学纯 BINOL 容易形成较大的块状晶体。

3. *N*-苄基氯化辛可宁的回收可由实验指导教师或专人统一进行，这样可以提高回收率。

【思考题】

1. 在基础有机化学实验中，重结晶的条件都有哪些？

2. 根据有机化学知识，设计一个拆分外消旋体的方法。

3. 根据所学知识，设计一个直接合成手性 BINOL 的方法（用方块图或反应式表示）。

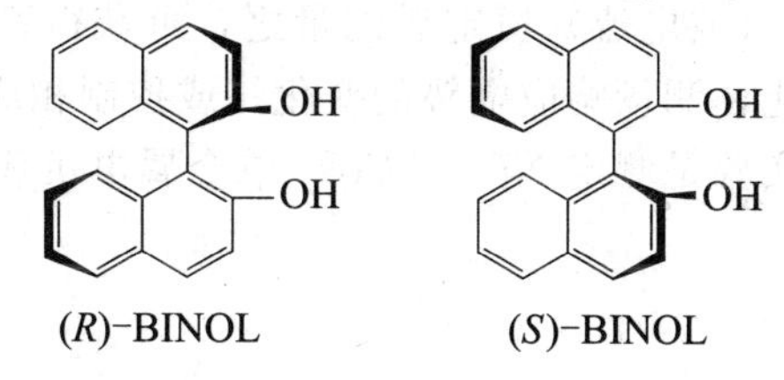

附：（±）-BINOL 的红外谱图（图 11-4）

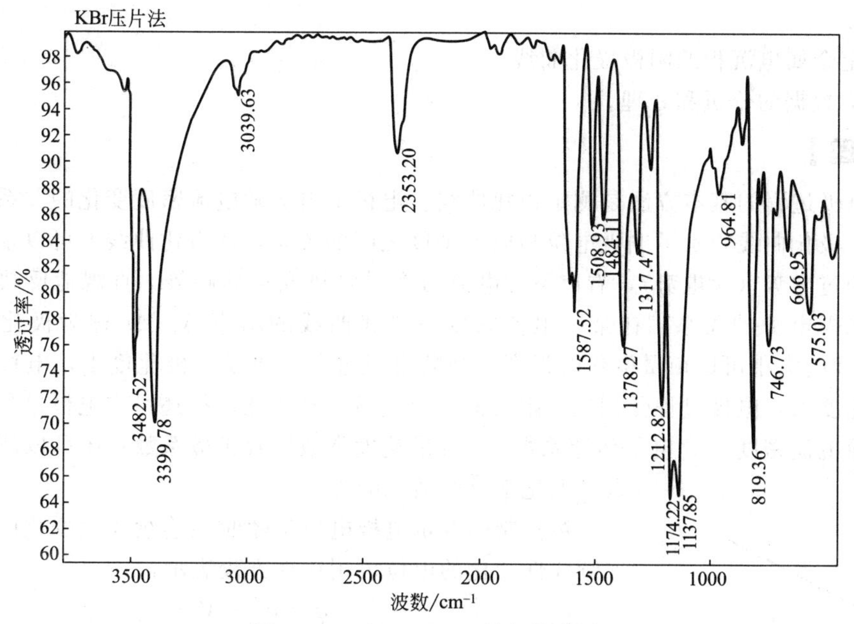

图 11-4　（±）-BINOL 的红外谱图

【参考文献】

［1］林国强，陈耀全，陈新滋等．手性合成——不对称反应及其应用．北京：科学出版社，2000.

［2］Ding K，Wang Y，ZhangL，et al. Tetrahedron，1996，52(3)：1005.

［3］Wang Y，Sun J，Ding K. Tetrahedron，2000，56：4447.

［4］王洋．推荐一个有机化学基础实验：BINOL 的合成及拆分．大学化学，2002，17(3)：42.

（刘刚）

实验 12 单金属、合金共电沉积及极化曲线的测定

电极的极化引发的电极反应中电流、电压的关系变化繁多，统称为极化曲线，或称伏安图。它的测量和研究是电极反应动力学的重要内容，其结果也是电化学生产过程控制的重要依据。极化曲线的测量方法可以是“稳态”的，也可以是“暂态”的。前者是先控制恒定的电流（或电压），待响应电压（或电流）恒定后测量之，可获得稳态极化曲线。后者则控制电流恒定或按一定的程序变化，测量响应电势的变化；或控制相应的电势，测量响应电流的变化获得暂态极化曲线。本实验是测定 Ni^{2+}、Co^{2+} 单金属电沉积以及 Ni-Co 合金共电沉积的稳态阴极极化曲线。

【实验目的】

1．掌握三电极体系装置和电化学工作站的应用。

2．掌握用线性电位扫描法测量极化曲线的原理和实验方法，学会从极化曲线上分析电极过程特征。

3．测定金属电沉积的阴极极化曲线。

4．学会数据的分析和处理。

【实验原理】

研究电极过程的基本方法是测定极化曲线。电极上电势随电流密度变化的关系曲线称为极化曲线。极化曲线表示了电极电位与电流密度之间的关系，从极化曲线上可以求得任一电流密度下的过电势（超电势），看出不同电流密度时电势变化的趋势，直观地反映了电极反应速度与电极电势的关系。在某一电流密度下极化曲线的斜率 $\Delta\varphi/\Delta i$ 称为极化度（极化率），极化度的大小可以衡量极化的程度，判断电极过程的难易。极化度小，电极过程容易进行；极化度大，电极过程受到较大阻碍而难以进行。从极化曲线还可求电极过程动力学参数，如交换电流密度 i_0、电子传递系数 α、标准速度常数以及扩散系数；还可以测定反应级数、电化学反应活化能等。

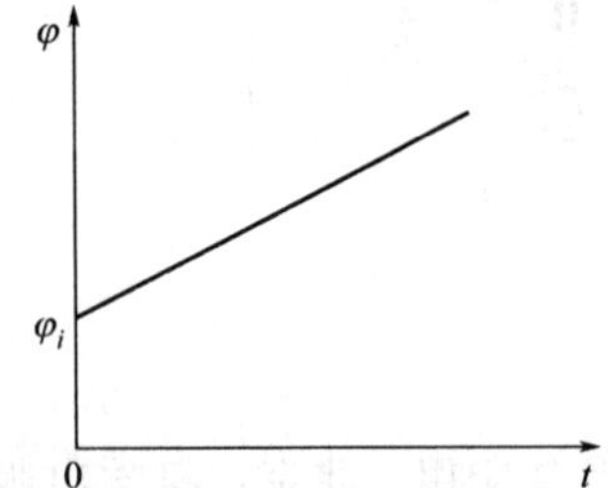

图 12-1 扫描电位与时间的关系

被控制的变量电极电位是随时间连续线性变化的。随时间连续线性变化的电位可用线性方程表示：

$$\varphi=\varphi_i+Vt$$

式中，φ 为扫描电位；t 为扫描时间；V 为扫描速度；φ_i 为扫描起点电位。

常以研究电极相对于参比电极的开路电位作为扫描的起点电位。扫描电位与时间的关系如图 12-1 所示。

测定极化曲线通常采用三电极体系，测量线路如图 12-2 所示。

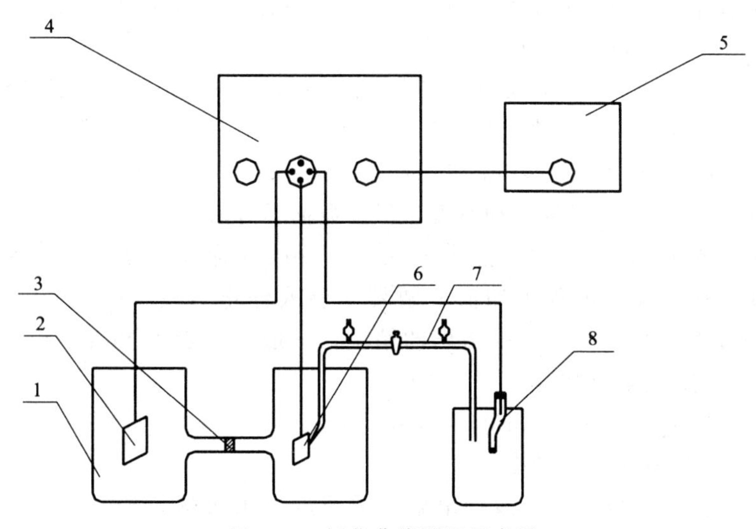

图 12-2　极化曲线测量示意图

1—H 电解槽；2—辅助电极（Pt 电极）；3—隔膜；4—电化学工作站；
5—电脑；6—研究电极；7—盐桥；8—参比电极（饱和甘汞电极）

采用鲁金（Luggin）毛细管降低溶液的欧姆降，毛细管尖端尽可能靠近待测电极表面。

【仪器和试剂】

1. 仪器

电化学工作站	1 台；	计算机	1 台；	箔片（辅助电极）	1 支；
饱和甘汞电极（参比电极）	1 支；	铜丝电极（研究电极）	1 支；	Luggin 毛细管	1 个；
H 电解槽	1 个。				

2. 试剂

$NiCl_2$	分析纯；	$NiSO_4$	分析纯；
$CoSO_4$	分析纯；	KCl	分析纯；
H_3BO_3	分析纯；	十二烷基硫酸钠	分析纯。

【实验步骤】

1. 按表 12-1 中组成分别配制 Ni 溶液、Co 溶液、Ni-Co 溶液各 200mL，按照图 12-2 连接好测量线路。

表 12-1　实验所用溶液浓度

组分	Ni 溶液/(g/L)	Co 溶液/(g/L)	Ni-Co 溶液/(g/L)
$NiSO_4·6H_2O$	200		200
$NiCl_2·6H_2O$	45		45
$CoSO_4·6H_2O$		20	20
H_3BO_3	30	30	30
糖精	2	2	2
十二烷基硫酸钠	0.1	0.1	0.1

2. 接通电化学工作站电源，指示灯亮，打开计算机电源，计算机进入 Windows 系统，

点击 Windows 系统中的 CHI660e 程序。

3. 设置实验技术：在 Setup 菜单中点击 Technique 命令，系统出现一系列实验技术，点击线性扫描技术（Linear sweep voltammetry）。

4. 读取开路电位：在 Control 菜单中点击 Open circuit potential，测量开路电位。

5. 选择参数：InitE(V)＝开路电压，FinalE(V)＝－1.4（可以自由设定），Scan rate＝0.01V/s、0.004V/s、0.006V/s；Sample interval(V)＝0.001，Quiet time(s)＝2，Sensitivity (A/V)＝1.0×10^{-5}（或者设置为自动精度，保证数据不溢出）。

6. 运行实验：在 Control 菜单中点击 Run experiment 命令，分别测出 Ni、Co、Ni-Co 的阴极极化曲线（注：实验过程中如需要暂停实验或停止实验，在菜单中点击 Pause 或 Stop 命令；实验过程中如果发生数据溢出的情况，一般要先点击 Stop，再进行其他操作，不能直接关闭程序或进行其他操作）。

7. 数据保存：实验完成后，在 File 菜单中点击 Save as 命令，设置路径及输入文件名，点击确定后计算机就保存了实验数据。

8. 保持其他的实验参数不变，改变电解液的温度，比如在室温、30℃、40℃下分别进行实验。

9. 实验完毕，退出 CHI660e 应用程序。在确定所有应用程序都退出后，关闭 CHI660e 电化学工作站电源，然后关闭计算机，切断电源。

【实验结果与处理】

1. 将 CHI660e 测量数据转变为文本文件，在 origin 软件上作图，得到 φ-i 极化曲线。

2. 将不同扫描速度下的极化曲线叠加在同一个图上，进行比较，观察扫描速度对极化曲线是否有影响。

3. 将不同温度下的极化曲线叠加在同一个图上，进行比较，观察扫描温度对极化曲线是否有影响。

4. 将极化曲线转化为 Tafel 曲线，根据 Tafel 公式 $\eta=-\frac{2.303RT}{\alpha zF}\lg i_0+\frac{2.303RT}{\alpha zF}\lg i$，分别求出不同温度下 Ni^{2+} 发生阴极还原时的交换电流密度 i_0、电子传递系数 α。

【思考题】

1. 用线性电位扫描法测定极化曲线时，为何要使用比较慢的扫描速度？说明原因。

2. 通过极化曲线的测定，对极化过程和极化曲线的应用有何进一步的理解？

3. 做好本实验的关键有哪些？

4. 在测量电路中，辅助电极和参比电极各起什么作用？

【参考文献】

[1] 东北师范大学等．物理化学实验．第 2 版．北京：高等教育出版社，1989.

[2] 桂伟志．应用化学，1985，2(2)：72-73.

附：

1. 恒电位法与恒电流法测定极化曲线

(1) 恒电位法

恒电位法就是将研究电极依次恒定在不同的数值上，然后测量对应于各电位下的电流。

极化曲线的测量应尽可能接近体系稳态。稳态体系指被研究体系的极化电流、电极电势、电极表面状态等基本上不随时间而改变。在实际测量中，常用的控制电位测量方法有以下两种。

① 静态法：将电极电势恒定在某一数值，测定相应的稳定电流值，如此逐点地测量一系列各个电极电势下的稳定电流值，以获得完整的极化曲线。对某些体系，达到稳态可能需要很长时间，为节省时间，提高测量重现性，往往人们自行规定每次电势恒定的时间。

② 动态法：控制电极电势以较慢的速度连续地改变（扫描），并测量对应电位下的瞬时电流值，以瞬时电流与对应的电极电势作图，获得整个的极化曲线。一般来说，电极表面建立稳态的速度愈慢，则电位扫描速度也应愈慢。因此对不同的电极体系，扫描速度也不相同。为测得稳态极化曲线，人们通常依次减小扫描速度测定若干条极化曲线，当测至极化曲线不再明显变化时，可确定此扫描速度下测得的极化曲线即为稳态极化曲线。同样，为节省时间，对于那些只是为了比较不同因素对电极过程影响的极化曲线，则选取适当的扫描速度绘制准稳态极化曲线就可以了。

上述两种方法都已经得到了广泛应用，尤其是动态法，由于可以自动测绘，扫描速度可控制一定，因而测量结果重现性好，特别适用于对比实验。

（2）恒电流法

恒电流法就是控制研究电极上的电流密度依次恒定在不同的数值下，同时测定相应的稳定电极电势值。采用恒电流法测定极化曲线时，由于种种原因，给定电流后，电极电势往往不能立即达到稳态，不同的体系，电势趋于稳态所需要的时间也不相同，因此在实际测量时一般电势接近稳定（如 1～3min 内无大的变化）即可读值，或人为自行规定每次电流恒定的时间。

2. 仪器使用注意事项

① 电化学工作站在使用过程中必须严格按照操作规程进行，电解池三支电极都必须良好接通，如果要更换或处理电极必须停止外加电位。

② 采用三电极电解池，其中一支设计成鲁金毛细管，这是参比电极的专用插口，工作电极必须尽可能靠近鲁金毛细管以减小溶液电阻降对测量的影响。除了采用鲁金毛细管外，还要在测量溶液中加入支持电解质，以减小溶液本身的电阻。支持电解质可以是电活性物质，即参加电极反应的物质，如本实验中的 H_2SO_4；也可以是非电活性物质，即不参加电极反应的物质。常用的支持电解质有 H_2SO_4、HCl、Na_2SO_4、KCl、$HClO_4$ 等。至于选用什么样的支持电解质，应视具体要求而定。在精确测量中，还可通过电学方法对溶液电阻进行自动补偿。

③ 在电化学测量中，对电极（尤其是固体电极）的要求甚严，必须按要求进行预处理，否则很难得到重现的实验结果；严重时，甚至会歪曲实验结果。

④ 在使用电化学工作站时，电流挡应从高到低选择，否则实验数据会溢出。

（郭振良）

实验 13　二组分金属固液相图的测定及相图绘制

最早研究 Pb-Sn 熔点与组成的关系是在 19 世纪 20 年代，在这类体系中所发现的最低共

熔组成被误认为是 $PbSn_3$ 的化合物。直至 Gibbs 推导出相律（1973～1976 年间），继 1886 年 Heney L. Lechatelier 发现能够正确测量高温的铂-铂铑热电偶以后，奠定了热分析方法的基础。现在，一般采用自动平衡记录仪或者电位差计测量温差电势，通过测定不同金属组成的合金熔融液的步冷曲线（简单热分析方法）绘制简单低共熔体系相图。相律：公式如下

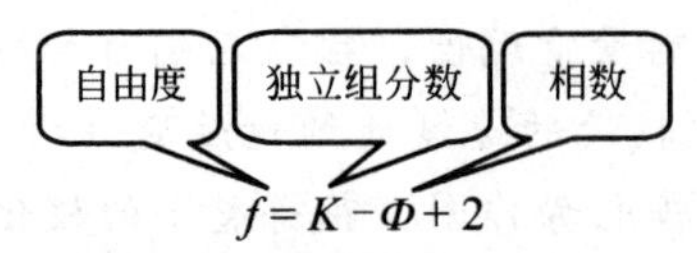

$$f=K-\Phi+2$$

相图是用以研究体系的状态随浓度、温度、压力等变量的改变而发生变化的图形，它可以表示出在指定条件下体系存在的相数和各相的组成，对蒸气压力较小的二组分凝聚体系，常以温度-组成图来描述。本实验的实验内容是测定并绘制 Bi 和 Sn 混合物的二组分金属固液相图。

【实验目的】

1. 掌握热分析法（步冷曲线法）测绘 Bi-Sn 二组分固液相图的原理和方法。
2. 了解简单二组分固液相图的特点。
3. 掌握 KWL-07 可控升、降温电炉及 SWKY-Ⅲ数字控温仪的使用方法。

【实验原理】

热分析法是观察被研究系统温度变化与相变化的关系，这是绘制金属相图最常用的实验方法。其原理是将系统加热熔融，然后使其缓慢而均匀地冷却，每隔一定时间记录一次温度，绘制温度与时间关系曲线——步冷曲线。若系统在均匀冷却过程中无相变化，其温度将随时间均匀下降。若系统在均匀冷却过程中有相变化，由于体系产生的相变热与自然冷却时体系放出的热量相抵消，步冷曲线就会出现转折或水平线段，转折点所对应的温度，即为该组成体系的相变温度。二组分系统相图有多种类型，其步冷曲线也各不相同，但对于简单二组分凝聚系统，其步冷曲线有三种类型，见图 13-1。

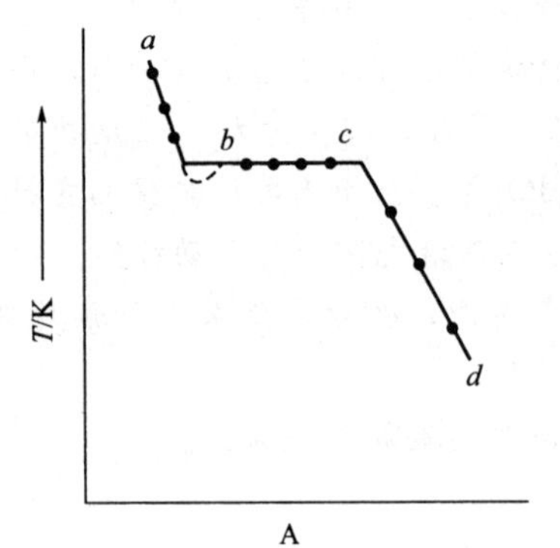

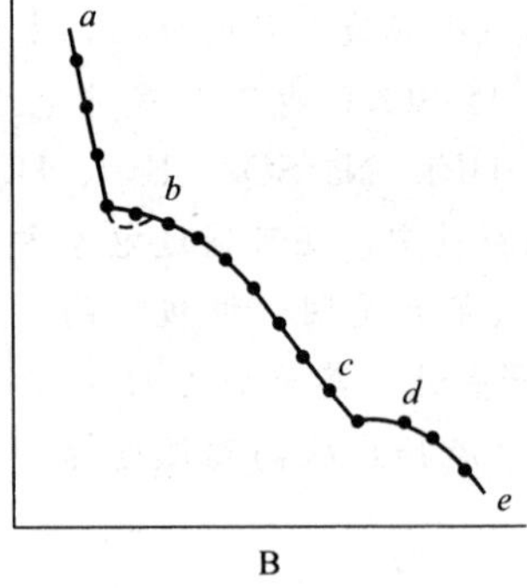

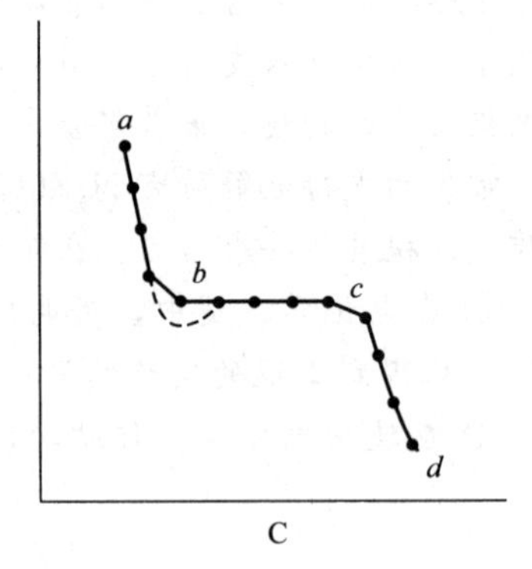

图 13-1　生成简单低共熔混合物的二组分系统

图 13-1 中 A 为纯物质的步冷曲线。冷却过程中无相变发生时，系统温度随时间均匀降低，至 b 点开始有固体析出，建立单组分两相平衡，$f=0$，温度不变，步冷曲线出现水平段 bc，直至液体全部凝固（c 点），温度又继续均匀下降。水平段所对应的温度为纯凝固点。

图 13-1 中 B 为二组分混合物的步冷曲线。冷却过程中无相变发生，系统温度随时间均

匀降低，至 b 点开始有一种固体析出，随着该固体析出，液相组成不断变化，凝固点逐渐降低，到 c 点，两种固体同时析出，固、液相组成不变，系统建立三相平衡，此时 $f=0$，温度不随时间变化，步冷曲线出现水平段 cd，当液体全部凝固（d 点），温度又继续均匀下降。水平段 cd 所对应的温度为二组分的低共熔点温度。

图 13-1 中 C 为二组分低共熔混合物的步冷曲线。冷却过程中无相变发生，系统温度随时间均匀降低，至 b 点，两种固体按液相组成同时析出，系统建立三相平衡，$f=0$，温度不随时间变化，步冷曲线出现水平段 bc，当液体全部凝固（c 点），温度又继续均匀降低。

由于冷却过程中常常发生过冷现象，其步冷曲线如图 13-1 中虚线所示。轻微过冷有利于测量相变温度；严重过冷，却会使相变温度难以确定。

横坐标表示混合物的组成，纵坐标表示温度，利用步冷曲线所得到的一系列组成和所对应的相变温度数据，就可以绘制相图，见图 13-2。

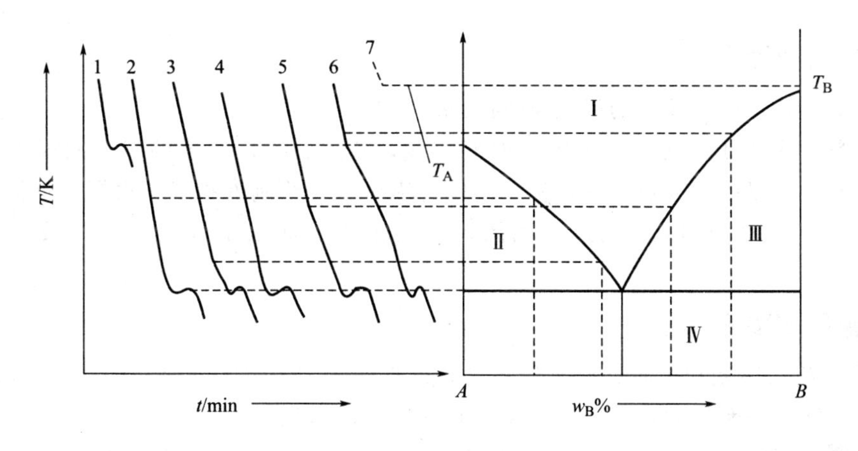

图 13-2 生成简单低共熔混合物的二组分相图

【仪器和试剂】

1. 仪器

KWL-07 可控升降温电炉 1台； 不锈钢样品管 5支； SWKY-Ⅲ数字控温仪 1台；

钳子 1把。

2. 试剂

已配制好的 Bi 和 Sn 混合物 分析纯。

【实验步骤】

（1）连接数字控温仪和可控升降温电炉，接通电源。由于本仪器可同时测量 2 份样品，样品搭配为 1 号（0%的 Bi）和 3 号（58%的 Bi），2 号（30%的 Bi）和 4 号（80%的 Bi），最后测 5 号（100%的 Bi）。

（2）先取 1 号和 3 号样品管放至控温区电炉的两炉膛，传感器 1 置于传感器插孔测炉温，传感器 2 置于任一样品管测样品温度。打开数字控温仪的开关，设定温度，一般为样品全部熔化后再升高 50℃为宜。设好后，将控温仪调至工作状态，控温区电炉开始加热，在样品熔化过程中，同时对试样进行搅拌，待样品完全熔化后，打开电炉电源开关，调节“加热量调节”旋钮对测温区电炉进行补热，补热大小为比转折点或平台所对应的温度低 50℃。

(3) 补热合适时，关闭“加热量调节”，用钳子将熔化好的样品管小心移至测温区炉膛，并将两只传感器 1 和 2 插入样品管中，记住两支传管器所对应的样品组成，同时将下面要测的 2 号和 4 号样品管置于加热区炉膛，进行预热。按下控温仪上的“工作/置数”键，置数灯亮，设置时间为 30s，设置完毕后按下“加热控制”键，此时控制灯、置数灯同时亮，仪器处于跟踪测量状态，控温区电炉不再加热。

(4) 让其在自然状态下冷却。

(5) 当体系温度处于稳定的下降趋势时，开始记录数据。1 号样品管的温度降到 250℃开始记录数据，2 号是 220℃，3 号是 180℃，4 号是 230℃，5 号是 300℃。

(6) 1 号和 3 号样品测完后，换预热的 2 号和 4 号样品，最后是 5 号样品，重复以上操作，依次测出所配样品的步冷曲线数据。

(7) 实验完毕后，将样品管放入实验试管摆放区进行冷却，最后关闭电源，整理实验台。

【实验结果与处理】

本实验记录各样品冷却时的温度-时间关系。

将实验数据输入计算机，绘制温度-时间曲线，找出各不同组成的步冷曲线上的转折点温度和平台温度。以质量分数为横坐标，温度为纵坐标，绘制液相线，根据文献值补齐合金区数据，绘制出完整的 Bi-Sn 二组分相图，并在相图上标示出各区域的相数、自由度和意义。

【常见问题及解决方法】

1. 用热分析法绘制相图时，被测体系必须时时处于或接近于相平衡状态，因此冷却速度要足够慢才能得到较好的效果，尽量采用自然冷却的方法。

2. 用电炉加热使样品熔化时，注意温度适当，温度过高样品易氧化变质，温度过低或加热时间不够则样品没有完全熔化，步冷曲线转折点则不出现。

3. 熔融样品应该搅拌。

4. 在测一组样品时，可将另一组样品放入加热炉内进行预热，以便节约时间。

5. 由于炉温过高，移动样品时要注意使用钳子，且不要接触控温炉上的金属面板，以防烫伤。

6. 当体系处于冷却测量状态时，需控制灯，置数灯同时亮，工作灯不亮，否则会影响测量结果。

7. 样品上要撒一层石墨粉或松香，以防金属氧化。

【思考题】

1. 二组分金属相图的绘制采用哪些方法？

2. 步冷曲线各段的斜率及水平段的长短与哪些因素有关？

3. 为什么步冷曲线上会出现转折点？纯金属、低共熔混合物及合金的转折点各有几个？曲线状态为何不同？

4. 为什么要缓慢冷却合金作步冷曲线？

5. 出现过冷现象的原因是什么？此时应如何读取相图转折温度？

6. 对于含有粗略相等的两组分混合物，步冷曲线上的每一个拐点将很难确定，而其低共熔温度却可以准确测定。相反，对于一个组分含量很少的样品，第一个拐点将可以确定，而第二个拐点则难以准确测定。为什么？

【参考文献】

[1] 东北师范大学等．物理化学实验．第 2 版．北京：高等教育出版社，1989.

[2] 吉林大学．物理化学基本原理（上）．北京：人民教育出版社，1976.

附：

1. 101.325kPa 时，Sn 的熔点为 232.0℃，Bi 的熔点为 271.4℃。

2. Sn-Bi 二元合金系统的最低共熔点为 138.5℃。

（郭振良）

实验 14 可逆波循环伏安图的测定及玻碳电极有效面积的测算

循环伏安法通常采用三电极系统，一支工作电极（被研究物质起反应的电极），一支参比电极，一支辅助（对）电极。外加电压加在工作电极与辅助电极之间，反应电流通过工作电极与辅助电极，记录工作电极上得到的电流与施加电压的关系曲线。

循环伏安法是最重要的电分析化学研究方法之一。在电化学、无机化学、有机化学、生物化学等研究领域广泛应用。其优点有：①操作简单、快速、自动化程度高、重复和再现性好、测定结果准确；②灵敏度高，其测定最小灵敏度可达 5×10^{-11} A/V，测定范围广，其测定范围从 5×10^{-11} A/V 到 0.001A/V；③与价格昂贵的红外光谱等现代分析仪器相比，伏安法测定仪器价格低廉，适于用户自行测定和野战化验；④循环伏安法还可以对样品的总酸值、总碱值进行测定；⑤测定仪器体积小、重量轻、自动化程度高、操作要求简单、测定时间短。可用于：①抗氧剂伏安测定技术；②总酸值（TAN）的测定技术；③总碱值（TBN）的测定技术；④反应过程可逆性的测定等。

【实验目的】

1. 学习和掌握循环伏安法的原理和实验技术。
2. 了解可逆波的循环伏安图的特性以及测算玻碳电极的有效面积的方法。

【实验原理】

循环伏安法是在固定面积的工作电极和参比电极之间加上对称的三角波扫描电压（如图 14-1 所示），记录工作电极上得到的电流与施加电位的关系曲线（如图 14-2 所示），即循环伏安图。从伏安图的波形、氧化还原峰电流的数值及其比值、峰电位等可以判断电极反应机理。与汞电极相比，物质在固体电极上伏安行为的重现性差，其原因与固体电极的表面状态直接相关，因而了解固体电极表面处理的方法和衡量电极表面被净化的程度，以及测算电极有效表面积的方法，是十分重要的。一般对这类问题要根据固体电极材料不同而采取适当的方法。

对于玻碳电极，一般以 $[Fe(CN)_6]^{3-}/[Fe(CN)_6]^{4-}$ 的氧化还原行为作电化学探针。首先，固体电极表面的第一步处理是进行机械研磨、抛光至镜面程度。通常用于抛光电极的材料有金刚砂、CeO_2、ZrO_2、MgO 和 α-Al_2O_3 粉及其抛光液。抛光时总是按抛光剂粒度降低的顺序依次进行研磨，如对新的电极表面先经金刚砂纸粗研和细磨后，再用一定粒度的 α-Al_2O_3 粉在抛光布上进行抛光。抛光后先洗去表面污物，再移入超声水浴中清洗，每次 2～3min，重复三次，直至清洗干净。最后用乙醇、稀酸和水彻底洗涤，得到一个平滑光洁的、新鲜的电极表面。将处理好的碳电极放入含一定浓度的 $K_3Fe(CN)_6$ 和支持电解质的水溶液中，观察其伏安曲线。如得到如图 14-2 所示的曲线，其阴极峰、阳极峰对称，两峰的电流值相等（$i_{pc}/i_{pa}=1$），峰峰电位差 ΔE_p 约为 70mV（理论值约 $\frac{59}{n}$mV），即说明电极表面已处理好，否则需重新抛光，直到达到要求。

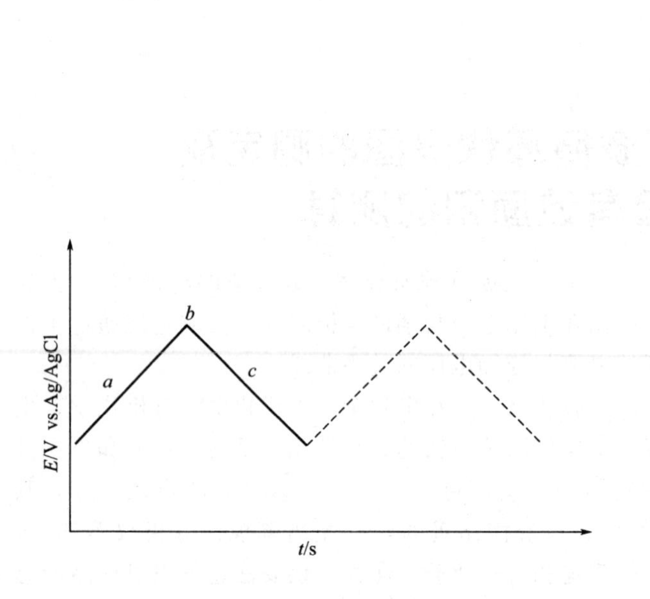

图 14-1　循环伏安法所施加的三角波电位

图 14-2　循环伏安曲线（i-E 曲线）

有关电极有效表面积的计算，可根据 Randles-Sevcik 公式（在 25°C 时）：

$$i_p=(2.69\times10^5)n^{3/2}AD_0^{1/2}v^{1/2}c_0$$

式中，A 为电极的有效面积，cm^2；D_0 为反应物的扩散系数，cm^2/s；n 为电极反应的电子转移数；v 为扫描速度，V/s；c_0 为反应物的浓度，mol/cm^3；i_p 为峰电流，A。

【仪器和试剂】

1. 仪器

CHI660E 电化学系统	1 台；	铂片电极为辅助电极	1 支；	玻碳电极（$d=4$mm）为工作电极	1 支；
100mL 容量瓶	1 个；	50mL 烧杯	1 个；	玻棒	1 支。

2. 试剂

铁氰化钾	分析纯；	H_2SO_4	分析纯；
高纯水	分析纯。		

【实验步骤】

（1）配制 5mmol/L $K_3[Fe(CN)_6]$ 溶液（含 0.5mol H_2SO_4），倒适量溶液至电解杯中。

（2）将玻碳电极在麂皮上用抛光粉抛光后，再用蒸馏水清洗干净。

（3）依次接上工作电极（绿色）、参比电极（白色）和辅助电极（红色）。

（4）开启电化学系统及计算机电源开关，启动电化学程序，在菜单中依次选择 Setup、Technique、CV、Parameter，输入表 14-1 中所示参数。

表 14-1 电化学程序中参数设置

Init E/V	0.8V	Segment	2
High E/V	0.8V	Sampl Interval/V	0.001
Low E/V	−0.2V	Quiet Time/s	2
Scan Rate/(V/s)	0.02V/s	Sensitivity/(A/V)	5×10^{-5}

（5）点击 Run 开始扫描，将实验图存盘后，记录氧化还原峰电位 E_{pc}、E_{pa} 及峰电流 i_{pc}、i_{pa}。

（6）改变扫描速度为 0.05V/s、0.1V/s 和 0.2V/s，分别作循环伏安图。

（7）将 4 个循环伏安图叠加比较。

【实验结果与处理】

1. 从以上所作的循环伏安图上分别求出 E_{pc}、E_{pa}、ΔE_p、i_{pc}、i_{pa}、i_{pc}/i_{pa} 等参数，并列表（表 14-2）表示。

表 14-2 实验测定数据

体系	扫描速度/(V/s)	E_{pc}/V	E_{pa}/V	ΔE_p/V	i_{pc}/A	i_{pa}/A	i_{pc}/i_{pa}
5mmol/L $K_3Fe(CN)_6$	0.02						
	0.05						
	0.1						
	0.2						

2. 在 Origin 软件下以氧化还原峰电流 i_{pc}、i_{pa} 分别与扫描速度的平方根 $v^{1/2}$ 作图，求算线性相关系数 R。

3. 根据 i_{pc} 与扫描速度的平方根 $v^{1/2}$ 作图得到的线性回归方程，计算所使用的玻碳电极的有效面积。（所用参数：电子转移数 $n=1$，$K_3[Fe(CN)_6]$ 的扩散系数 $D_0=1\times10^{-5}$ cm^2/s。）

【思考题】

1. 从循环伏安图可以测定那些电极反应的参数？从这些参数如何判断电极反应的可逆性？

2. 如何判断玻碳电极表面处理的程度？

【参考文献】

[1] 刘长久，李延伟，尚伟．电化学实验．北京：化学工业出版社，2011.

[2] 王圣平．实验电化学．武汉：中国地质出版社，2010.

[3] 王德岩，褚建林．石化技术，2006，13(2)：32-34.

[4] 杜添，牛雅萍，钱宗耀等．理化检验（化学分册），2010，46(1)：38-40.

（孙立祥）

实验 15　电渗法测定 SiO_2 对水的 ζ 电势

电渗是胶体常见的电动现象的一种。早在 1809 年，就有人观察到在电场作用下，水能通过多孔沙土或黏土隔膜的现象。多孔固体在与液体接触的界面处因吸附离子或本身电离而带电荷，分散介质则带相反的电荷。在外电场的作用下，介质将通过多孔固体隔膜贯穿隔膜的许多毛细管而定向移动，这就是电渗现象。电渗与电泳是互补效应。由于液体对多孔固体的相对运动，不发生在固体表面上，而发生在多孔固体表面的吸附层上。这种固体表面吸附层和与之相运动的液体介质间的电势差，叫做电动电势或电势。因此，通过电渗可以测求电势，从而进一步了解多孔固体表面吸附层的性质。

【实验目的】

1. 掌握 ξ 电势及双电层结构的产生原理。
2. 掌握 ξ 电渗法测定 SiO_2 对水的 ζ 电势方法和技术。
3. 加深理解电渗是胶体中液相和固相在外电场作用下相对移动而产生的电性现象。

【实验原理】

电渗属于胶体的电动现象。电动现象是指溶胶粒子的运动与电性能之间的关系。一般包括电泳、电渗、流动电位与沉降电位。电动现象的实质是由于双电层结构的存在，其紧密层和扩散层中各具有相反的剩余电荷，在外电场或外加压力下，它们发生相对运动。

电渗是指在外电场作用下，分散介质通过多孔膜或极细的毛细管而定向移动的现象。若知道液体介质的黏度 η、介电常数 ε、电导率 κ，只要测定在外电场作用下通过液体介质的电流强度 I 和单位时间内液体流过毛细管的流量 v，可根据下式求出 ζ 电势。

$$\zeta = \frac{\eta \kappa v}{\varepsilon I} \tag{15-1}$$

【实验仪器和试剂】

1. 仪器

电渗仪　1 台；　秒表　1 块；　直流毫安表　1 块；

高压直流电源（200～1000V）（也可用 B 电池串联代替）　1 台。

2. 试剂

石英粉（80～100 目）　分析纯。

【实验步骤】

1. 实验装置装配

实验装置按照示意图（图 15-1）进行装配。

2. 实验具体操作方法

（1）电解质溶液的配制：配制浓度约为 0.001mol/L NaCl 溶液 1000mL。

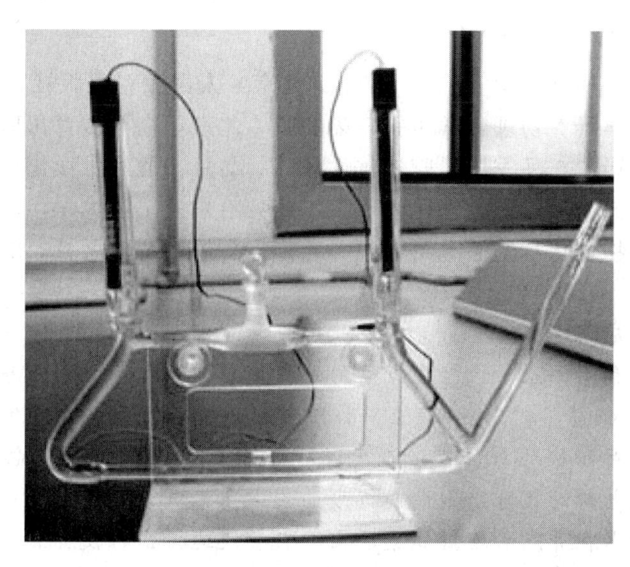

图 15-1　实验装置图

（2）按照实验装置安装电渗仪。利用注射软管将小气泡注入电渗仪中的刻度管中部（控制好气泡的大小，让其能将液体介质隔断）。

（3）注意观察 2min，看气泡是否移动，判断电渗仪的水平性（水平与否对实验将产生较大的影响）。

（4）将恒电流仪与铂电极相连（无正、负极区别），通入电流调节小气泡的位置，使之处于中间部分（由于电渗仪烧结区域刻度不准确，应尽量使用中间部分）。

（5）调节电流强度为 1.00mA，测定液体的流量 v=1mL 所需的时间（1cm 长为 1mL），利用换向按钮可将电流方向改变。反复测量正、反向电流三次，用秒表记录下时间（气泡通过的 1cm 管子，正向与反向要保持相同）。

（6）调节电流强度为 1.40mA、1.80mA，同样方法测定，同时记录各次的准确电流值。

（7）测定液体介质的电导率，记录实验温度下的液体介质的黏度 η、介电常数 ε（注意单位换算）。

【实验结果与处理】

1. 计算各次电渗测定的 v/I 值，取其平均值，将液体的电导率 κ 和 v/I 的平均值代入式(15-1)，可求得 SiO_2 对水的 ζ 电势。

2. 测定时注意水的方向和 2 个钼电极的极性，从而确定 ζ 电势是正值还是负值。

【常见问题及解决方法】

1. 电渗测量时，连续通电使溶液发热，所以最好在恒温条件下测定。

2. 电渗仪应放置水平。

3. 计算 SiO_2 对水的 ζ 电势时，在法定计量单位实行之后，计算公式中不应有 4 π。

4. 参考数据：T=298.15K 时，水的黏度 $\eta=0.8903\times10^{-3}$ kg/(m·s)，介电常数 $\varepsilon=78.30\times8.854\times10^{-12}$ F/m。

【思考题】

固体粉末样品粒度太大，电渗测定的结果重现性差，其原因何在？

【参考文献】

[1] 复旦大学等．物理化学实验（上册）．北京：人民教育出版社，1979.
[2] 东北师范大学等．物理化学实验．第2版．北京：高等教育出版社，1989.
[3] 周祖康，顾锡人，马季铭．胶体化学基础．北京：北京大学出版社，1987.
[4] 李葵英．界面与胶体的物理化学．哈尔滨：哈尔滨工业大学出版社，1998.
[5] 复旦大学．物理化学实验．第3版．北京：高等教育出版社，2004.

附：电渗的实际应用

电渗井点排水是利用井点管（轻型或喷射井点管）本身作阴极，沿基坑外围布置，以钢管（ϕ50～75mm）或钢筋（ϕ25mm以上）作阳极，垂直埋设在井点内侧，阴、阳极分别用电线连接成通路，并对阳极施加强直流电电流。应用电压比降使带负电的土粒向阳极移动(即电泳作用)，带正电荷的孔隙水则向阴极方向集中产生电渗现象。在电渗与真空的双重作用下，强制黏土中的水在井点管附近积集，由井点管快速排出，使井点管连续抽水，地下水位逐渐降低。而电极间的土层，则形成电帷幕，由于电场作用，从而阻止地下水从四面流入坑内。另外电渗法还常用来夯实地基、改良土壤。

（朱冬冬）

实验16　用ChemOffice模拟分子轨道性质

ChemOffice是剑桥公司出版的一款著名软件包，专门针对化学工作者的专业设计，包括ChemDrawUltra（化学结构绘图）、Chem3DUltra（分子模型及仿真）、ChemFinderUltra（化学信息搜寻整合系统）等一系列完整的软件。该软件功能强大，例如，它可以将化合物名称直接转为结构图，省去绘图的麻烦；也可以对已知结构的化合物命名，给出正确的化合物名称，此外还加入量化软件MOPAC、GAMESS和Gaussian的接口或界面，是化学工作者广泛使用的软件之一。本实验主要利用ChemDrawUltra和Chem3DUltra模块模拟分子轨道有关性质。

【实验目的】

1. 了解ChemOffice的基本功能，初步掌握ChemOffice的使用方法。
2. 学会ChemOffice绘制分子结构的方法。
3. 掌握Chem3DUltra模拟分子轨道。

【实验原理】

分子轨道法认为，当原子靠近时，原子轨道必然会因为相互干涉而发生巨大变化，从而形成新的分子轨道，这些新的分子轨道都是由相关的原子轨道线性组合而成，但是在共轭体系中，体系性质主要受离域π电子的影响，因此，可用简化的半经验方法去求解，即休克尔分子轨道法（Hückel molecular orbital method），该方法使用简化的休克尔行列式，广泛应用于计算平面共轭分子中的π电子结构。

休克尔分子轨道（HMO）理论的要点如下。

（1）σ-π 电子分离近似

在双原子分子的讨论中曾指出，在线性分子中，σ 轨道对分子轴呈圆柱形对称；π 轨道对通过分子轴的一个平面的反映呈反对称。

对平面共轭有机分子的半经验处理中，通常采用把 σ 电子和 π 电子分开考虑，原因是 σ 轨道和 π 轨道对称性不一致，σ 轨道和 π 轨道可以分开处理；其次 π 电子具有较大的极化率，在化学反应中比 σ 电子易受到扰动。

（2）π 电子近似

由于可以近似地把 σ 电子和 π 电子分开处理，而且 π 电子在化学反应中的活性大，因此，在共轭分子的量子化学处理中，只讨论 π 电子。把原子核和 σ 电子冻结为“分子实”（core），π 电子在核和 σ 电子形成的平均势场中运动。

（3）单电子近似

对 π 电子之间的排斥作用进行平均处理，可以写出单个 π 电子的哈密顿算符，分子中每个 π 电子的运动状态用一个单电子波函数 ψ_i 来描述。

（4）原子轨道-分子轨道线性组合（LCAO-MO）近似

将分子轨道（MO）表示成原子轨道（AO）的线性组合

$$\psi_i=\sum_{j=1}^{n}c_{ij}\phi_j \quad (i=1,2,\cdots,n) \tag{16-1}$$

n 是参与共轭的 C 原子的数目。设 C 原子的 $2p_z$ 垂直分子平面。根据对称性匹配的原则，只有 $2p_z$ 轨道才能进行线性组合。每个 C 原子提供一个 $2p_z$ 轨道，组合系数由变分法确定。

由线性变分法，可以获得久期方程：

$$\begin{vmatrix} H_{11}-ES_{11} & H_{12}-ES_{12} & \cdots & H_{1n}-ES_{1n} \\ H_{21}-ES_{21} & H_{22}-ES_{22} & \cdots & H_{2n}-ES_{2n} \\ \vdots & \vdots & \vdots & \vdots \\ H_{n1}-WS_{n1} & H_{n2}-ES_{n2} & \cdots & H_{1n}-ES_{1n} \end{vmatrix}=\det(H_{ij}-ES_{ij})=0 \tag{16-2}$$

其线性方程组为：

$$\sum_{j=1}^{n}(H_{ij}-ES_{ij})c_j=0 \quad (i=1,2,\cdots,n) \tag{16-3}$$

（5）休克尔近似

久期方程中含有各种积分，形式也较复杂，出于简化的目的，休克尔理论针对这些积分提出了进一步的假设。

① 库仑积分 α。其定义如下：

$$H_{ii}=\int\phi_i\hat{H}\phi_i\,\mathrm{d}\tau=\alpha \tag{16-4}$$

以丁二烯为例，中间的 C 原子和两端的 C 原子是有区别的，库仑积分应该略有不同。休克尔近似忽略 C 原子的位置差别，假设每个 C 原子的库仑积分都等于固定参数 α，α 近似等于 $2p_z$ 电子的平均能量，其数值根据实验结果确定。

② 交换积分 β。其定义如下：

$$H_{ij}=\int\phi_i\hat{H}\phi_j\,\mathrm{d}\tau=\begin{cases}0(\text{非键连})\\ \beta(\text{键连})\end{cases} \tag{16-5}$$

对于非键连的C原子，空间上分离的比较远，重叠少，因而这种假设是合理的。β决定相邻原子间π键的性质，称为成键参量，β为负值，其数值根据实验确定。

③ 重叠积分S_{ij}。其定义如下：

$$S_{ij}=\int\phi_i\phi_j\,\mathrm{d}\tau=\begin{cases}1(i=j)(\text{由归一性得到})\\0(i\neq j)\end{cases}\tag{16-6}$$

本实验应用ChemDraw Ultra绘制分子结构，利用Chem3D Ultra计算分子轨道，获得共轭分子的前线轨道性质，并考察轨道对称性及能量性质。

【实验步骤】

1. 绘制分子结构

利用ChemDraw绘制1,3-丁二烯的分子结构并保存（文件扩展名为：cdx)，绘图时，注意只画出单、双建和分子的骨架，H原子不用绘制，系统默认用H原子来饱和分子链，如图16-1所示。

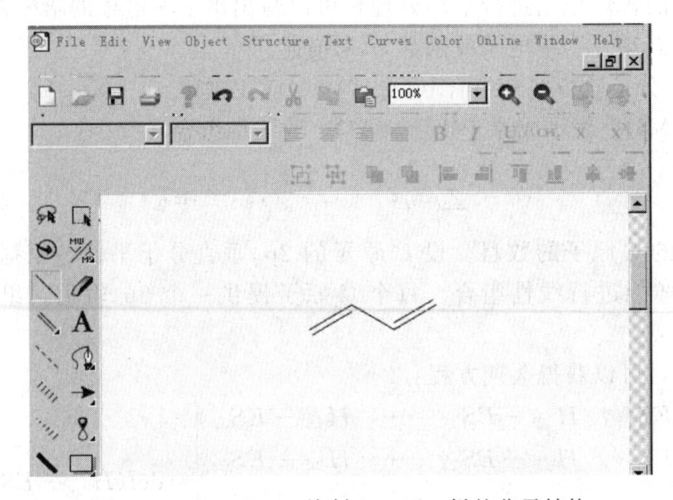

图16-1 ChemDraw绘制1,3-丁二烯的分子结构

2. 查看分子结构

使用Chem3D Ultra打开刚才保存的文件，如图16-2所示。

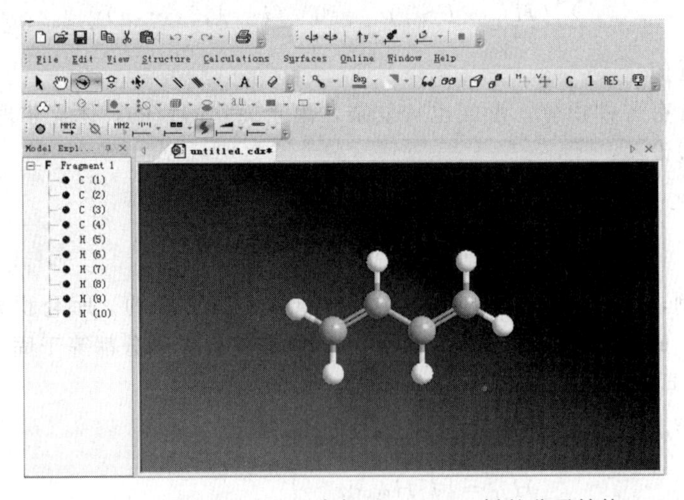

图16-2 Chem3D Ultra中打开1,3-丁二烯的分子结构

可以看到，H 原子已经自动添加上了。

3. 结构优化

使用 MM2 方法对分子结构进行优化，从“Calculations”菜单栏，找到 MM2 选项，进一步找到“Minimize Energy”菜单，如图 16-3 所示。

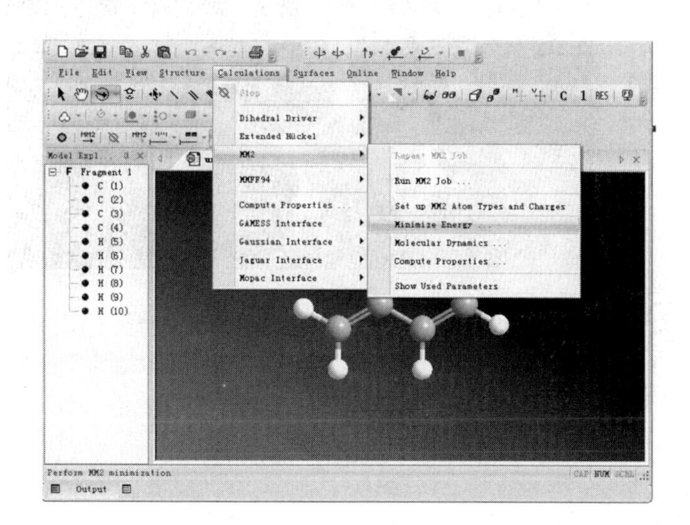

图 16-3　“Minimize Energy”菜单

点击后出现“Minimize Energy”对话框，如图 16-4 所示。

Minimize Energy
Job Type | Dynamics | Properties | General
Job　Minimize Energy
Setup new Atom Types before Calculati
Setup new Atom Charges before Calcula
Display Every Iteratio
Copy Measurements to Output Bo
Move Only Selected Atoms
Minimum RMS　0.001
Summary: Parameter Quality: All parameters used are finalized.
Job Type: Minimize Energy to Minimum RMS Gradient of 0.001
Display Every Iteration
Save　Save As...　Cancel　Run

图 16-4　“Minimize Energy”对话框

计算细节设置如下：“Job type”（任务类型）选择“Minimize Energy”，并勾选“Display Every Iteratio”选项，这样可以看到每一个迭代的具体细节，其他可不选；“Minimum RMS”（RMS：root mean square）默认为 0.100，可根据需要自行调整，本次实验可设置为 0.001。设置完毕，点击“Run”即可。

优化完毕，在“Output”部分将出现如图 16-5 所示信息。

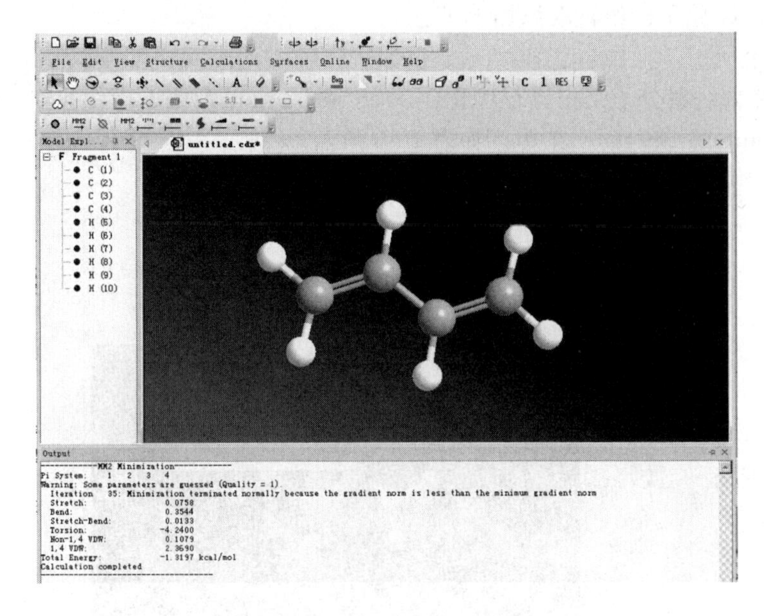

图 16-5 “Output” 部分信息

4. 计算分子轨道

点击 “Calculations” 菜单栏，找到 “Extended Hückel” 选项，进一步找到 “Calculate Surfaces” 菜单，单击。如图 16-6 所示。

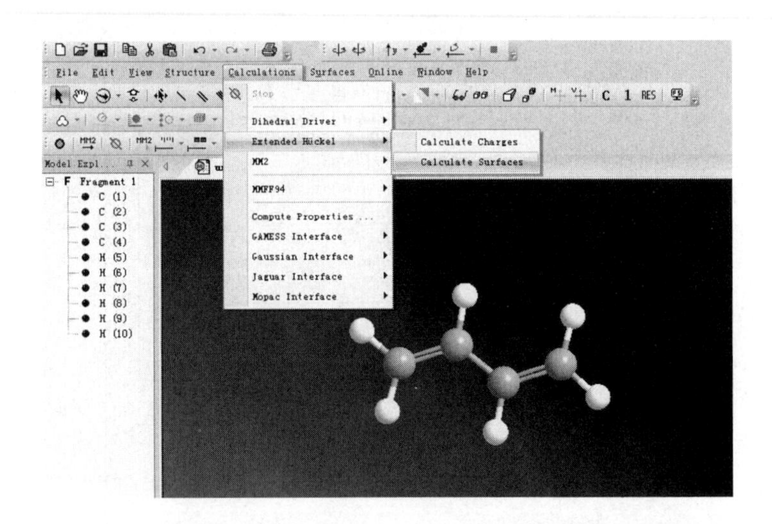

图 16-6 “Calculate Surfaces” 菜单

从 “Surfaces” 菜单 “Choose Calculation Result” 选项，进一步找到 “Extended Hückel” 菜单，如图 16-7 所示。

从 “Surfaces” 下拉菜单，找到 “Choose Surface” 选项，进一步找到 “Molecular Orbital” 菜单，如图 16-8 所示。

点击后将显示最高占据轨道（HOMO），如图 16-9 所示。

进一步可以从 “Surfaces” 下拉菜单，找到 “Select Molecular Orbital” 菜单，选择不同的轨道，可以观察成键情况，例如选择 LUMO（最低空轨道），则得到图 16-10。

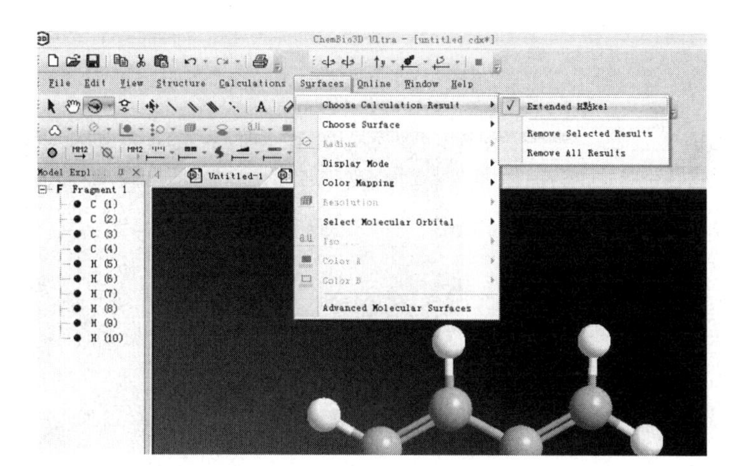

图 16-7　“Extended Hückel”菜单

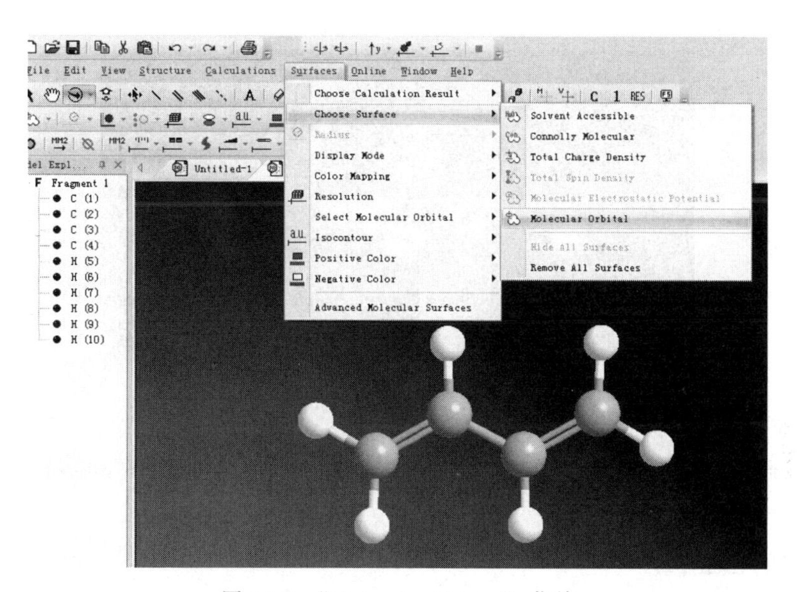

图 16-8　“Molecular Orbital”菜单

图 16-9　HOMO 轨道

图 16-10　LUMO 轨道

图 16-11　不同显示效果

另外可以通过设置分辨率（resolution）、更改显示模式（display model）获得不同显示效果，如图 16-11 显示。

【实验结果与处理】

1. 结合所学物质结构知识，分析轨道对称性。

2. 计算 LUMO 与 HOMO 的能量差。

【思考题】

1. 1,3-丁二烯分子中哪些是成键轨道？哪些是反键轨道？

2. LUMO 与 HOMO 的能量差影响体系的哪些性质？

【参考文献】

[1] Foresman J B, Frisch A. Exploring Chemistry with Electronic Structure Methods. 2nd ed. Pittsburgh: Gaussian Inc. USA, 1996.

[2] 潘道铠，赵成大，郑载兴等．物质结构．第 2 版．北京：高等教育出版社，1989.

（乔青安）

实验 17　环氧树脂的制备及环氧值的测定

凡分子结构中含有环氧基团的高分子化合物统称为环氧树脂。固化后的环氧树脂具有良好的物理、化学性能，它对金属和非金属材料的表面具有优异的粘接强度，介电性能良好，收缩率小，制品尺寸稳定性好，硬度高，柔韧性较好，对碱及大部分溶剂稳定，因而被广泛应用于国防、国民经济各部门，作浇注、浸渍、层压料、黏接剂、涂料等用途。

【实验目的】

1. 掌握低分子量环氧树脂的制备方法。

2. 掌握环氧树脂环氧值测定方法及计算。

【实验原理】

2-3、2-4 以上多官能度体系单体进行缩聚时，先形成可溶、熔的线型或支链低分子树脂，反应如继续进行，形成体型结构，成为难溶、熔的热固性树脂。体型聚合物由交联将许多低分子以化学键连成一个整体，所以具有耐热性和尺寸稳定性的优点。

体型缩聚也遵循缩聚反应的一般规律，具有“逐步”的特性。

以 2-3、2-4 官能度体系的缩聚反应如酚醛树脂、醇酸树脂等在树脂合成阶段，反应程度应严格控制在凝胶点以下。

以 2-2 官能度为原料的缩聚反应先形成低分子线型树脂（即结构预聚物），分子量约数百到数千，在成型或应用时，再加入固化剂或催化剂交联成体型结构。属于这类的有环氧树脂、聚氨酯泡沫塑料等。

环氧树脂是环氧氯丙烷和二羟基二苯基丙烷（双酚 A）在氢氧化钠（NaOH）的催化作用下不断地进行开环、闭环得到的线型树脂。如下式所示：

$$(n+2)\underbrace{CH_2-CH}_{\diagdown O \diagup}-CH_2Cl+(n+1)HO-C_6H_4-\underset{CH_3}{\overset{CH_3}{\underset{|}{\overset{|}{C}}}}-C_6H_4-OH \xrightarrow{NaOH}$$

$$\underbrace{CH_2-CH}_{\diagdown O \diagup}-CH_2 \left[O-C_6H_4-\underset{CH_3}{\overset{CH_3}{\underset{|}{\overset{|}{C}}}}-C_6H_4-O-CH_2-\underset{OH}{\underset{|}{CH}}-CH_2 \right]_n O-C_6H_4-\underset{CH_3}{\overset{CH_3}{\underset{|}{\overset{|}{C}}}}-C_6H_4-OCH_2-\underbrace{CH-CH_2}_{\diagdown O \diagup}$$

上式中 n 一般在 0～12 之间，分子量相当于 340～3800，$n=0$ 时为淡黄色黏滞液体，$n\geqslant 2$时则为固体。n 值的大小由原料配比（环氧氯丙烷和双酚 A 的物质的量比）、温度条件、氢氧化钠的浓度和加料次序来控制。

环氧树脂黏结力强，耐腐蚀、耐溶剂、抗冲性能和电性能良好，广泛用于黏结剂、涂料、复合材料等。环氧树脂分子中的环氧端基和羟基都可以成为进一步交联的基团，胺类和酸酐是使其交联的固化剂。乙二胺、二亚乙基三胺等伯胺类含有活泼氢原子，可使环氧基直接开环，属于室温固化剂。酐类（如邻苯二甲酸酐和马来酸酐）作固化剂时，因其活性较低，须在较高的温度（150～160℃）下固化。

本实验制备环氧值为 0.45 左右的低分子量环氧树脂。

【仪器和试剂】

1. 仪器

电炉（1000W）	1个；	变压器（1kV）	1个；	烧杯（1000mL）	1个；
三口反应瓶（250mL）	1个；	搅拌器	1套；	滴液漏斗（60mL）	1个；
Y形管、弯管	各1个；	球形冷凝管	1个；	直形冷凝管	1个；
温度计（0～100℃，0～200℃）	各1支；	分液漏斗（250mL）	1个；	量筒（25mL、50mL）	各1个；
真空泵	1台；	吸滤瓶	1个。	四口反应瓶（250mL）	1只；

2. 试剂

双酚A	化学纯；	甲苯	化学纯；
环氧氯丙烷	化学纯；	30% NaOH	溶液；
蒸馏水	自制。		

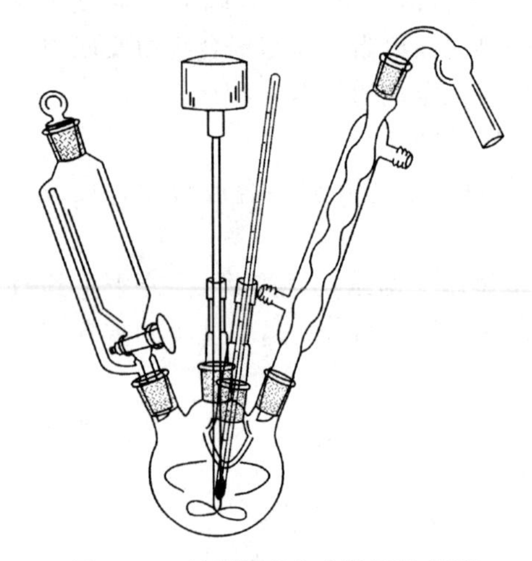

图 17-1　环氧树脂合成装置示意图

【实验步骤】

（1）称量11.4g双酚A于四口瓶内，再量取环氧氯丙烷14mL，倒入瓶内，装上搅拌器、滴液漏斗、回流冷凝管及温度计，开动搅拌（如图17-1所示）。

（2）升温到55～65℃，待双酚A全部溶解成均匀溶液后，将20mL 30%（质量分数）NaOH溶液置于50mL滴液漏斗中，自滴液漏斗慢慢滴加氢氧化钠溶液至四口瓶中（开始滴加要慢些，环氧氯丙烷开环是放热反应，反应液温度会自动升高）。

（3）保持温度在60～65℃，约1.5h内滴加完毕。然后保温30min。倾入30mL蒸馏水，搅拌成溶液，趁热倒入分液漏斗中，静止分层，除去水层。

（4）将树脂溶液倒回反应瓶中，进行减压蒸馏以除去萃取液甲苯及未反应的环氧氯丙烷。加热，开动真空泵（注意馏出速度），直至无馏出物为止，控制最终温度不超过110℃，得到淡黄色透明树脂。

【实验结果与处理】

1. 环氧值相关定义

环氧值是指每100g树脂中含环氧基的当量数，它是环氧树脂质量的重要指标之一。也是计算固化剂用量的依据。分子量愈高，环氧值就相应降低，一般低分子量环氧树脂的环氧值在0.48～0.57之间。

环氧树脂所含环氧基的多少除用环氧值表示外，还可用环氧百分含量或环氧当量表示。

环氧基百分含量：每100g树脂中含有的环氧基质量（g）。

环氧当量相当于一个环氧基的环氧树脂质量（g），三者之间有如下互换关系：

$$\text{环氧值}=\frac{\text{环氧基百分含量}}{\text{环氧基分子量}}=\frac{1}{\text{环氧当量}}$$

2. 环氧值的测定方法

分子量小于1500的环氧树脂，其环氧值测定用盐酸-丙酮法，反应式为：

$$-\underset{\diagdown O \diagup}{CH-CH_2} + HCl \xrightarrow{丙酮} -\underset{\underset{OH}{|}}{CH}-CH_2-Cl$$

称0.5g（准确到千分之一）树脂于三角瓶中，用移液管加入20mL盐酸-丙酮溶液，微微加热，使树脂充分溶解后，在水浴上回流20min，冷却后用0.1mol/L氢氧化钠溶液滴定，以酚酞作指示剂，并做一空白试验。

环氧值（当量/100g树脂）E按下式计算：

$$E=\frac{(V_0-V_2)c}{1000m}\times 100=\frac{(V_0-V_2)c}{10m}$$

式中，V_0为空白滴定所消耗NaOH溶液的体积，mL；V_2为样品测试所消耗NaOH溶液的体积，mL；c为NaOH溶液的物质的量浓度，mol/L；m为树脂质量，g。

盐酸-丙酮溶液配制：将2mL浓盐酸溶于80mL丙酮中，均匀混合即成（现配现用）。

【思考题】

1. 解释环氧树脂的反应机理及影响合成的主要因素。

2. 什么叫环氧当量及环氧值？

3. 试将50g自己合成的环氧树脂用乙二胺固化，如果乙二胺过量10%，则需要等物质的量的乙二胺多少克？

【参考文献】

May C A，Tanaka Y. Epcs Resins：Chemistry and Technology. New York：Marcel Dekker，1973.

（郭磊）

实验18　聚氨酯泡沫塑料的制备及性能测定

聚氨酯是由异氰酸酯和羟基化合物通过逐步加聚反应得到的聚合物。它具有各方面的优良性能，因此得到广泛的应用。目前的聚氨酯产品有：聚氨酯橡胶、聚氨酯泡沫塑料、聚氨酯人造革、聚氨酯涂料及黏结剂。其中以聚氨酯泡沫塑料的产量最大，由于它具有消音、隔热、防震的特点，主要用于各种车辆的坐垫、消音防震材料以及各种包装用途。

【实验目的】

1. 了解制备聚氨酯泡沫的反应原理。

2. 了解各组分的作用及其对泡沫性能的影响。

3. 掌握聚氨酯泡沫的制备方法。

【实验原理】

异氰酸酯是一种非常活泼的化合物，分子中的异氰酸基（—NCO）可与含活泼氢的醇类反应生成含氨基甲酸酯基团（—NHCOO—）的化合物。由于能与异氰酸基发生反应的化合物除醇类外，还有胺类、水、羧酸等，所以聚氨酯反应已扩展为异氰酸基与含活泼氢化合物之间的所有反应。聚氨酯泡沫具有密度小、比强度高、绝热保温性能好、耐酸碱、耐老化、生产加工性能优良等特点。广泛应用于家电、建筑、冷藏、绝热、运输、包装、家具等领域，其制备涉及的反应包括异氰酸酯与多官能团聚醚（或聚酯）反应生成聚氨酯，异氰酸酯与水（作为发泡剂）反应生成胺并放出CO_2，以及胺与异氰酸酯反应生成脲，反应简式如下：

$$R'-NCO + HO\sim\underset{\displaystyle\wr}{\overset{OH}{R}}\sim OH \longrightarrow R'-NHCOO\sim\overset{OH}{\underset{\displaystyle\wr}{R}}\sim OH$$

$$R'-NCO+H_2O \longrightarrow R'-NH_2+CO_2$$

$$R'-NH_2+R'-NCO \longrightarrow R'-NHCONH-R'$$

【仪器和试剂】

1. 仪器

电动搅拌	1套；	塑料烧杯（100mL，100mL）	各1个；
秒表	1个；	模具	1个。

2. 药品

三官能度高活性聚醚（羟值56）	工业品	100g；
有机锡催化剂（辛酸亚锡T-9）	99%	0.1～0.3g；
胺类催化剂（三乙烯二胺）	化学纯	0.2～0.5g；
助催化剂（三乙醇胺）	化学纯	0.1～0.3；
泡沫稳定剂（硅油）	化学纯	1～3g；
卤代烃（一氟二氯甲烷）		2～4g；
水	去离子水	2～3g；
颜料		0.5～1g；
二异氰酸酯	工业品	100～110g；
脱模剂		适量。

【实验步骤】

（1）金属模具可选用钢模或铝模，实验时需在表面刷涂脱模剂；选用纸膜或木模时，可在模内衬报纸。

（2）选择一大一小两个塑料杯，在大杯内按比例准确称量聚醚组分，包括三官能团高活性聚醚、有机锡催化剂、胺类催化剂、助催化剂、泡沫稳定剂、发泡剂、颜料；在小杯内称量异氰酸酯。

（3）先将大杯内的聚醚组分高速混合搅拌2～3min，然后将小杯中异氰酸酯倒入大杯中，再高速搅拌10～15s（注：具体时间须视催化剂量而定）。搅拌结束时迅速倒入指定模具中等待发泡，整个过程需用秒表记录时间。

（4）刚刚制成的泡沫强度并未完全达到，须进行后熟化处理。如用高温熟化，可选择100℃烘箱中熟化1h即可。若室温放置熟化，放置24h后，即可达其强度的90%。

【实验结果与处理】

1. 发泡特性

记录物料倒入模具后，泡沫升起时间、乳白时间、凝胶时间。泡沫升起时间是指从物料混合起至泡沫完全升起的时间；乳白时间指泡沫升起后颜色发生变化，由黄色或其他颜色变为白色的时间（注：物料中含颜料时，颜色会由深变浅，时间段同样从物料混合起至泡沫颜色不再变化为止）；凝胶时间指从物料混合起至泡沫不粘手时为止，通常用手指感受泡沫是否凝胶，不粘手时说明泡沫已凝胶。

记录本实验中的泡沫升起时间、乳白时间、凝胶时间。

2. 泡沫性能

熟化后的泡沫可进行性能分析，主要是密度和回弹性。密度测试可通过称量和测试体积求出；回弹性则通过回弹仪进行，选择一定长度和直径的玻璃管（外标注刻度）和指定规格的钢球，将泡沫放置在竖直玻璃管的下端，让钢球从玻璃管的上端自由落体下落，观察钢球的回弹高度，即可计算出泡沫回弹率。

计算产品的密度、回弹率。

【常见问题及解决方法】

1. 在发泡过程中出现泡沫开裂现象，可能原因为发泡后期凝胶速度大于气体发生速度，或者物料温度过高，或者异氰酸酯用量不足；相应的解决方案依次为减少有机锡催化剂用量或提高胺类催化剂用量，调整物料温度，调整异氰酸酯用量。

2. 在发泡过程中出现泡沫收缩现象，可能原因为凝胶速度大于发泡速度，或者搅拌速度太慢，或者异氰酸酯用量过多；相应的解决方案依次为使发泡速度平衡，增加搅拌速度，减少异氰酸酯用量。

3. 在发泡过程中出现泡沫崩塌现象，可能原因为气体发生速度过快，或者凝胶速度过慢，相应的解决方案依次为减少胺类催化剂用量，增加有机锡类催化剂。

【思考题】

1. 写出聚氨酯泡沫反应的方程式。

2. 解释配方中各组分的性质和作用。

3. 切开所制泡沫，观察泡孔分布情况，分析影响泡孔均匀分布的因素。

【参考文献】

朱吕民等．聚氨酯泡沫塑料．北京：化学工业出版社，2004.

（郭磊）

实验19　单分散核壳结构聚苯乙烯/聚吡咯导电复合材料的合成与表征

导电高分子特殊的结构和优异的物理化学性能使它在能源、光电子器件、传感器、分子导线、电磁屏蔽、金属防腐和隐身技术中有着广泛的应用前景。然而由于聚噻吩、聚吡咯、聚苯胺等常见导电高分子的主链是刚性的，且链与链间 π 电子体系相互作用较强，通常较难溶解和熔融，因而加工性能较差。核壳结构导电高分子的设计与合成为解决这一问题提供了一个新的思路。例如，以聚氨酯、聚乙酸乙烯酯等玻璃化温度较低的聚合物为核制备的核壳结构导电高分子复合材料具有较好的低温成膜性，在抗静电、抗腐蚀材料中得到广泛应用。

以玻璃化温度较高的单分散聚苯乙烯为核制备的核壳结构导电高分子复合材料可用作高速冲击测试实验的轰击粒子和高效电色谱分析的新型静止相材料。本实验通过种子乳液聚合法制备单分散核壳结构聚苯乙烯/聚吡咯导电复合材料，并用四探针法测定其电导率。

【实验目的】

1. 通过种子乳液中的化学氧化聚合，掌握单分散核壳结构聚苯乙烯/聚吡咯导电复合材料的制备方法。

2. 了解吡咯的氧化聚合机理。

3. 了解四探针法测定导电高分子电导率的操作原理和方法。

【实验原理】

吡咯的聚合过程属于氧化偶合机理，如图 19-1 所示。在氧化剂作用下，吡咯单体失去一个电子被氧化为阳离子自由基，生成的阳离子自由基间发生加成偶合反应，脱去两个质子后，生成比单体更易于氧化的二聚物。二聚物继续被氧化成阳离子自由基，与其他阳离子自由基继续其链式偶合反应，直至生成长链聚吡咯。

制备核壳结构导电高分子复合材料最常见的方法是种子乳液聚合法。其实施步骤为在预先制得的种子乳液中加入导电高分子的单体，在氧化剂存在下进一步聚合，最终得到核壳结构的导电高分子。核壳聚合物粒子的合成多在水相中进行，根据种子乳液聚合中第二单体的加入方式可分为平衡溶胀法、间歇法、半连续法和连续法。一般而言，采用连续法且第二单体的加入速度低于其聚合速度时，较易形成核壳结构的粒子。从热力学角度，以下条件有利于生成正常的核壳结构粒子：①第二聚合物的亲水性要大于种子聚合物，由于吡咯的亲水性较好，因而研究较多；②减少复合粒子表面积和种子粒子表面积之比值；③两种聚合物之间界面自由能应尽可能小。另外，聚合物之间的相容性要合适，相容性太好则易形成具有海岛结构甚至均相的粒子，太差则壳层聚合物难以附着在核聚合物表面。

本实验以表面含有羟基的单分散聚苯乙烯共聚物为种子乳液，以 H_2O_2/Fe^{2+} 为氧化剂，制备核壳结构聚苯乙烯/聚吡咯导电复合材料，并用四探针法测定其电导率。

简化的四探针法测定电导率原理如图 19-2 所示。

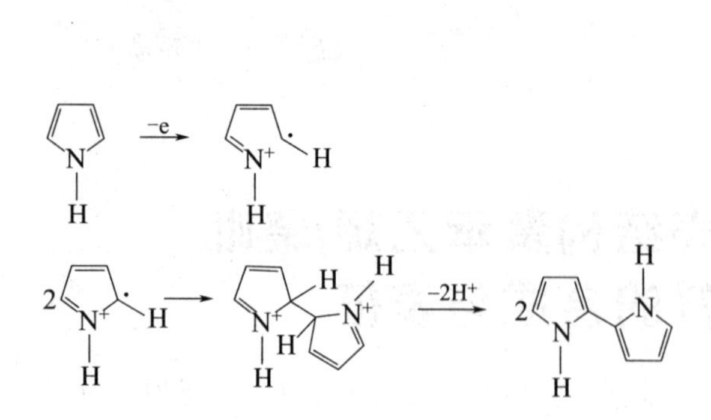

图 19-1 吡咯氧化聚合机理示意图

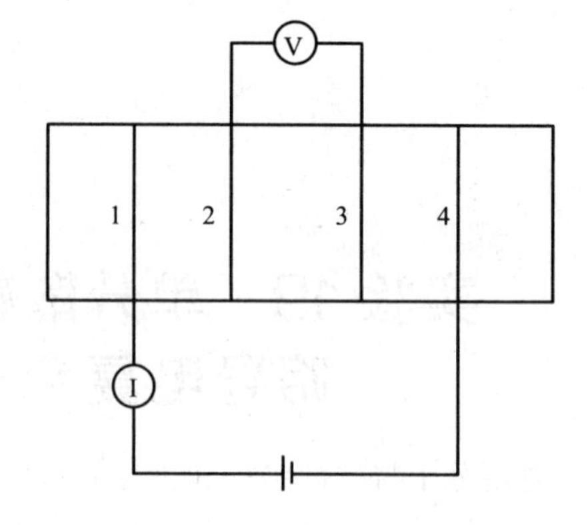

图 19-2 平行四电极法测量电导率原理

在样品条上接上四个平行银丝电极（1～4），根据流过样品的电流 I 和电极 2 和 3 之间检测到的电压 V，便可求出电极 2 和 3 之间的样品电阻，再按式(19-1) 就可算出被测样品的电导率。

$$\sigma = \frac{I}{V} \times \frac{L}{hd} \tag{19-1}$$

式中，L 为两个检测电极 2 和 3 之间的距离；d 为被测样品的厚度；h 为检测电极 1 和 4 之间的距离。

【仪器和试剂】

1. 仪器

美国 Keithley 公司 Advantest 四电极电导率仪			1 台；	压片仪	1 台；
恒温磁力搅拌器	1 台；	电子天平	1 台；	刻度尺	1 把；
循环水式真空泵	1 台；	螺旋测微器	1 个；	抽滤瓶	1 个；
砂滤漏斗	1 个；	烧杯（100mL）	6 个；	圆底烧瓶（250mL）	1 个。

2. 试剂

单分散聚(苯乙烯-甲基丙烯酸-β-羟乙酯）乳液	自制；	七水硫酸亚铁	分析纯；
吡咯	分析纯；	盐酸	分析纯；
过氧化氢（30%）	分析纯；	蒸馏水	自制；
甲醇	分析纯；	导电银胶。	

【实验步骤】

1. 单分散核壳结构聚苯乙烯/聚吡咯导电复合材料的合成

（1）取 50mL 单分散聚(苯乙烯-甲基丙烯酸-β-羟乙酯)乳液、1mg 七水硫酸亚铁、50mL 水加到单口烧瓶中，N_2保护下在冰水浴中搅拌 10min。

（2）依次加入 2mL 5mol/L 的盐酸、0.4g 吡咯、0.8g 过氧化氢，N_2保护下在冰水浴中搅拌 12h，观察反应过程中乳液颜色的变化。

（3）用甲醇破乳，将产物用砂滤漏斗抽滤，蒸馏水反复洗涤至滤液无色为止。

（4）将所得黑色固体干燥后研磨为粉末状。

2. 单分散核壳结构聚苯乙烯/聚吡咯导电复合材料电导率的测定

（1）样品条的制备

在压片仪中加入约 0.5g 样品，在 10Torr（1Torr=133.322Pa）压力下压制成片，将样品片切成长条形。用螺旋测微器测量样品厚度 d。

（2）电导率的测量

按照图 19-2 所示的位置，用导电银胶将四根平行的银丝电极粘在样品上。涂银胶时，注意要均匀，互相不能发生连接现象。分别测量电极 2、3 和 1、4 之间的距离 L 和 h。

按图 19-2 连接电路，调节电源输出电流的大小，测量三组不同的电流强度和相应的电压值，求 I/V_{23}的平均值，计算样品的电导率。

【实验结果与处理】

将测得的样品厚度 d，电极 2、3 和 1、4 之间的距离 L 和 h，不同电流强度和相应电压比值 I/V_{23}的平均值，代入式(19-1）计算样品的电导率。

【常见问题及解决方法】

涂导电银胶时，注意要均匀，不同银丝电极上的银胶互相不能发生连接现象。

【思考题】

1. 吡咯化学氧化聚合的机理是什么?

2. 简述种子乳液聚合制备核壳结构导电高分子复合材料的基本原理。

【参考文献】

[1] Li Y F. Journal of Electroanalytical Chemistry. 1997，433（1）：181-186.

[2] 庞志成，胡玉春，罗震宁．中国测试技术，2003，(4)：3—4.

（杨正龙）

实验 20　乳液聚合法制备表面含羟基的单分散聚苯乙烯共聚物微球

单分散聚合物微球具有球形度好、比表面积大、吸附性强等特异性质。有关单分散聚合物微球的最早报道是美国里海大学乳液聚合研究所 Vanderhoff 和 Brodford 制备的粒径均一的聚苯乙烯微球。作为一种重要的功能高分子材料，单分散聚合物微球在标准计量、胶体科学、生物医学、涂料、电子信息等领域具有广泛的应用价值。制备单分散聚合物微球的常用方法是几种非均相聚合法，如乳液聚合、微乳液聚合、悬浮聚合和分散聚合等。其中乳液聚合是最早用于生产单分散聚合物微球的聚合技术，而且至今仍是最常用、最重要的技术。乳液聚合常采用一步乳液聚合和种子乳液聚合两种形式，得到的产物是由乳化剂分散的状态稳定的胶体。通常一步法可用来合成粒径在 30nm～1μm 的胶体，而种子乳液聚合可合成粒径更大或合成具有核壳结构的微球。本实验通过一步乳液聚合法制备表面含羟基的单分散聚苯乙烯共聚物微球。

【实验目的】

1. 了解乳液聚合制备单分散聚合物微球的基本原理。

2. 通过制备单分散聚(苯乙烯-甲基丙烯酸-β-羟乙酯)，掌握乳液聚合制备单分散聚合物微球的方法。

3. 学习和掌握透射电子显微镜的使用方法。

【实验原理】

典型的乳液聚合体系由单体、乳化剂、引发剂和水组成。乳化剂以 10nm 左右的胶束形式存在，单体借助于乳化剂和机械搅拌作用分散，其中一部分进入胶束，一部分溶解在水中，但大部分单体以微米级以上的单体液滴形式分散于体系中。乳液聚合反应机理的示意见图 20-1。首先水溶性引发剂在水中分解形成自由基，此自由基或者首先引发水中的少量单体形成低聚物自由基（均相成核机理）后进入胶束，或者直接进入胶束（胶束成核机理），然后在胶束中长大形成乳胶粒。在此过程中，单体不断从单体液滴进入水中，再扩散到乳胶粒中以补充其中不断消耗的单体，直至单体消耗完毕而最终形成聚合物乳胶粒。通过控制单体和乳化剂的浓度可以控制粒径在 20nm 到几微米范围内。由于一般用过硫酸盐作引发剂，因此聚合物链端为带负电核的硫酸根基团。

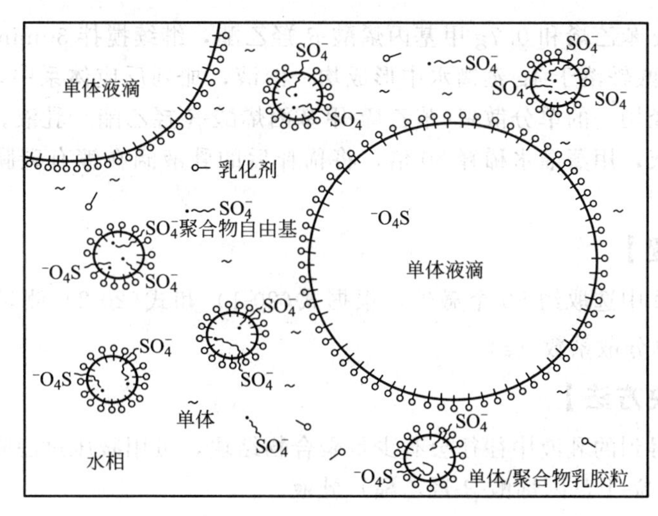

图 20-1　乳液聚合制备单分散聚合物微球机理示意

乳液聚合制备的聚合物微球的单分散性与很多因素有关，包括乳化剂的种类和用量、有机助溶剂的加入、单体的种类、引发剂的浓度、聚合温度等。研究表明，当体系中加入少量水溶性单体与苯乙烯进行共聚时，可使所得乳胶粒的单分散性明显提高。

乳胶粒的粒度与外观形态可用透射电镜进行观测，并用下式统计乳胶粒的平均粒径（$\overline{D}$）和单分散系数（ε）：

$$\overline{D}=\sum_{i=1}^{n}D_i/n \tag{20-1}$$

$$\varepsilon=\left[\sum_{i=1}^{n}(D_i-\overline{D})^2/(n-1)\right]^{1/2}/\overline{D} \tag{20-2}$$

式中，D_i 和 n 分别表示被测微球的粒径和数目。一般认为单分散系数 $\varepsilon<11\%$ 的体系为单分散体系。

本实验采用聚乙烯基吡咯烷酮为乳化剂，亲水性单体甲基丙烯酸-β-羟乙酯为共聚单体，通过乳液聚合制备粒径约为 120nm 的表面含羟基的单分散聚苯乙烯共聚物微球，并用透射电镜对产物进行表征。

【仪器和试剂】

1. 仪器

恒温水浴锅	1 台；	透射电子显微镜	1 台；	机械搅拌器	1 台；
电子天平	1 台；	温度计	1 支；	四口烧瓶（250mL）	1 个；
球形冷凝管	1 个；	烧杯（50mL）	2 个；	烧杯（250mL）	1 个。

2. 试剂

苯乙烯（减压蒸馏）	分析纯；	甲基丙烯酸-β-羟乙酯	分析纯；
过硫酸铵	分析纯；	聚乙烯基吡咯烷酮	分析纯；
蒸馏水	自制。		

【实验步骤】

（1）在装有温度计、机械搅拌器、球形冷凝管和通气管的四口烧瓶中加入 3g 聚乙烯基吡咯烷酮（$M_w=40000$）、120g 蒸馏水，在 N_2 保护下升温至 70℃，搅拌 30min。

（2）加入 15.4g 苯乙烯和 0.7g 甲基丙烯酸-β-羟乙酯，继续搅拌 30min。

（3）将 2g 过硫酸铵溶于 4g 蒸馏水中形成均一溶液，加到反应体系中，70℃下搅拌 3h，停止反应，得到粒径均一的单分散聚(苯乙烯-甲基丙烯酸-β-羟乙酯）乳液。

（4）取少量乳液，用蒸馏水稀释 30 倍，将稀释后的乳液滴在镀有碳膜的铜网上，用透射电镜观察样品形貌。

【实验结果与处理】

从透射电镜照片中选取约 50 个微球，根据式(20-1）和式(20-2）测量并计算乳胶粒的平均粒径（$\overline{D}$）和单分散系数（ε）。

【常见问题及解决方法】

聚合完成后，得到的乳液中往往会有少量聚合物结块，可用减压过滤除去结块，得到稳定的单分散聚(苯乙烯-甲基丙烯酸-β-羟乙酯）乳液。

【思考题】

1. 乳液聚合制备单分散聚合物微球的原理是什么？
2. 乳液聚合制备的聚合物微球的单分散性与哪些因素有关？

【参考文献】

［1］王群，府寿宽，于同隐．高分子通报，1996，(3)：141-151.

［2］Vanderhoff J W，Vitkuske J F，Bradford E B，et al. Journal of Polymer Science. 1956，20 (95)：225-234.

（杨正龙）

实验 21　刺激响应性聚合物的合成及浊点测定

刺激响应性聚合物指聚合物在不同程度上能够感知或检测环境变化，并能进行自我判断和作出结论，最终实现指令或进行指令执行功能的新型材料。它与普通功能聚合物的区别在于其具有反馈功能，并根据反馈信息实现环境响应，根据其对温度、电磁场、酸碱度、光照、压力、声、离子强度、生物的敏感性，可制成各种不同的敏感元件。刺激响应性高分子材料中研究最详细、最为广泛的刺激响应性聚合物是温度敏感型高分子，这主要是由于温度敏感型高分子适用于很多体系而且刺激响应温度可以在很宽范围内调节。本实验以甲基丙烯酸二甲氨基乙酯为原料，合成具有温度敏感特性的聚甲基丙烯酸二甲氨基乙酯，并对其相分离温度进行测定。

【实验目的】

1. 了解刺激响应性聚合物的概念，掌握甲基丙烯酸二甲氨基乙酯的本体聚合方法。
2. 学会用紫外-可见分光光度计测量温敏聚合物的浊点。

【实验原理】

温度敏感（简称温敏）型高分子的特征是高分子在溶剂中的溶解度随温度而变化。温敏型高分子中常含有取代酰胺、醚键、羟基等官能团。如聚 *N*-异丙基丙烯酰胺（PNIPAAm)、甲基纤维素、羟基丙基纤维素（HPC）、聚乙烯醇-乙酸乙烯酯共聚物、聚氨酯（PU）等。温度敏感型高分子由于特定的结构（既有亲水性基团又有疏水性基团）使其在水中具有适度的溶解性。温度敏感型高分子均具有低临界溶解温度（LCST），它是指一定浓度的温敏聚合物水溶液随着温度的变化，高分子与溶液发生相分离的温度即为低临界溶解温度。通常情况下，温度高于 LCST 时，高分子中的疏水基团之间的作用力增强，同时疏水基团与水之间的氢键力减弱，使得高分子链发生去水化而从溶液中沉淀出来；温度低于 LCST 时，高分子链与水发生水合而溶解于水（如图 21-1 所示）。

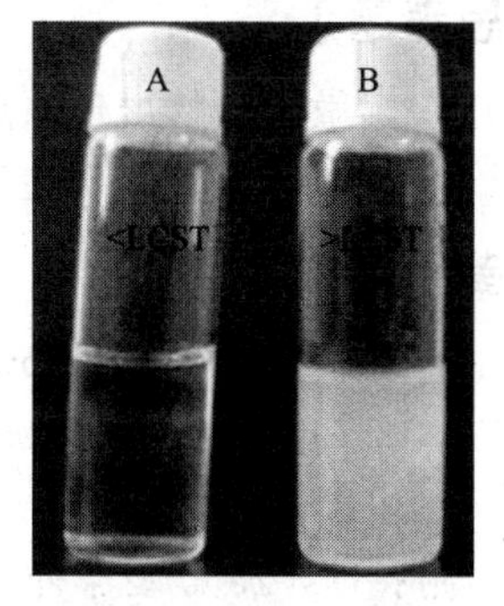

图 21-1　典型的温敏聚合物
A—外界温度低于 LCST；
B—外界温度高于 LCST

聚合物溶液相转变时的浊点（CP）可采用紫外-可见分光光度计配合可控恒温水浴来测量。通过测量聚合物溶液在不同温度下的透光率，得到透光率随温度变化的曲线，由该曲线可以读出该聚合物溶液的 CP。

本实验主要是用甲基丙烯酸二甲氨基乙酯为原料，合成具有温度敏感特性的聚甲基丙烯酸二甲氨基乙酯，并利用恒温紫外-可见分光光度计对其相分离温度进行测定。

【仪器和试剂】

1. 仪器

紫外-可见分光光度计　1 台；　秒表　1 块；
恒温水浴锅　1 台；　电子天平　1 台；　圆底烧瓶（100mL）　1 个；
温度计　1 支；　电动搅拌器　1 台；　移液管　1 支。

2. 试剂

甲基丙烯酸二甲氨基乙酯　分析纯；　偶氮二异丁腈（AIBN）　分析纯；
蒸馏水　自制。

【实验步骤】

1. 聚甲基丙烯酸二甲氨基乙酯的合成

移取 8.0g 甲基丙烯酸二甲氨基乙酯于 100mL 圆底烧瓶中，加入 0.04g AIBN 引发剂，用 N_2 在液体表面吹 10～15min。将水浴升温至 70℃，N_2 保护下反应 3h。

2. 聚甲基丙烯酸二甲氨基乙酯溶液浊点的测定

配制 20mg/mL 的聚甲基丙烯酸二甲氨基乙酯水溶液 3mL，将上述配好的溶液转移至比色皿中，调节恒温水槽至一定温度，开启循环水浴，将比色皿放入紫外-可见分光光度计样品池中恒温，开启紫外-可见分光光度计，设定波长为 650nm，用蒸馏水作参比，用秒表计时，每隔 2min 升温 0.5℃，并同时测量溶液的透光率。当温度接近聚合物溶液浊点附近时，随着温度的升高，透光率逐渐下降，当透光率下降到基本不变为止，以温度为横坐标，透光率为纵坐标对数据作图，读出温敏聚合物的浊点。

【实验结果与处理】

1. 产品外观：________________；产量：________________。

2. 作图求温敏聚合物溶液的浊点。

【常见问题及解决方法】

1. 测量前溶液需要在恒温比色池中恒温 20min 左右，不能直接升温测量。

2. 要用蒸馏水配制溶液，因为水中的离子对溶液浊点有明显的影响。

【思考题】

1. 温敏聚合物出现浊点的原因？

2. 测定浊点时需要注意哪些问题？

【参考文献】

Taylor L D，Cerankowski L D. Journal of Polymer Science，part A. Polymer Chemistry，1975，13（11）：2551-2570.

附：UV-2550 型紫外-可见分光光度计操作规程

1. 开机预热

（1）先打开电脑显示器和主机，再打开仪器电源，打开桌面上软件 UVProbe，单击，仪器进入初始化状态。

（2）初始化大约需要 5min，进行一系列的机械和光路的检查和初置，当所有项目初始化完毕后，单击“OK”。

（3）初始化完成后，预热 15min，即可往下操作。

2. 基线校正

有三个模块：光谱模块、光度测定模块和动力学模块，选择光度模块。

（1）首先选择测定方式，在主菜单中所示的各选项中，选择光度模块。

（2）基线校正，开始校正前，确认样品或参比光束无任何障碍，且样品室中没有样品。当基线参数对话框“Baseline Parameters”弹出时：在波长中输入实验所需的波长，点击“OK”。

（3）待扫描结束后，点击输出窗口“Instrument History”（仪器履历）标签。查看列出的基线校正信息。当完成基线校正后，可进行以下操作。

3. 建立数据采集方法

（1）选择编辑—方法，或点击方法图标显示光谱方法对话框。

（2）设置波长范围。选择扫描速度——中，设定采样间隔，选择扫描方式。

（3）点击仪器参数标签，选择测定方式，点击确定。

4. 存储数据采集方法

（1）选择文件—另存为。

（2）输入文件名，另存为类型选择方法文件（*.smd)，点击存储。

5. 采集数据

（1）将参比溶液和待测溶液放入光路，点击仪器条中的“开始”，启动扫描。

（2）扫描完成后，存储数据，检测峰值，打印谱图。

6. 关机

将比色皿从样品池中取出，先关闭软件 UVProbe，再关闭仪器电源开关。

（刘训恿）

第 2 部分 研究设计性综合实验

实验 22 ZnO_{1-x}的制备及其非均相光催化性能评价

利用光催化剂催化降解水中污染物是一种新型水处理技术，该法成本较低，反应条件温和，工艺简单，无二次污染，同时具有比紫外线更强的杀菌能力，为解决环境污染问题提供了一条有效途径。

【实验目的】

1. 了解光催化的基本原理和方法。
2. 掌握 ZnO_{1-x}的制备方法。
3. 掌握采用粉体材料做光催化剂进行污水处理的基本过程。

【实验原理】

氧化锌，化学式为 ZnO，分子量为 81.39，熔点为 1975℃，外观为白色粉末，是两性氧化物，几乎不溶于水，可溶于酸和强碱。密度为 5.606g/cm^3，ZnO 是重要的Ⅱ～Ⅵ族氧化物半导体材料，其禁带宽度为 3.2eV，对应于波长为 387nm 的紫外光，具有良好的紫外吸收性能，因此在紫外光激发下有较高的光催化活性。但是太阳光中紫外光部分仅占 8.7%，而可见光占太阳光的 43%，因此纯的 ZnO 不能利用太阳光中的可见光部分，从而使其实际应用受到限制。

纯的 ZnO 在加热时，颜色可由白色、浅黄色逐步变为柠檬黄色，当在空气中冷却后黄色会退去。这种颜色的改变是由于在高温下 ZnO 失去少部分氧，产生氧空位，从而形成非化学计量的 ZnO_{1-x}造成的。这种氧空位的存在会改变 ZnO 的电子结构，从而使材料能够被可见光激发。

采用纯的 ZnO 加热获得的氧空位含量低，而且容易很快被空气中的 O_2氧化，对 ZnO 光催化性能的改善不明显，因此通常采用其他方法制备含有氧空位的 ZnO_{1-x}。

当含有 Zn^{2+}的溶液与 OH^-作用时，一般生成 $Zn(OH)_2$，也有部分无定形的 ZnO 存在，将这种 $Zn(OH)_2$与 ZnO 的混合物与 H_2O_2作用时，会发生如下反应：

$$2Zn(OH)_2 \cdot ZnO + 3H_2O_2 \longrightarrow 2ZnO_2 \cdot ZnO(OH)\downarrow + 4H_2O$$

将所得固体在空气中加热至 150℃以上，$ZnO_2 \cdot ZnO(OH)$ 会逐步分解，经一系列反应，得到氧空位浓度较高的 ZnO_{1-x}，从而能够吸收可见光。

【仪器与试剂】

1. 仪器

光催化反应系统	1 套；	马弗炉	1 台；	真空泵	1 台；
722 型分光光度计	1 台；	电子天平	1 台；	高速离心机	1 台；

磁力搅拌器	1台；	电热套	1台；	布氏漏斗	1只；
抽滤瓶	1只；	烧杯（200mL）	2只；	烧杯（100mL）	4只；
滤纸（15cm）	1盒；	瓷坩埚（30mL）	2只。		

2. 试剂

硝酸锌［$Zn(NO_3)_2 \cdot 6H_2O$ 或 $Zn(NO_3)_2 \cdot 9H_2O$］　分析纯；

亚甲基蓝［3,7-双(二甲氨基)吩噻嗪5鎓氯化物，$C_{16}H_{18}ClN_3S$］　分析纯；

双氧水（H_2O_2）　分析纯；　氢氧化钠　分析纯。

【实验步骤】

1. ZnO_{1-x}的制备

配制50mL浓度为0.2mol/L的$Zn(NO_3)_2$溶液和NaOH溶液，在室温、搅拌的情况下将NaOH溶液与$Zn(NO_3)_2$溶液混合，继续搅拌20～30min，过滤，用蒸馏水洗涤3次。然后将所得滤饼分散在80mL浓度为1mol/L的H_2O_2溶液中，在充分搅拌的情况下，加热至75℃，搅拌反应1～2h，过滤，用蒸馏水洗涤1次，无水乙醇洗涤2次，80℃烘干30min，得到$ZnO_2 \cdot ZnO(OH)$粉体。然后将粉体放置在坩埚中，在400℃下热处理2h，取出，冷却至室温，得到ZnO_{1-x}光催化剂。

2. 光催化性能测试

以次甲基蓝溶液为模拟废水评价所得产物的光催化性能。将0.10g产物加入到80mL浓度为1×10^{-5}mol/L的亚甲基蓝溶液中，首先在暗处搅拌20min，使亚甲基蓝在ZnO_{1-x}颗粒表面达到吸-脱平衡，然后通过搅拌保持催化剂处于悬浮状态，在光催化反应系统中进行光催化降解实验。光源与溶液的距离为20cm，之间放入$\lambda>400$nm的滤光片。自打开光催化反应系统光源后，每间隔10min，用胶头滴管吸取4mL左右的溶液进行高速离心分离，用分光光度计在亚甲基蓝的最大吸收波长664nm处测定上层清液的吸光度A。

【实验结果与处理】

ZnO_{1-x}的光催化降解率Y按下式计算：

$$Y=[(A_0-A)/A_0]\times100\%\approx[(c_0-c)/c_0]\times100\%$$

式中，c_0为亚甲基蓝的初始浓度；c为催化反应过程中某时刻亚甲基蓝的浓度；A_0为亚甲基蓝浓度为c_0时的吸光度；A为亚甲基蓝浓度为c时的吸光度。

【常见问题及解决方法】

1. NaOH和H_2O_2均有腐蚀性，使用时注意。

2. 光催化反应系统所用光源通常为高压汞灯或氙灯，具有强光性，光催化反应过程中不要直视光源。

【思考题】

1. 为什么纯的ZnO只能吸收紫外光，而含有氧空位的ZnO_{1-x}能够吸收可见光？

2. 本实验中的光催化反应为异相光催化，这样的反应还与哪些因素有关？

【参考文献】

［1］ Wang J，Wang Z，Huang B，et al. ACS Applied Materials Interfaces，2012，4(8)：4024-4030.

［2］井立强，袁福龙，侯海鸽等．中国科学B辑，2004，34（4）：310-314.

附： 背景知识

半导体光催化剂的电子结构由低能价带（valence band，VB）和高能导带（conduction band，CB）构成，价带最高能级与导带最低能级之间存在一个禁带（forbidden band，band gap），这个禁带宽度称为半导体的带隙（E_g）。半导体的最大光吸收波长与带隙具有如下关系：

$$\lambda(\mathrm{nm})=\frac{1204}{E_g(\mathrm{eV})}$$

式中，λ 为吸收波长，nm；E_g 为半导体材料的带隙，eV。

半导体的带隙越大，最大吸收波长越小，因此常用的宽带隙半导体最大吸收波长大都在紫外区。

锐钛矿相 TiO_2 是最常用的光催化剂，其禁带宽度与 ZnO 相同，为 3.2eV，只有当入射光波长小于或等于 387nm 时，其价带上的电子（e^-）受激发，跃过禁带进入导带，同时在价带上产生空穴（h^+）。这些光致 e^- 和 h^+ 可以在电场作用下或通过扩散的方式迁移到半导体粒子表面，与吸附在粒子表面的物质发生氧化和还原反应。e^- 和 h^+ 也能被粒子表面晶格缺陷俘获，或在粒子内部直接复合并放出热量。

多数情况下，光催化反应都离不开空气和水，这是因为氧气或水分子和光生电子、光生空穴相结合，产生化学性质极为活泼的自由基基团。电子与空气中的氧气发生还原反应，生成超氧离子（$\cdot O_2^-$）；空穴具有很强的氧化性，与表面吸附的水或 OH^- 反应形成具有强氧化性的羟基自由基（$\cdot OH$）。$\cdot OH$ 是水体中存在的最强的氧化剂，可以破坏有机物的 C—C、C—H、C—N、C—O、O—H 和 N—H 键，因而能氧化大多数的有机污染物及部分无机污染物，将其最终降解为 CO_2、H_2O 等无害物质。

（高善民）

实验23　CdS：Ag（Ⅰ）纳米晶的制备及光学性质

半导体纳米晶，尤其是Ⅱ-Ⅵ族半导体纳米晶，也称量子点，由于其具有独特的光学性质而引起广泛关注，在光催化、光电池、发光二极管及生物标记等领域具有广泛的应用前景。但是，量子点还存在自猝灭现象、宽禁带量子点的光电性质可调范围窄等不足，从而限制了其应用。通常可通过改变粒子的尺寸、组成等方法对纳米晶的光学性质，尤其是其荧光性质进行调控。此外，掺杂过渡金属离子也是调控 CdS 纳米晶荧光性质的有效方法之一。

【实验目的】

1. 了解纳米发光材料的基本知识。
2. 掌握过渡金属离子掺杂的 CdS 纳米晶的制备方法。
3. 掌握发光材料的测试方法。

【实验原理】

硫化镉是重要的Ⅱ-Ⅵ族半导体材料，化学式为CdS，分子量为144.476，熔点为1750℃，外观为黄色固体，微溶于水和氨水，溶于酸。CdS的禁带宽度2.41eV，电子和空穴的迁移率分别为$2\times10^{-2}m^2/(V\cdot s)$和$2\times10^{-3}m^2/(V\cdot s)$，是灵敏度较高的n型光电导器件材料。高纯度的CdS是良好的半导体，对可见光有强烈的光电效应，可用于制光电管、太阳能电池。

过渡金属离子掺杂的纳米晶不仅具备量子点本身的光电特性，而且可以在一定程度上克服纯的量子点的缺点。通过掺杂，可以在量子点中引入掺杂能级，从而可以在不改变纳米晶尺寸的前提下调节其性质。如纯的CdS的荧光发射是电子在价带和导带之间跃迁的带边发光。掺入Ag^+后，Ag^+存在于CdS晶体结构中，在CdS原有的价带和导带之间形成新的能带，新能带的能级比CdS导带的能级低，从而使带边发射红移。一般Ag^+含量越高，红移程度越大。

向含有Cd^{2+}和Ag^+的溶液加入含有S^{2-}的溶液，会发生如下反应：

$$(1-x)Cd^{2+}+xAg^{+}+S^{2-}\longrightarrow Cd_{1-x}Ag_xS\downarrow$$

通过调节溶液中Cd^{2+}和Ag^+的浓度，可以调节材料的组成，从而调控其性质。通过调节反应回流时间，一方面可以调控纳米晶的尺寸；另一方面可以减少纳米晶中的缺陷，进一步提高纳米晶的荧光强度。

【仪器和试剂】

1. 仪器

紫外-可见分光光度计；

荧光分光光度计；

恒温磁力搅拌器	1台；	电子天平	1台；	容量瓶（100mL）	5个；
电热套	1台；	三颈烧瓶（250mL）	4个；	烧杯（50mL）	5个。

2. 试剂

氯化镉（$CdCl_2\cdot2.5H_2O$）	分析纯；	硝酸银（$AgNO_3$）	分析纯；
巯基乙酸（$HSCH_2COOH$）	分析纯；	氢氧化钠	分析纯；

硫化钠（$Na_2S\cdot9H_2O$）。

【实验步骤】

1. CdS：Ag(Ⅰ)纳米晶的制备

称取0.4567g $CdCl_2\cdot2.5H_2O$，置于容积为250mL的三颈烧瓶中，加100mL去离子水溶解后，按不同Ag、Cd摩尔比加入$AgNO_3$，使$Cd_{1-x}Ag_xS$中的x分别为0、0.0025、0.01、0.02，混合均匀后再向三颈烧瓶中加入1.25mL巯基乙酸，用1mol/L的NaOH溶液调节混合溶液的pH值至约为10，用磁力搅拌器搅拌10min。称取0.2412g $Na_2S\cdot9H_2O$于小烧杯中，用20mL去离子水溶解后，逐滴滴加到三颈烧瓶中，滴完后继续搅拌20～30min，取出5mL溶液待测；剩余的混合反应液用恒温磁力搅拌器加热回流0.5～2h，得到Ag^+掺杂的CdS量子点溶胶。

2. 光学性质测试

将回流前后的样品分别稀释5～10倍后，用紫外-可见分光光度计测定吸收光谱，测试波长范围为200～800nm，用荧光分光光度计测定荧光发射光谱，激发和发射狭缝均为

10nm。对数据分析，比较掺杂前后以及掺杂量对 CdS 纳米晶发光位置和强度的影响。

【实验结果与处理】

实验结果记录在表 23-1 中。

表 23-1　掺杂量对荧光位置和强度的关系

掺杂物质的量比	0	0.0025	0.01	0.02
荧光位置				
荧光强度				

实验结束以后，对数据进行处理，以不同 Ag、Cd 物质的量比（x）为横坐标，荧光位置和强度（y）为纵坐标，做出荧光位置和强度对应掺杂量的曲线，研究分析掺杂量对 CdS 纳米晶发光位置和强度的影响。

【常见问题及解决方法】

1. NaOH 有腐蚀性，使用时注意。
2. 回流过程中会有少量的 H_2S 气体产生，因此实验应在通风橱中进行。

【思考题】

1. 在制备 Ag^+ 掺杂的 CdS 纳米晶时，如果加入的 Ag^+ 浓度过高，会出现什么结果？
2. 本实验中，影响产物的荧光性质的因素主要有哪些？

【参考文献】

[1] Thakur P，Joshi S S，Kapoor S，et al. Langmuir，2009，25(11)：6377-6384.
[2] 李君君，张迈生，严纯华．光学学报，2003，23(5)：604-608.

附：背景知识

半导体纳米晶是近年来获得广泛研究的一类纳米材料。半导体纳米晶，也称量子点，晶粒的典型尺寸为 1～10nm，通常指由几十到上千个原子组成的原子团簇，是介于宏观固体与微观原子或分子间的一种材料。半导体纳米晶具有小尺寸效应、量子尺寸效应、表面效应等纳米材料的各种效应，从而具有许多独特的物理与化学性质，使其在基础研究和应用研究中都具有重要价值，成为当今材料科学研究的热点之一。

当半导体纳米晶的粒径小于或等于该半导体块体材料的激子玻尔半径时，其电子能级由准连续状态变为分立状态，纳米晶内部的激子运动受限，纳米晶的带隙随粒径尺寸的改变而变化，从而使半导体纳米晶具有了随尺寸而变化的光学性质。

光致发光是指通过光激发而产生的发光现象，是半导体纳米晶的一种重要光学性质。按照激发态的电子排布和发光路径的不同，光致发光可分为荧光和磷光两种。半导体纳米晶的荧光是指当纳米晶吸收超过其带隙能量的光子后，载流子在最低激发态通过声子发生弛豫，极短时间后发射出具有更高波长的光子，即产生荧光。

通过调节纳米晶的颗粒尺寸或对纳米晶进行掺杂处理，可以使纳米晶的带隙发生变化或产生掺杂能级，进而调节纳米晶发射的光子的波长，即改变荧光的位置（颜色）。从纳米晶的荧光光谱也可以计算半导体纳米晶的带隙能，进而计算出纳米晶的尺寸大小，研究纳米晶生长过程中尺寸的变化。

与吸收光谱不同，荧光光谱对纳米晶的表面环境非常敏感。室温下，只有经过表面钝化的纳米晶才能观察到高效的带隙发光，因为载流子易于被纳米晶的表面缺陷捕获，发生非辐射复合。因此，在制备纳米晶时，通常会在反应过程中加入表面处理剂，并且通过加热回流，减少纳米晶中的缺陷。

（高善民）

实验 24　低温锌系磷化工艺及磷化膜防腐性能测试

在钢铁磷化处理技术中，根据加工对象不同，可以选择不同类型的磷化工艺，在温度分类中，有高温磷化、中温磷化、低温磷化、常温磷化四种类型。本实验选择的是低温锌系磷化处理技术。该项处理技术是在 40～50℃条件下进行的，主要用于质量要求较高，外观形状较好的产品，如目前国内外高档轿车的外壳防腐处理，绝大多数采用低温锌系磷化处理工艺。

【实验目的】

1. 了解低温锌系磷化液的组成、磷化膜的性能；了解磷化技术中的温度分类、膜层成分分类；以及工业生产中的操作流程和处理技术。

2. 通过查阅文献资料，设计实验工艺过程，完成实验操作，培养学生独立思考、独立设计、独立研究的技能，提高学生综合实验技术和科研能力。

【实验原理】

1. 工艺流程

脱脂—水洗—酸洗—水洗—磷化—干燥—成品。

2. 前处理

脱脂：利用碱性条件下的皂化和乳化原理将金属表面的油污除掉。

酸洗：利用混酸溶液进行浸泡，经过化学反应和物理过程，将氧化膜、保护膜等溶解和剥离，获得洁净的表面。

3. 反应原理

低温锌系磷化工艺，基本符合公认的四步机理：*AB* 段为阳极溶解，*BC* 段为氧化结晶，*CD* 段为溶解成膜，*DE* 段为成膜，如图 24-1 所示。

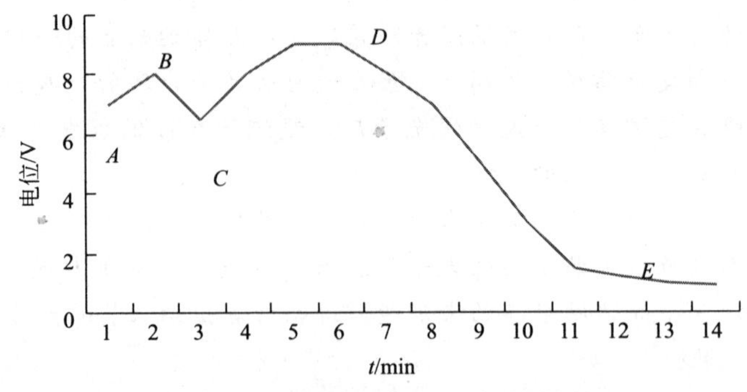

图 24-1　现代磷化机理电位-时间曲线

主要反应如下：

溶解：$Fe-2e^- \longrightarrow Fe^{2+}$，$2H^+ + 2e^- \longrightarrow 2[H] \longrightarrow H_2$

氧化：$[O]+2H \longrightarrow H_2O$，$Fe^{2+}+[O] \longrightarrow Fe^{3+}+O^{2-}$，$Fe^{3+}+Fe-e^- \longrightarrow 2Fe^{2+}$

成膜：$H_3PO_4 \rightleftharpoons H_2PO_4^- + H^+ \rightleftharpoons HPO_4^{2-} + 2H^+ \rightleftharpoons PO_4^{3-} + 3H^+$

$Zn^{2+}+Fe^{2+}+PO_4^{3-}+4H_2O \longrightarrow Zn_2Fe(PO_4)_2 \cdot 4H_2O \downarrow$

$Zn^{2+}+PO_4^{3-}+H_2O \longrightarrow Zn_3(PO_4)_2 \cdot 4H_2O \downarrow$

$(Me^{2+}Fe^{2+})+PO_4^{3-}+HPO_4^{2-}+H_2O \longrightarrow (Me^{2+}Fe^{2+})_5H_2(PO_4) \cdot 4H_2O \downarrow$

膜增厚：继续成膜反应；

副反应：$Fe^{3+}+PO_4^{3-} \longrightarrow FePO_4 \downarrow$（沉渣）。

【仪器和试剂】

1. 仪器

干燥箱	1台；	电子天平	1台；	温度计	2支；
台秤	1台；	恒温水浴	1台；	秒表	1块；
容量瓶（100mL）	2个；	移液管（10mL）	5支；	烧杯（200mL）	5个；
量筒（100mL）	1个；	碱式滴定管	1支；	0.5～5精密pH试纸	1本；
普通铁片（20mm×40mm×0.5mm）	10片；	180-360号砂纸	1张；	细铁丝	50cm；
1～14pH试纸	1本。				

2. 试剂

碳酸钠	分析纯；	偏磷酸钠	分析纯；
乳化剂（OP-10）	分析纯；	氢氧化钠	分析纯；
十二烷基硫酸钠	分析纯；	硫酸	分析纯；
磷酸	分析纯；	盐酸	分析纯；
硫酸镍	分析纯；	硝酸锌	分析纯；
硫脲	分析纯；	磷酸钠	分析纯；
硝酸锰	分析纯；	柠檬酸钠	分析纯；
马日夫盐	分析纯；	氯化钠	分析纯；
硫酸铜	分析纯；	甲基橙	分析纯；
酚酞	分析纯。		

【实验步骤】

1. 磷化处理

通过查阅有关的文献资料，自行设计脱脂、酸洗、磷化的工艺配方、处理流程及操作步骤方案。送达指导教师审阅，指导教师批准后，学生方可在实验室准备实验用品，进行实验操作。

2. 测试

（1）磷化膜防腐性能测试

根据GB 6807—86，进行硫酸铜点滴测试。通过查阅国家标准，确定测定方法，经指导教师批准后，学生再配制药品进行测试。

（2）磷化液游离酸和总酸度的测试

通过查阅文献资料，掌握游离酸和总酸度的概念和测定方法，设计测定方案，经指导教师批准后，测定实验用磷化液的游离酸和总酸度。

【实验结果与处理】

实验结果数据列于表 24-1 和表 24-2 中。

表 24-1 磷化膜防腐性能测试数据

序号	1	2	3	4
硫酸铜点滴变色时间/s				

表 24-2 磷化液游离酸和总酸度的测试数据

序号	1	2	3	平均值
游离酸(*P*)				
总酸度(*P*)				

通过以上测试结果，自行评价该磷化工艺。

【思考题】

1. 低温锌系磷化常用的促进剂有哪些？

2. 硫酸铜点滴实验的目的是什么？

【参考文献】

[1] 曲荣君．材料化学实验．北京：化学工业出版社，2008.

[2] 唐春华．电镀与环保，1998，18(1)：32-34.

[3] 柳玉波．表面处理工艺大全．北京：中国计量出版社，1996.

[4] 徐乐年．上海化工，1993，18(3)：13-16.

[5] 张圣麟，李红玲，郑洪河等．涂料工业，2005，35(9)：60-61.

附：

1. 低温锌系磷化

低温是指磷化温度在 40～50℃条件下进行的磷化处理工艺；锌系磷化是指按磷化膜的成分分类中的一种，锌系磷化就是指磷化膜中的金属离子主要是锌离子。低温锌系磷化常用的促进剂有硝酸盐、亚硝酸盐、双氧水、钼酸盐、氯酸盐、有机硝基化合物、有机过氧化物、金属离子等。

2. 硫酸铜点滴实验

(1) 硫酸铜点滴溶液

称取五水硫酸铜 41.0g、氯化钠 33.0g，放入烧杯中，加 200mL 蒸馏水溶解，转移到 1L 的容量瓶中，用移液管移取 0.1000mol/L 盐酸 13.00mL，加入后搅拌并加蒸馏水稀释到刻度，得硫酸铜点滴溶液。

(2) 检测

将硫酸铜点滴溶液滴在干燥的磷化膜上，同时启动秒表，当液滴由蓝色变为红色时，按下秒表，记录时间，时间越长防腐效果越好。

硫酸铜点滴实验的目的主要是测定磷化膜的防腐性能和空隙率。

3. 游离酸

用移液管移取10mL磷化液置于锥形瓶中，加入几滴甲基橙试剂，用0.1000mol/L标准氢氧化钠溶液滴定至溶液变为黄色，所耗氢氧化钠溶液的体积（mL）为游离酸的点数(通常用P表示)。

4. 总酸度

用移液管移取10mL磷化液置于锥形瓶中，加入几滴酚酞试剂，用0.1000mol/L标准氢氧化钠溶液滴定至溶液变为粉红色，所耗氢氧化钠溶液的体积（mL）为总酸度的点数(通常用*P*表示)。

（张丕俭）

实验25 巯基修饰磁性氧化铁的制备及富集分析水体中痕量汞离子

由于实际环境水体中汞的浓度为痕量级，低于大多数分析方法的检出限，对于如此低浓度汞的分析，难以实现直接测定，因此在试样进仪器分析之前常常要经过预富集和分离等前处理。近年来磁性纳米材料被用作固相萃取吸附剂，将顺磁性的吸附剂分散到水样中吸附目标物，之后利用磁铁将吸附剂分离后，盐酸-硫脲的混合溶液洗脱，利用原子荧光分光光度计测定洗脱液中汞离子的浓度。此方法避免了传统固相萃取中冗余耗时的过柱操作，节省大量时间。

【实验目的】

1. 了解磁性纳米复合材料的制备流程。
2. 了解固相萃取和磁性固相萃取富集痕量目标物的基本操作。
3. 掌握原子荧光分光光度计测定汞离子的方法。

【实验原理】

本实验首先利用共沉淀法制备磁性纳米氧化铁，再在其表面通过硅酸钠水解的方法包覆一层致密的硅胶层，最后通过硅烷化反应接枝巯丙基，得到Fe_3O_4@SiO_2-SH吸附材料。内层的Fe_3O_4能提供磁分离所需的顺磁性，SiO_2层能保护内层磁性核，并具有很好的修饰性能。根据皮尔逊软硬酸碱理论，最外层的巯基是一种软碱，和软酸汞离子具有很强的结合力，能选择性的吸附水样中的汞离子。可以将Fe_3O_4@SiO_2-SH用作磁性固相萃取吸附剂富集分离水样中的汞离子，吸附的汞离子采用盐酸-硫脲的混合溶液洗脱，利用原子荧光分光光度计测定洗脱液中汞离子的浓度。

【仪器和试剂】

1. 仪器

原子荧光分光光度计，北京吉天仪器有限公司　1台；

恒温水浴锅	1台；	电子天平	1台；	电动搅拌器	1台；
超声波清洗器	1台；	水浴恒温振荡器	1台；	高纯氩气钢瓶	1个；

氮气钢瓶	1个；	钕铁硼磁铁	1块；	蒸馏烧瓶（500mL）	2个；
三口蒸馏烧瓶（500mL）	2个；	烧杯（500mL）	4个；	烧杯（200mL）	5个。

2. 试剂

$FeCl_3 \cdot 6H_2O$	分析纯；	$FeCl_2 \cdot 4H_2O$	分析纯；
$Na_2SiO_3 \cdot 6H_2O$	分析纯；	浓盐酸	优级纯；
巯丙基三乙氧基硅烷	分析纯；	无水乙醇	分析纯；
甲苯	分析纯；	硼氢化钾	分析纯；
硫脲	分析纯；	氢氧化钠	分析纯。

【实验步骤】

1. 磁性 Fe_3O_4 纳米材料的制备

称取 NaOH 固体 15.0g 于锥形瓶中，加入 250mL 水溶解，将锥形瓶置于恒温水浴锅加热至 80℃ 恒温，用机械搅拌器搅拌，同时通 N_2 到溶液。称取 2.0g $FeCl_2 \cdot 4H_2O$，5.2g $FeCl_3 \cdot 6H_2O$，溶于 25mL 水中，再加入 0.85mL 浓盐酸得到溶液 A；将溶液 A 逐滴加入 NaOH 溶液中，加完后反应 0.5h，得到黑色 Fe_3O_4 悬浊物。冷却后，将其放在磁铁上磁分离，用蒸馏水洗 3 次，得到 Fe_3O_4 纳米材料。

2. Fe_3O_4@SiO_2 纳米材料的制备

将上述得到的 Fe_3O_4 分散到含有 200mL 蒸馏水的锥形瓶，置于 80℃ 恒温水浴，通氮气并搅拌下逐滴加入 40mL 1mol/L Na_2SiO_3；加完后再用 2mol/L 的 HCl 将溶液的 pH 值缓慢地调至 5 左右（约需要盐酸溶液 45mL，2h 加完），继续反应 3h 后，将材料用磁铁分离并用蒸馏水冲洗多次得到 Fe_3O_4@SiO_2 纳米材料。

3. Fe_3O_4@SiO_2-SH 纳米材料的制备

将合成的 Fe_3O_4@SiO_2 纳米材料分散到在 100mL 1mol/L 的 HCl 溶液中，在水浴恒温振荡器上 30℃ 下活化 12h，磁分离后用蒸馏水冲洗调节 pH 至中性；活化后的 Fe_3O_4@SiO_2 用 50mL 乙醇冲洗 3 次，随后用 20mL 的无水甲苯洗 2 次，然后将其分散到 100mL 的无水甲苯中；将悬浊液转移到一个烧瓶中，加入 10mL 巯丙基三乙氧基硅烷和几粒沸石；将混合物加热至微沸并回流反应 24h，反应完成后，将制得的 Fe_3O_4@SiO_2-SH 纳米材料用磁铁分离，之后依次用甲苯、乙醇和蒸馏水冲洗，最终得到的材料分散到 115mL 蒸馏水中，得到 50mg/mL 的吸附剂悬浮液。

4. 磁性固相萃取流程

将 Fe_3O_4@SiO_2-SH 悬浮液摇匀，取 2mL 分散到 500mL 水样中，搅拌使得吸附剂在溶液中均匀分散，将该悬浮液静置 5min 以便目标物达到吸附平衡。随后将烧杯置于磁铁上，进行磁分离。经过大约 10min，吸附剂被完全吸附到了容器底部，将上清液倒掉。准确加入 5mL 含 1% 硫脲的 0.5mol/L 的盐酸，振荡摇匀 20s，置于磁铁上分离后，将上清液用滴管取出。

5. 测定洗脱液中 Hg^{2+} 的浓度

采用原子荧光分光光度计测定洗脱液中 Hg^{2+} 的浓度，测定条件：0.1% KBH_4 溶液为还原剂，2% 盐酸为载流，高纯度的氩气为载气。利用标准曲线法测定洗脱液中 Hg^{2+} 的浓度，Hg^{2+} 的标准溶液浓度设为 0.1μg/L、0.2μg/L、0.5μg/L、1.0μg/L、2.0μg/L。

【实验结果与处理】

1. 在坐标系中以 Hg^{2+} 的浓度为横坐标，以测得的相应的荧光强度为纵坐标，绘制工作曲线。

2. 根据水样萃取之后洗脱液的荧光强度，在工作曲线上读出洗脱液中 Hg^{2+} 的浓度，并计算水样中 Hg^{2+} 的浓度和富集系数。

【思考题】

1. 为什么在磁性 Fe_3O_4 和 Fe_3O_4@SiO_2 纳米材料的制备过程中要通氮气？

2. 水体中常见钾、钙、钠等碱金属离子是否会影响巯基修饰磁性氧化铁对 Hg^{2+} 的吸附？

【参考文献】

[1] Zhang Y，Xu Q，Zhang S，et al. Separation and Purification Technology. 2013，116：391-397.

[2] 张媛媛．高分子包覆的磁性纳米材料的制备及其吸附分离性能研究．烟台：鲁东大学硕士论文，2014.

（张升晓）

实验 26　纳米金的制备及对 DNA 的比色检测

生物传感器（biosensor）是利用生物特异性识别过程来探测基因、抗体、病毒粒子、环境毒素、生物武器等的传感检测器，具有灵敏度高、选择性好、价格低廉、稳定性好、能在复杂的体系中进行快速在线连续监测等特点。长期以来一直受到众多研究者的高度重视。金纳米粒子（纳米金）是研究较早的一种纳米材料，具有良好的生物相容性、独特的光学特性和其他重要特性，使其在许多研究领域表现出潜在的应用价值。近 10 多年来纳米金探针在生物分析领域的研究得到迅速发展，并越来越受到相关研究领域的重视，成为生物分析化学的有力工具。本实验利用纳米金与 DNA 单、双链作用的差异和耐盐度的不同对 DNA 进行比色检测。

【实验目的】

1. 掌握纳米金的合成方法。

2. 学会 DNA 的分装、定量和保存方法。

3. 掌握纳米金比色检测 DNA 的原理和实验方法。

【实验原理】

生物检测技术在健康、安全、环境和新兴生物产业等领域中扮演着非常重要的角色。生物传感器由于具有特异性好、灵敏度高、准确简便、成本低等优点，在实时、原位、快速、高灵敏度和智能化生物检测等方面有良好的发展前景。生物传感器是利用生物特异性识别过程来探测基因、抗体、病毒粒子、环境毒素、生物武器等的传感检测器，生物识别部分主要包括 DNA 杂交、抗原-抗体、酶-底物、受体-配体等。纳米金由于具有良好的生物相容性、独特的光学特性和其他重要特性，使其在许多研究领域表现出潜在的应用价值。近二十年来，纳米金探针在生物分析领域的研究得到迅速发展，成为生物分析化学的有力工具。

纳米金能够区分单、双链 DNA 的主要原理在于单、双链在电荷分布、构象等的不同。由于单链 DNA（ssDNA）为一柔性结构，并且暴露在外面的碱基可以通过 Au-N 相互作用使单链 DNA 吸附在纳米金表面，通过提高纳米金表面的电荷密度可有效地提高纳米金在电解质中的稳定性。即柔软的单链 DNA 会吸附到金表面，对纳米金起到一定的保护作用，使纳米金能耐受较高的盐浓度。而双链 DNA（dsDNA）是刚性的，碱基被包在双螺旋内部，使氮（N）等对纳米金颗粒亲合性高的原子无法与金发生相互作用，不能保护纳米金，因此在提高电解质浓度后，纳米金就会发生聚集，宏观上呈现由红到蓝的颜色变化。整个检测过程只需 5min，不需借助仪器，且具有较高的灵敏度。这种检测方法具有简单、快速、操作简单等优点。纳米金识别单、双链 DNA 过程示意见图 26-1。

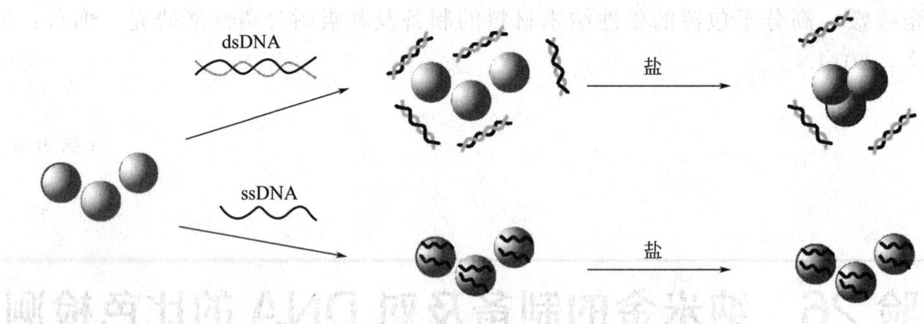

图 26-1　纳米金识别单、双链 DNA 过程示意

纳米金表面等离子体共振吸收常用来检测纳米金浓度、粒径和聚集状态。等离子体吸收峰的位置、形状与金纳米微粒的大小、形状、分散状态等密切相关。通常，最大吸收峰位置与微粒的粒径有关，吸收峰的波长越大，相应微粒的粒径也越大。金纳米微粒在粒径小于 33nm 时，吸收峰都在 522nm 左右，当粒径超过 33nm 时，吸收峰将逐渐红移；接近球形的微粒只在 520nm 附近有一吸收峰，非球形的微粒在长波长方向将出现第二个吸收峰；单分散金纳米颗粒的吸收峰峰形对称且半宽峰较窄，多分散金纳米颗粒则会在长波长方向出现吸收拖尾。13nm 纳米金溶液呈红色，在 520nm 处有特征的表面等离子体吸收。盐离子的加入会破坏金表面电荷斥力，造成纳米金不稳定，使纳米金聚集形成大颗粒，进而聚集成团，表现为溶液颜色由红变蓝，表面等离子体吸收红移。纳米金吸附单链后更加稳定，加入一定量盐离子不会引起聚集，表面等离子体共振吸收波长不变；而吸附双链会破坏纳米金颗粒间电荷斥力，加入等量的盐溶液颜色就会变蓝，表面等离子体共振吸收红移。

本实验主要是利用纳米金与 DNA 单、双链作用的差异和耐盐度的不同对 DNA 进行比色检测，并观察其紫外-可见吸收光谱的变化。考察其检测的灵敏度和选择性。

【仪器和试剂】

1. 仪器

紫外可见分光光度计，型号 UV-2550　　1 台；　　干燥箱　1 台；

集热式恒温加热磁力搅拌器(DF-101S) 1台； 电子天平 1台； 烧杯 2个；
三颈烧瓶（250mL） 1个； 冷凝管 1支； 搅拌子 1个；
容量瓶（100mL） 1个。

2. 试剂

氯金酸 分析纯； 柠檬酸三钠 分析纯；
重铬酸钾 分析纯； 浓硫酸 分析纯；
盐酸 分析纯； 硝酸 分析纯；
磷酸氢二钠 分析纯； 磷酸二氢钠 分析纯；
氯化钠 分析纯。

DNA 由大连 TaKaRa 生物工程有限公司合成（长度均为 25 个碱基的互补序列 DNA-1 和 DNA-2 和一条任意 25 个碱基的 DNA 序列 DNA-3）。

【实验步骤】

1. 13nm 纳米金的制备

（1）洗涤玻璃器皿。玻璃容器依次用铬酸洗液（浸泡 8h 以上，或用新鲜配制的王水浸泡 2h 以上）浸泡、自来水冲洗、MilliQ 水（超纯水）洗涤，烘干备用。

（2）将 100mL 的 0.01% $HAuCl_4$溶液加到 250mL 三颈烧瓶中，加热至剧烈沸腾后，剧烈搅拌下快速加入 1%柠檬酸三钠水溶液 3.5mL，继续加热搅拌 15min 后，停止加热并继续搅拌，室温自然冷却。用 0.22μm 滤膜过滤，4℃保存。

[注：氯金酸极易吸潮，对金属有强烈的腐蚀性，不能使用金属药匙，避免接触天平称盘，称量动作要快。实验用水一般 Nanopure 水（超纯水），实验室中要保持干净，浮尘颗粒要尽量少。]

2. DNA 的溶解、分装与保存

将 DNA-1、DNA-2 和 DNA-3 低速离心 0.5～1min，分别用 MiliQ 水溶解，配成浓度为 100μmol/L 的母液，冷冻分装（−20℃）。

3. ssDNA 在纳米金表面的吸附

3μL 20μmol/L 的 ssDNA 与 150μL 的 13nm 的纳米金混合后吸附 2～3min，加入不同体积的 PBS 溶液 [0.05mol/L PB（磷酸盐缓冲液），0.5mol/L NaCl，pH=8.0]，观察此溶液的耐盐度。此耐盐度为最高耐盐度。作为对照，向裸金中加入不同体积的 PBS 溶液（0.05mol/L PB，0.5mol/L NaCl，pH=8.0），观察裸金的耐盐度。此耐盐度为最低耐盐度。用相机记录溶液颜色。

4. 纳米金对 ds DNA 的耐盐度

将 DNA-1 和 DNA-2 等比例混合于杂交缓冲液（0.01mol/L PB，0.1mol/L NaCl，pH=8.0）中室温反应 30min，两个 DNA 的终浓度均为 20μmol/L。取 3μL 上述溶液与 150μL 的 13nm 的纳米金混合后吸附 2～3min，加入不同体积的 PBS 溶液（0.05mol/L PB，0.5mol/L NaCl，pH=8.0），观察此溶液的耐盐度。用相机记录溶液颜色。

5. DNA 浓度梯度检测

按照上述方法将 DNA-1 与不同浓度的 DNA-2 于杂交缓冲液中室温反应 30min，DNA-1 的终浓度固定为 20μmol/L。取 3μL 上述溶液与 150μL 的 13nm 的纳米金混合后吸附 2～3min，加入一定量盐（最高耐盐度与最低耐盐度之间），用相机记录溶液颜色；用 MilliQ 水将溶液稀释到1mL检测其紫外-可见吸收光谱。

6. DNA特异性反应

按照上述方法将DNA-1与随机序列DNA-3混合后室温孵育30min，取3μL上述溶液与150μL的13nm的纳米金进行比色反应，吸附2～3min，加入一定量盐，用相机记录溶液颜色；用MilliQ水将溶液稀释到1mL检测其紫外-可见吸收光谱。

【实验结果与处理】

1. 计算裸纳米金和加入单链DNA后纳米金的耐盐度。

2. 目视法观察不同浓度DNA时纳米金的颜色，用相机记录，并用紫外-可见吸收光谱进行表征。

【思考题】

为什么加入单链DNA后能够增强纳米金的耐盐度。

【参考文献】

[1] Li H X，Rothberg L J. Journal of the American Chemical Society. 2004，126(35)：10958-10961.

[2] Wang L，Liu X，Hu X，et al. Chemical Communications. 2006，(36)：3780-3782.

[3] Frens G. Nature-Physical Science. 1973，(241)：20-22.

（徐慧）

实验27 碳纳米管修饰电极的制备及对维生素C和维生素B_2的电催化检测

化学修饰电极（chemical modified electrode，CME）是通过化学修饰的方法在电极表面进行分子设计，将具有优良化学性质的分子、离子、聚合物固定在电极表面，造成某种微结构，赋予电极某种特定的化学和电化学性质，对所期望的反应进行高选择性响应，在提高选择性和灵敏度方面具有独特的优越性。碳纳米管（CNT）由于具有奇特的电学性能、明显的量子效应、大的比表面积、高稳定性以及强吸附特性而广泛用于化学修饰电极。本实验主要利用多壁碳纳米管修饰玻碳电极对维生素进行高灵敏度电催化检测。

【实验目的】

1. 了解化学修饰电极的原理、制备方法和检测方法。

2. 掌握电化学工作站的使用和注意事项。

3. 掌握碳纳米管修饰电极的制备及对维生素的电催化检测。

【实验原理】

化学修饰电极是由导体或半导体制作的电极，在电极的表面修饰上单分子的、多分子的、离子的或聚合物的化学物质薄膜，借Faraday（电荷消耗）反应而呈现出此修饰薄膜的化学的、电化学的以及（或者）光学的性质，是目前最活跃的电化学和电分析化学的前沿领域，可用于广谱性的基础电化学研究。它包括了非均相电子传递与电极表面的化学活性以及与电极表面静电现象之间的关系，也包括非均相电子传递与电子和离子在聚合物膜中的传输关系，可用于分析化学、生物电化学和传感器、电催化、化学敏感、能量转换和存储分子器件，电色显示以及电化学有机合成方面的电化学器件和体系的设计。碳纳米管是1991年由Iijima发现的一种新型碳材料，它是由碳六元环构成的类石墨平面卷曲而成的纳米级中空管，其中每个碳原子通过 sp^2 杂化与周围3个碳原子发生完全键合，各单层管的顶端有五边形或七边形参与封闭，具有奇特的电学性能、明显的量子效应、大的比表面积、高稳定性以及强吸附特性。碳纳米管根据其结构不同可分为单壁碳纳米管（single-walled carbon nanotubes，SWNT）和多壁碳纳米管（multi-walled carbon nanotubes，MWNT）。碳纳米管依据其原子结构不同，将表现为金属或半导体，这种独特的电子特性使得在把它制成电极时能促进电子的传递，是一种良好的电极材料。目前，CNT修饰电极在电分析化学中的应用已经成为一个研究热点。另外，利用碳纳米管对电极表面进行修饰时，由于其拥有纳米材料的大比表面积、粒子表面带有较多的功能基团的特性，从而对某些物质电化学行为产生特有的催化效应。

众所周知，维生素是常用药物，在人体内有重要作用。建立快捷方便的同时测定多种维生素的方法，具有良好的研究价值和潜在的应用价值。

本实验主要是用多壁碳纳米管修饰玻碳电极，利用CNT的电催化作用，用示差脉冲伏安法对维生素C和维生素 B_2 进行电催化同时检测。

【仪器和试剂】

1. 仪器

电化学工作站，型号CHI660D（上海辰华）；

电子天平	1台；	玻碳电极	1根；	铂丝电极	1根；
超声波清洗器	1台；	Ag/AgCl电极	1根；	红外灯	1台；
烧杯（100mL）	1只；	烧杯（25mL）	1只；	洗瓶	1个；
抛光布	1片。				

2. 试剂

丙酮	分析纯；	乙醇	分析纯；
三氧化二铝粉（0.3μm）	分析纯；	三氧化二铝粉（0.05μm）	分析纯；
浓盐酸	化学纯；	浓硫酸	化学纯；
浓硝酸	化学纯；	*N*,*N*-二甲基甲酰胺（DMF）	分析纯；
醋酸	分析纯；	醋酸钠	分析纯；
磷酸二氢钠	分析纯；	磷酸氢二钠	分析纯；
维生素 B_2	分析纯	维生素C	分析纯；
超纯水	18.25MΩ·cm；	多壁碳纳米管。	

【实验步骤】

1. MWNT修饰电极的制备

MWNT超声分散于混酸 $[V(H_2SO_4):V(HNO_3)=3:1]$ 中恒温回流2h，再加入浓盐酸恒温回流2h，离心分离所得沉淀，并用二次水洗至中性，烘干以便备用。玻碳（GC）电极分别用0.3μm和0.05μm的三氧化二铝粉在湿抛光布上打磨、抛光5min，再依次用丙酮、乙醇和亚沸水超声清洗 5min，氮气吹干后备用。称取 5.0mg 上述 MWNT 粉末超声分散于 10mL DMF 中，形成黑色备用液。用移液器取 10μL 上述悬浊液滴加在裸 GC 电极表面，红外灯下挥发掉溶剂即可得 MWNT 化学修饰电极。

2. 测定方法

在室温下，使用制得的 MWNT 修饰玻碳电极和裸玻碳电极为工作电极，铂丝电极为辅助电极，银/氯化银电极为参比电极（以下电位均相对该电极而言），在－0.8～0.7V 范围内，进行循环伏安测定。测试前电解池通入高纯氮气除氧 15～20min，以消除氧气对测定结果的影响。

（1）pH 值的影响

保持维生素 B_2 浓度为 0.01mmol/L，维生素 C 浓度为 0.20mmol/L，改变缓冲体系，即改变 pH 值，在 pH 为 3.5～7.5 范围内对维生素 B_2 和维生素 C 进行循环伏安（CV）测定。选择电流最大、峰形最好的 pH 值即为最佳 pH。

（2）扫描速度的影响

保持维生素 B_2 浓度为 0.01mmol/L，维生素 C 浓度为 0.20mmol/L，在 0.01～1.00V/s 内改变扫描速度进行 CV 分析，综合信噪比选择测定的扫描速度。

（3）维生素 B_2 和维生素 C 的线性范围及检出限

在上述扫描速度和最佳 pH 值下，测定维生素 B_2 和维生素 C 的线性范围及检出限。

（4）干扰实验

保持维生素 B_2 浓度为 0.01mmol/L，维生素 C 浓度为 0.20mmol/L，在最佳 pH 值和扫描速度下，加入常见的干扰物质测试方法的选择性。

（5）实际样品检测

取维生素 C 和维生素 B_2 药片，溶解后测量，并与标准值进行比较。

【实验结果与处理】

1. 做峰电流-pH 曲线，寻找测定的最佳 pH。

2. 观察峰电流随扫描速度变化曲线，寻找最佳扫描速度。

3. 在最佳扫描速度和 pH 值下，将维生素 B_2、维生素 C 的峰电流对浓度进行线性回归，得到维生素 B_2 和维生素 C 的线性范围及检出限。

4. 保持维生素 B_2 浓度为 0.01mmol/L，维生素 C 浓度为 0.20mmol/L，在最佳 pH 值和扫描速度下，加入常见的干扰物质测试方法的选择性（允许误差±5%）。

5. 对实际样品进行检测并将检测结果与标准值进行比较。

【常见问题及解决方法】

1. 仪器的电源应采用单相三线，其中地线应与大地连接良好。地线的作用不但可起到机壳屏蔽作用以降低噪声，而且也是为了安全，不致由漏电而引起触电。

2. 仪器不宜时开时关，但晚上离开实验室时建议关机。

3. 使用温度 15～28℃，此温度范围外也能工作，但会造成漂移和影响仪器寿命。

4. 电极夹头长时间使用造成脱落，可自行焊接，但注意夹头不要和同轴电缆外面一层网状的屏蔽层短路。

5. 常用的软件命令，都在工具栏上有相应的键。执行一个命令只需按一次键。这可大大提高软件使用速度。

【思考题】

为什么碳纳米管修饰电极能够提高电化学分析的灵敏度？

【参考文献】

[1] Iijima S. Nature，1991，354：56-58.

[2] Britton P J，Santhanam K S V，Ajayan P M. Bioelectrochem Bioenerg，1996，41：121-125.

[3] Rubianes M，Rivas G. Electroanal，2005，17：73-78.

[4] 向伟，李将渊，马曾燕．分析科学学报，2007，23(4)：437-440.

（徐慧）

实验 28　化学发光材料的合成、表征和性能研究

过氧草酸酯类化学发光体系的组分包括一种二芳基草酸酯，一种氧化剂通常为过氧化氢，这两者之间通过发生化学反应，生成一种双氧基中间体储能物质；一种荧光剂，通常为线性稠合芳烃，如蒽的衍生物。在发生化学反应的条件下，这种荧光剂的分子结构保持不变，其作用只是转移化学能量和发射荧光；一种或多种溶剂，如邻苯二甲酸二甲酯、邻苯二甲酸二丁酯、叔丁醇等；以及一些抗氧化剂和增强发光效率的催化剂、添加剂等。通常，可将这些组分分组置装于两个或多个容器中，使用时，只要将它们混合，即可发光。过氧草酸酯类化学发光体系有四种要素化合物，即荧光剂、草酸酯、过氧化氢、催化剂。体系中由草酸酯和过氧化氢反应，放出的化学能经荧光剂分子吸收后再转化为光能释放出去。这种发光体系除了能用于制造各种冷光源外，还广泛应用于各类化学发光分析。本综合实验介绍一种高效荧光剂的合成，即双(2,4,6-三氯苯基)草酸酯的合成。该草酸酯具有发光强度高、成本较低的优点，是用量较大的一类草酸酯。

【实验目的】

1. 掌握草酸酯类化学发光材料双(2,4,6-三氯苯基)草酸酯的合成方法。
2. 熟练运用熔点仪，IR、UV 光谱仪进行结构表征。
3. 掌握过氧草酸酯类发光材料的发光原理。

【实验原理】

1. 合成原理

双(2,4,6-三氯苯基)草酸酯的合成原理如下：

OH（苯酚） $\xrightarrow[\text{盐酸，}30\%H_2O_2]{MgCl_2\cdot 6H_2O}$ 2,4,6-三氯苯酚（OH；Cl，Cl，Cl） $\xrightarrow[Cl—\overset{O}{\overset{\|}{C}}—\overset{O}{\overset{\|}{C}}—Cl]{Et_3N\text{，甲苯}}$ Cl,Cl,Cl-苯基—O—$\overset{O}{\overset{\|}{C}}$—$\overset{O}{\overset{\|}{C}}$—O—苯基-Cl,Cl,Cl

2. 发光原理

化学发光（chemiluminescence）是指在室温条件下将化学反应能量转化为光能的反应

过程，它是由高能量、不放热、不做电功或其他功的化学反应所释放的能量激发体系中某种化学物质分子所产生的次级光发射。

化学发光的类型有：①自身反应能量激发产物分子的化学发光；②激发中间体能量传递的化学发光；③光解化学发光；④电化学化学发光；⑤火焰化学发光；⑥相间化学发光。

化学发光的原理有：双氧基化合物分解型化学发光，单重态氧生成型化学发光及电子转移型化学发光。

过氧草酸酯类化学发光激发荧光机理属双氧基化合物分解型化学发光，化学发光效率高，适合做化学光源，又由于其具有较高的灵敏度和宽的线性响应范围，因而在发光分析方面也有所应用。

化学发光效率：1mol 分子发生化学发光反应如能产生 1mol 光子则化学发光效率为 100%。

发光过程：

(1) 过氧化氢对草酸酯羰基亲核进攻，生成能产生高能量的双氧基环状中间体二氧杂环丁二酮。

(2) 中间体分解，将能量传递给受体荧光剂分子，使之处于激发状态。

(3) 激发态分子从激发单重态至基态，释放光子即发出荧光。

$$\mathrm{ArO{-}C(=O){-}C(=O){-}OAr} + H_2O_2 \longrightarrow 2ArOH + \left[\begin{array}{c} O{=}C{-}C{=}O \\ |\quad\ | \\ O{-}O \end{array}\right]$$

$$\left[\begin{array}{c} O{=}C{-}C{=}O \\ |\quad\ | \\ O{-}O \end{array}\right] + \text{荧光剂分子(基态)} \longrightarrow 2CO_2 + \text{荧光剂分子(激发态)}$$

$$\text{荧光剂分子(激发态)} \longrightarrow \text{荧光剂分子(基态)} + \text{光子}$$

3. 影响因素：荧光剂、草酸酯、过氧化氢、催化剂

(1) 荧光剂的影响

荧光剂的影响是最重要的影响因素。

① 荧光剂的化学发光激发荧光光谱与其一般荧光光谱相似。因此选定荧光剂的荧光颜色就决定了体系化学发光的颜色。一般来说荧光分子的共轭体系越长，发光也从蓝色到红色向长波方向移动。

② 荧光剂荧光量子产率对化学发光激发荧光效率影响很大。目前化学光源中使用的几乎都是蒽的二(苯乙炔基）取代物及二苯基取代物系列荧光剂（荧光量子产率多在 85%以上，至少也在 60%），色谱范围覆盖了从紫色到红色的整个可见光范围。

③ 荧光剂在体系中的浓度及稳定性。有一适当范围，一般在 $10^{-4}\sim10^{-2}$ mol/L。浓度太大易引起浓度猝灭，太小则光强不足。

(2) 草酸酯与过氧化氢反应的影响

① 发光强度和寿命是化学光源的重要特征。

② 草酸酯与过氧化氢反应为发光提供能量，也是整个发光反应的控制步骤，因此发光强度和寿命与草酸酯本身性质有关，也与反应速率有关。所以可以通过选择草酸酯的种类及加入添加剂调节反应速率来有效地调节发光强度与发光寿命之间的关系。

③ 草酸酯的性质：苯环上吸电子取代基有利于发光反应。

A. 双(2,4-二硝基苯基)草酸酯［图 28-1(a)］与过氧化氢和红荧烯组成的化学发光体系其化学发光激发荧光效率高达 23%，是效率最高的非生物化学发光之一。但是它的缺点是稳定性差，溶解度低，易引起浓度猝灭。

B. 本实验合成的目标产物［图 28-1(b)］稳定性较好（其他方面同 A)。二者的优点是合成方便、成本低、发光强度高、发光动力学曲线尖锐，因此适用于化学发光分析，较少用于制造化学光源。

C. 在目标化合物的结构上增加一个较长的碳链，如双(2,4,5-三氯-6-羰正丁烷氧基苯基)草酸酯［图 28-1(c)］、双(2,4,5-三氯-6-羰异戊烷氧基苯基)草酸酯、二者的稳定性和溶解度都较好，发光强度与寿命都较高，宜于制造化学光源。目前市售发光棒多采用这两种草酸酯。

D. 化合物双(2,4-二氯-6-羰正丁烷氧基苯基)草酸酯［图 28-1(d)］、双(2,4-二氯-6-羰异戊烷氧基苯基)草酸酯比 C 项所示化合物分别少两个氯，其发光强度相对较低，发光寿命较长，用于制造低强度长寿命的发光装置。

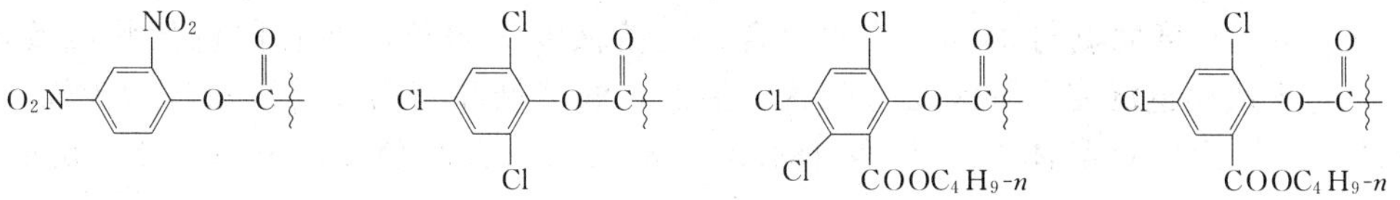

(a)　(b)　(c)　(d)

图 28-1　苯环上取代基对发光性质的影响

(3) 各组分浓度配比与添加剂的影响

草酸酯与过氧化氢反应配比为 1∶1。在化学光源中过氧化氢稍过量（草酸酯价格高，过氧化氢易分解）过量太多则发光寿命和发光效率均较低。实际发光棒中草酸酯的浓度为 0.01～0.3mol/L；弱碱性物质水杨酸的碱金属盐、胺类等存在会加快反应速率，但将导致发光寿命降低，发光强度增大（催化作用)。而酸性物质（草酸、邻苯二甲酸）的加入对反应有抑制作用，使光能量以较平缓的趋势长时间地释放。

(4) 其他影响因素

其他影响因素有温度、猝灭剂、溶剂等。

【仪器和试剂】

1. 仪器

显微熔点测定仪	MP120 型；	紫外光谱仪	UV2550 型；	红外光谱仪	MAGNA550 型；
带机械搅拌或磁力搅拌反应装置	1 套；	电子天平	1 台；	真空干燥箱	1 台；
抽滤装置	1 套；	烧杯（100mL)	5 个；	布氏漏斗	1 个；
大试管或锥形瓶(50～100mL)	15 个；	水循环真空泵	1 台。		

2. 试剂

2,4,6-三氯苯酚	分析纯；	草酰氯	分析纯；
甲苯	分析纯；	邻苯二甲酸二甲酯	分析纯；
三乙胺	分析纯；	石油醚	分析纯；

双氧水	分析纯；	水杨酸钠	分析纯；
罗丹明 B	分析纯；	苝、红荧烯	分析纯。

【实验步骤】

1. 合成

（1）以甲苯作溶剂

装好反应装置（安装尾气吸收装置）。在 250mL 三颈瓶中，加入 5g(25mmol) 2,4,6-三氯苯酚、40mL 甲苯，再加入 1.8g(2.5mL) 三乙胺。2.8g(1.9mL) 草酰氯溶于 3mL 甲苯，室温下 5～10min 滴入三颈瓶中，搅拌 2h。冷却，抽滤，水洗，干燥，石油醚重结晶，得白色晶体。称重（文献值：熔点 186～188℃，收率 90%）。

（2）以苯做溶剂

在 250mL 三口烧瓶中，加入 10g(0.05mol) 2,4,6-三氯苯酚，140mL 苯，蒸馏。当 T=70℃时，有苯和水的共沸物蒸馏出。至馏出液不再浑浊，蒸馏出大约 15mL 液体。冷却至室温，搅拌下加入 8.5mL(0.06mol) 三乙胺，溶液由浅黄色变为墨绿色。于 30min 滴加 2.5mL(0.03mol) 草酰氯与 10mL 苯的混合液，溶液变为褐色，并有白色絮状沉淀出现。反应约 2h，生成褐色沉淀，溶液变为胶状。抽滤，滤液循环套用，滤饼水洗后干燥，用石油醚重结晶，得到白色晶体 9g，熔点 184.8～185.3℃（文献值 186～188℃），收率 80%（文献值 90%）。

2. 样品测试与结构表征

测量产品的熔点、紫外光谱和红外光谱数据并记录。

3. 发光试验

发光试验溶液配比如下：

A 液：草酸酯 0.4g＋邻苯二甲酸二甲酯 10mL＋荧光染料 2mL。

B 液：水杨酸钠 0.01g＋双氧水 2mL＋邻苯二甲酸二甲酯 8mL。

将 A、B 液混合后振摇，置于黑暗处观察。

荧光染料需做苝（或红荧烯）和罗丹明 B。

【实验结果与处理】

1. 记录发光颜色、强度、时间。
2. 分析 IR、UV 谱图，表征草酸酯类化学发光材料化合物结构特征。
3. 剩余样品回收。

【常见问题及解决方法】

1. 反应有氯化氢放出，需要安装尾气吸收装置，水吸收或稀碱液吸收。

2. 草酰氯具有高毒性和腐蚀性，能严重刺激眼睛、皮肤和呼吸道。严禁与湿气接触，草酰氯可以和水剧烈反应放出有害气体 CO、CO_2 和 HCl。

【思考题】

1. 双(2,4,6-三氯苯基)草酸酯的发光原理是什么？
2. 影响发光的影响因素主要有哪些？
3. 了解其它类型的发光反应和发光原理，在现实生活中有哪些发光现象和具体应用？

【参考文献】

[1] 李斌，苗蔚荣，程侣柏．精细化工，1997，14（6）：37-38.

[2] 胥敏．过氧草酸酯类化合物的合成及其发光体系的应用，硕士论文：北京工商大学，2007.

[3] Dowd C D，Paul D B. Australian Journal of Chemistry，1984，37（1）：73-86.

附：发光材料背景知识

过氧草酸酯类化学发光体系最早发现于20世纪60年代，当时美国贝尔电话研究所的Chandross在进行氯化草酸酯与过氧化氢反应实验时，发现在苯等有机溶剂中会发出微弱的蓝色光，这一反应体系中加入蒽等荧光物质时，可以观察到明显的发光现象，并命名为过氧草酸酯类化学发光（peroxyoxalate chemiluminescence，简称POCL）。20世纪70年代美国碳氰（American Cyanamide）公司Rauhut等发现了比氯化草酸更为稳定的草酸酯也同样具有发光现象。Rauhut等研究的主要目的是开发应急光源，并称之为"化学光源"（chemical light），草酸酯从此开始实际应用，随后开始研制和开发发光棒，最初主要用于军事目的，后来逐渐转入民用。1994年广岛亚运会闭幕式上也使用了绿色发光棒。美国、日本等的一些公司开发生产的具有多种用途的发光棒，发光首饰如手镯、项圈、耳坠和眼镜框等，都采用了这类草酸酯发光体系。

1. 化学发光简史

1962年，《细胞和比较生理学杂志》报道，发光蛋白水母素（10000：5mg）。

1963年，《科学》杂志报道钙和水母素发光的关系。

1967年，Ridgway和Ashley第一个有空间分辨能力钙检测方法。

1974年，纯化得到绿色荧光蛋白GFP。

马丁•沙尔菲：绿色的细菌和线虫

1988年，"何不让它走出水母，到其他生物中去发光?"

1992年，大肠杆菌被神速地变成了"绿色荧光蛋白生产车间"，产量颇高以至于细胞在日光下就呈绿色。

线虫：整条虫仅有的6个触觉感受细胞开始"生产"绿色荧光蛋白，在紫外光的照射下，这6个细胞在蠕动的小虫体内就好像用荧光笔描画出来了一样。

钱永健是和下村修研究相关的一位重要科学家，在成像技术中的两项重要工作为

钙染料：1980年，检测钙离子浓度；

GFP：1994年，改进发光强度，发光颜色（发明变种，多种不同颜色），发明应用方法，阐明发光原理。

普拉舍（Douglas Prasher）：发明生物示踪分子。

1985年和日裔科学家Satoshi Inouye独立根据蛋白质顺序拿到了水母素的基因。

1992年成功分离出绿色荧光蛋白基因并发表了相关研究成果。科学家可以借此追踪感染癌症等疾病的细胞的内部变化。

2. 2008年度诺贝尔化学奖

日本科学家下村修、美国科学家马丁•沙尔菲和美籍华裔科学家钱永健因在发现和研究绿色荧光蛋白方面做出的贡献而分享2008年的诺贝尔化学奖。

当年80岁的下村修出生于日本京都府，1960年获得名古屋大学理学博士学位后赴美，先后在美国普林斯顿大学、波士顿大学和伍兹•霍尔海洋生物实验所工作。他1962年从一种水母中发现了荧光蛋白，被誉为生物发光研究第一人。

马丁•沙尔菲当年61岁，美国哥伦比亚大学生物学教授，他获奖的主要贡献在于向人们

展示了绿色荧光蛋白作为发光的遗传标签的作用，这一技术被广泛运用于生理学和医学等领域。诺贝尔奖评审委员会说，这种蛋白已经成为同时代生物科学研究最重要的工具之一。

钱永健1952年出生于美国纽约，现为美国加州大学圣地亚哥分校生物化学及化学系教授、美国国家科学院院士、国家医学院院士，2004年沃尔夫奖医学奖得主。钱永健的主要贡献在于利用水母发出绿光的化学物来追查实验室内进行的生物反应，他被认为是这方面的公认先驱。

3. 代表性的化学发光反应

化学发光反应区别于其他化学反应的特点在于，化学反应中释放的能量不是全部以热能的形式散耗掉，而是其中部分能量产生了光子，以光的形式释放出来。可见光的光子能量在167～300kJ/mol之间，因此产生化学发光的一个必要条件就是反应必须能产生不低于167kJ/mol的能量。氧化反应的自由基变化常常可以满足这一要求，因此大多数化学发光反应都与氧、过氧化物等氧化剂有关。

已知的化学发光反应有很多，其中除了前面详细介绍的过氧草酸酯类化学发光外，研究较多的，有一定代表性的有以下一些化学发光反应。

(1) 鲁米诺类(Luminol)化学发光

鲁米诺(3-氨基苯二甲酰肼)的化学发光反应早在1928年即为人们所发现。已经证明很多酰肼都有化学发光性能。鲁米诺的结构及推测的化学发光历程如下图所示：

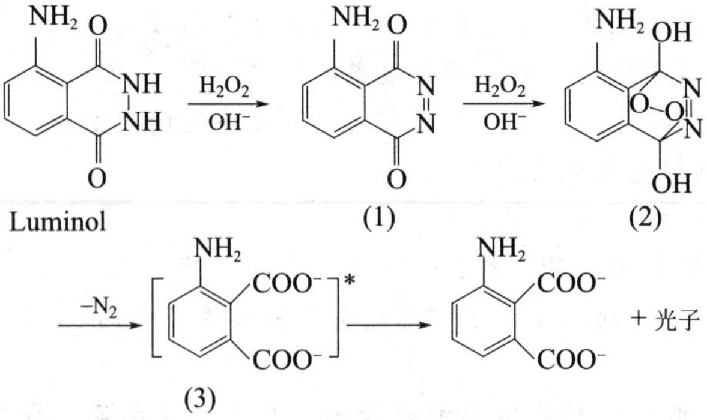

Luminol (1) (2)

(3) + 光子

鲁米诺化学发光反应的机理虽经多年研究，取得了一定进展，但仍然不完全清楚，比较认同的机理为：鲁米诺分子先在碱性溶液中生成叠氮醌(1)，后者再与过氧化氢作用生成一种不稳定的六元环过氧化物(2)，然后再转化为激发态的氨基邻苯二甲酸根离子(3)，其跃迁回基态时发光(分子式上标有*表示分子处于激发态，以下同)。鲁米诺化学发光发生在425nm附近。

(2) 洛汾碱(Lophine)化学发光

洛汾碱，即2,4,5-三苯基咪唑(2,4,5-triphenylimidazole)在碱性条件下被过氧化氢(H_2O_2)等氧化剂氧化时可发出波长为530nm的光。可能的机理为洛汾碱经氧化后先生成过氧化物(4)，过氧化物重排生成一种双氧基化合物(5)，后者分解后发光，见下图。

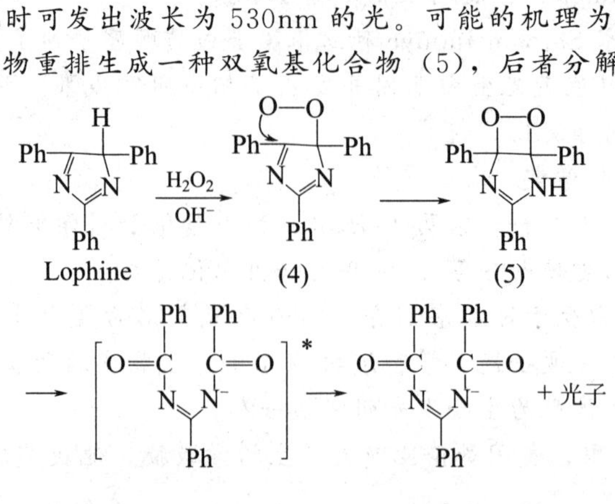

Lophine (4) (5)

+ 光子

(3) 光泽精 (Lucigenin) 化学发光

光泽精，即 N,N-二甲基二吖啶硝酸盐 (bis-N-methylacridinium nitrate) 在碱性条件下被过氧化氢氧化时可发出 470nm 的光。推测机理如下：

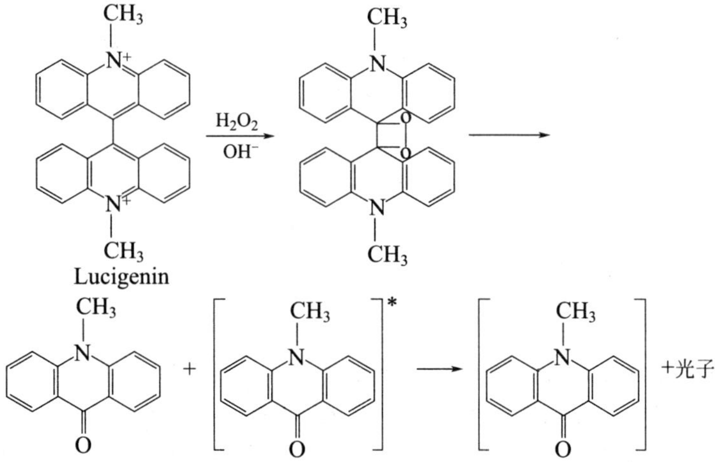

Lucigenin

以上三种化学发光反应在机理上均属于双氧基化合物分解型化学发光。

(4) 芳香族游离基离子的电致化学发光

电致化学发光 (electrogenerated chemiluminesence，简称 ECL)，是通过电解产生的氧化还原产物之间或与体系中某种组分进行化学反应而发光的过程。它的能量转化方式为：先由电能转化为化学能再转化为光能。

ECL 的机理为：多环芳烃的自由基阴离子与其自由基阳离子作用发生电子转移，常常产生激发态的中性分子。以 ECL 中常见的 9,10-双苯基蒽 (9,10-diphenylanthracence，简称 DPA) 为例，在 1.2V 或－2.1V 电压下，DPA 发生下列反应：

$$DPA + e^- \longrightarrow DPA^{\cdot -} \text{（游离基阴离子）}$$

$$DPA - e^- \longrightarrow DPA^{\cdot +} \text{（游离基阳离子）}$$

当将约 200Hz 以下的方波电压加到电极上，电极上依次产生游离基阴离子和游离基阳离子。这一过程在很短时间内交替进行，生成的游离基阴离子和游离基阳离子在电极附近的溶液中发生下列反应：

$$DPA^{\cdot +} + DPA^{\cdot -} \longrightarrow DPA^* + DPA$$

$$DPA^* \longrightarrow DPA + \text{光子}$$

即生成激发态的 DPA 分子，其跃迁回基态时发光。

ECL 在机理上属于电子转移型化学发光。

(5) 单线态氧生成型化学发光

在碱性溶液中用氯气氧化过氧化氢时，可生成单线态氧，后者可发出红色辉光。反应式如下：

$$H_2O_2 + Cl_2 \longrightarrow HCl + O_2^*$$

$$O_2^* \longrightarrow O_2 + \text{光子}$$

如果有适当能级的有机物共存时，就有可能发生从单线态氧分子的能量转移，从而观察到敏化的化学发光。

(6) 生物化学发光

生物化学发光在自然界广泛存在，在海洋生物中尤为常见。

生物化学发光的发生有三要素：荧光素 (Luciferin)、荧光素酶 (Luciferase) 及氧分子。不同发光生物体中的荧光素和荧光素酶结构差别很大。在此仅举例说明萤火虫体内的生物化学发光反应，发光历程见下图：

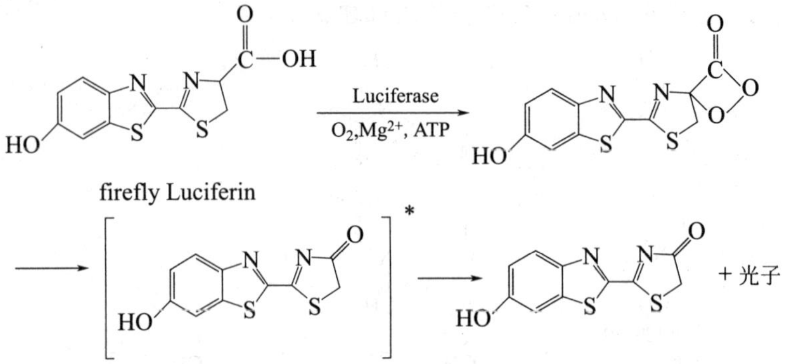

Luciferase
O_2,Mg^{2+}, ATP
firefly Luciferin
+光子

（7）其他化学发光反应

除上述较常见化学发光反应外，还有被用于高锰酸根离子测定的硅氧烯化学发光、多羟基芳香族化合物在碱性介质中被氧化时的化学发光、Xanthone 类染料的化学发光等。另外，除了以上各类液相化学发光外，气相化学发光也得到了深入研究，并已用于空气污染监测。

（刘刚）

实验 29　稀土氧化物陶瓷制备及电性能的测定

热电材料是一类通过固体内部载流子运动实现热能与电能之间直接转换的特殊功能材料，也称为温差电材料。由其制成的热电器件可用于温差发电和制冷。与其他发生装置相比，热电器件具有结构简单、体积小、工作时绿色环保、超静音、零磨损、无运动部件、可靠性高等优点，因此，热电材料在节能、环保等领域有十分重要的应用背景。$Ca_2Co_2O_5$是一种典型的层状过渡金属氧化物热电材料。$Ca_2Co_2O_5$属于单斜晶系，在$Ca_2Co_2O_5$晶体中，由两种不同形式的 Co-O 层沿 c 轴方向交替堆砌，一层由一个中心 Co 原子外加 6 个环绕的 O 原子组成的八面体共棱连接而成；另一层由 Ca-Co-O 形成岩盐结构，即Ca_2CoO_3层。这种“三明治”式的层状结构使$Ca_2Co_2O_5$同时具有低热导率和电阻率。在$Ca_2Co_2O_5$掺杂 Nd 元素，可以进一步提高其热电性能。

【实验目的】

1. 掌握熔盐法制备$Ca_{2-x}Nd_xCo_2O_5$热电材料的工艺流程。
2. 掌握粉末常温压片技术。
3. 了解直流四探针法测试材料电阻率的原理。
4. 掌握电性能综合测试系统的工作原理及使用方法。

【实验原理】

1. 熔盐法合成原理

熔盐法是一种在较低的反应温度下和较短的反应时间内制备纯净的粉体的简便方法。所谓熔盐法，即将盐与反应物按照一定的比例配制反应混合物，混合均匀后，加热使盐熔化，反应物在盐的熔体中进行反应，生成产物，冷却至室温后，以去离子水清洗数次以除去其中的盐得到产物粉体。在熔盐法中，盐的熔体起到了溶剂和反应介质的作用。

2. 四探针法测试材料电阻率的原理

$Ca_{2-x}Nd_xCo_2O_5$是一种半导体材料，半导体电阻的测试常采用四探针法（图 29-1）。这种方法测试时使用四根金属探针同时与样品表面接触，通过恒电流源给其中两根探针（如 1、4）通以小电流使样品内部产生电压降，并以高输入阻抗的直流电位差计或数字电压表来测试其他的两根探针的电压，然后计算材料的电阻率。用公式表示如下：

$$\rho = KU_{23}/I \tag{29-1}$$

式中，U_{23}为 2、3 两探针间的电压；K 为该测法的探针系数，cm。

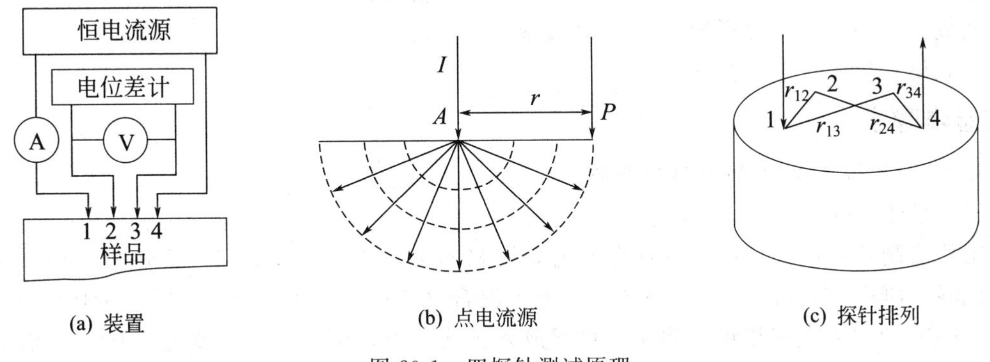

(a) 装置　(b) 点电流源　(c) 探针排列

图 29-1　四探针测试原理

设有一均匀的半导体试样（如图 29-2 所示），其尺寸与探针间距相比可视为无限大，探针引入点电流源的电流强度为 I。因均匀导体内恒定电场的等位面为球面，故在半径为 r 处等位面的面积为 $2\pi r^2$，则电流密度为 $j=I/2\pi r^2$。由欧姆定律的微分形式可得电场强度为 $E=j/\sigma=j\rho=I\rho/2\pi r^2$，因此，距点电荷 r 处的电位为 $V=I\rho/2\pi r$。

显然，半导体内各点的电位应为电流探针分别在该点形成电位的矢量和。通过数学推导可得四探针测试电阻率的普遍公式：

$$\rho = 2\pi(1/r_{12}-1/r_{24}-1/r_{13}-1/r_{34})^{-1}U_{23}/I \tag{29-2}$$

式中，$K=2\pi(1/r_{12}-1/r_{24}-1/r_{13}-1/r_{34})^{-1}$为探针系数；$r_{12}$、$r_{24}$、$r_{13}$、$r_{34}$分别为相应探针的间距。

若四探针处于同一平面的同一直线上，其间距分别为 S_1、S_2、S_3，则上式可写成：

$$\rho = 2\pi[1/S_1-1/(S_1+S_2)-1/(S_2+S_3)-1/S_3]^{-1}U_{23}/I \tag{29-3}$$

而当 $S_1=S_2=S_3=S$ 时，上式可简化为：

$$\rho = 2\pi SU/I \tag{29-4}$$

这就是常用的直流等间距四探针法测电阻率的公式。

实验中的样品及接线方式如图 29-2 所示。

【仪器和试剂】

1. 仪器

玛瑙研钵	1 个；	真空干燥箱	1 台；	电性能综合测试系统	1 台；
电子天平	1 台；	超声波清洗器	1 台；	中温箱式电阻炉	1 台；
高速离心机	1 台；	差热分析仪	1 台；	离心管（10mL）	5 只；
烧杯（100mL）	2 个；	烧杯（50mL）	3 个。		

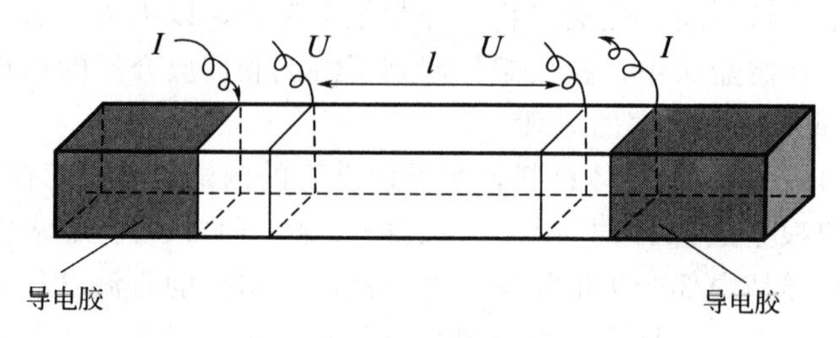

图 29-2 样品接线示意图

2. 试剂

碳酸钙	分析纯；	氯化钙	分析纯；
四氧化三钴	分析纯；	硝酸银	分析纯；
三氧化二钕	分析纯。		

【实验步骤】

1. $Ca_{2-x}Nd_xCo_2O_5$热电材料的制备

(1) 粉体合成

熔盐法制备$Ca_{2-x}Nd_xCo_2O_5$的工艺流程如图 29-3 所示，$CaCO_3$、Nd_2O_3和Co_3O_4按计量比混合研磨 30min，再与无水$CaCl_2$进行混合（$CaCO_3$与$CaCl_2$的物质的量比为 1∶1），研磨 30min 后置入刚玉坩埚。将刚玉坩埚放入箱式炉中，调节烧结温度为 700℃，烧结时间为 6h。烧结产物冷却后用热蒸馏水进行反复洗涤并过滤（超声波清洗 1～2 次），直至滤液中检测不出Cl^-为止（用$AgNO_3$溶液检测）。将得到的沉淀放入 80℃电热鼓风干燥箱中烘干，得到$Ca_{2-x}Nd_xCo_2O_5$粉体。

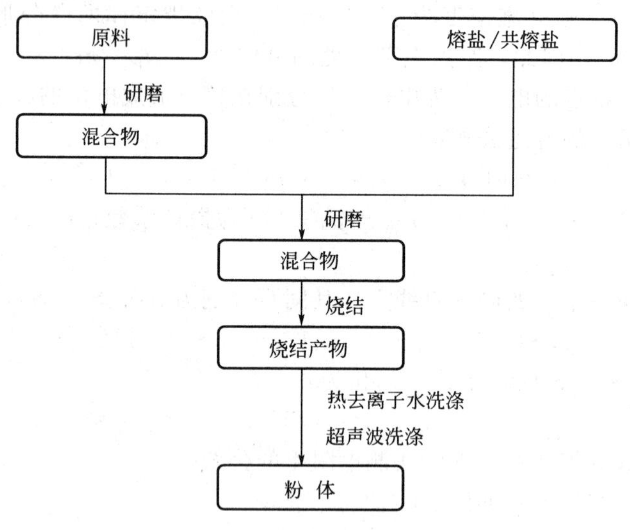

图 29-3 熔盐法工艺流程图

主要反应如下：

$$CaCO_3 \longrightarrow CaO + CO_2 \uparrow$$

$$CaO + Co_3O_4 + xNd_2O_3 \longrightarrow Ca_{2-x}Nd_xCo_2O_5$$

(2) 块体制备

将得到的$Ca_{2-x}Nd_xCo_2O_5$粉体导入玛瑙研钵中研磨 10min（研磨过程中加入少量的丙

酮），然后装入长条形模具中（规格为 3mm×3mm×20mm）。将模具放到粉末压片机上进行压片，压力为 10MPa，保压时间为 5min。退模后得到外观平整、黑亮有光泽、坚硬、无裂纹的 $Ca_{2-x}Nd_xCo_2O_5$ 块体材料。

2. $Ca_{2-x}Nd_xCo_2O_5$ 块体的电阻率测试

（1）样品连接

按照图 29-2 对样品进行连线。先用 3mm 的短银丝与样品相连，电流引线外侧的样品表面均匀涂上导电胶，银丝与样品表面的接触位置也涂上导电胶，然后将样品与管式炉内的铂丝及数据线相连。

（2）管式炉控温控程序调节

打开管式炉电源开关，同时按下“mode”和△键，分别选择 1、2、3 控制阶段，设定每段温度。同时按住△和▽键 3s，直到表上显示“Proc”，调节各段的控温时间。调节后的控温程序为：第一阶段 0～800℃，升温时间 180min；第二阶段 800℃，恒温时间 30min；第三阶段 800～0℃，降温时间 45min。

（3）测试

检测仪器 KEITHLEY 2700、KEITHLEY 2400 和加热装置电路工作状态，预热 10min 以上，检查保护气氛连接状况，确保无漏气现象，确认接通保护气氛。打开测试程序软件及测试所用仪表，设置工作参数，启动加热装置。打开电脑桌面的电阻率测试程序，选择“Mode=Run”，系统自动测试。

测试结束后，将仪表、保护气阀门关闭。实验结束后，做好实验记录。

实验记录与数据处理

1. 实验记录

实验过程及结果记录在表 29-1 中。

表 29-1　实验记录

时　间	所进行的操作	现　象	备　注

2. 电阻率测试结果分析

电阻率测试结果列于表 29-2 中。根据公式 $\rho=SR/l$（其中，S 为样品横截面积；l 为电压探针间距离）将电阻值换算成电阻率，并绘制 ρ-T 曲线。

表 29-2　电阻率测试结果与分析

序　号	时间 t/s	温度 T/℃	电阻 R/Ω	电阻率/Ω·cm
1				
2				
3				
…				

【常见问题及解决方法】

1. 压好的样品高温处理时，升温速率不宜过快，以免样品表面“脱皮”，一般升温速率不超过 4℃/min。

2. 将样品引出的数据线连接到 KEITHLEY 2700 时，必须关掉仪器电源，以免电击，发生危险。

3. 在管式炉的控温设定中，除了提到的有关时间、温度的参数外，禁止改变其他参数；在电脑远程控制中，禁止改变已有的“Conductance Test”程序。

【思考题】

1. 什么是热电材料，如何评价材料的热电性能？

2. $Ca_2Co_2O_5$晶体具有什么结构特征，该特征为何有利于热电性能的提高？

3. 熔盐法具有哪些优、缺点？合成中 $CaCO_3$的作用是什么？

4. 四探针的基本原理是什么？样品表面为什么要涂导电胶？

【参考文献】

[1] Pei J，Chen G，Lu D Q，et al. Solid State Communications，2008，146：283-286.

[2] Pei J，Chen G，Lu D Q，et al. Journal of Rare Earths，2007，25：395-398.

（金仁成）

实验 30 药物辅料羟丙基 β-环糊精的制备及应用

环糊精（cyclodextrin，简称 CD）是直链淀粉在由芽孢杆菌产生的环糊精葡萄糖基转移酶作用下生成的一系列环状低聚糖的总称，通常含有 6～12 个 D-吡喃葡萄糖单元。其中研究的较多并且具有重要实际意义的是含有 6 个、7 个、8 个葡萄糖单元的分子，分别称为 α-、β-和 γ-环糊精。根据 X 射线晶体衍射、红外光谱和核磁共振波谱分析的结果，确定构成环糊精分子的每个 D(+)-吡喃葡萄糖都是椅式构象。各葡萄糖单元均以 1,4-糖苷键结合成环。由于连接葡萄糖单元的糖苷键不能自由旋转，环糊精不是圆筒状分子而是略呈锥形的圆环，如图 30-1 所示。

由于环糊精的外缘（rim）亲水而内腔（cavity）疏水，因而它能够像酶一样提供一个疏水的结合部位，作为主体（host）包络各种适当的客体（guest），如有机分子、无机离子以及气体分子等。其内腔疏水而外部亲水的特性使其可依据范德华力、疏水相互作用力、主客体分子间的匹配作用等与许多有机和无机分子形成包合物及分子组装体系，成为化学和化工研究者感兴趣的研究对象。这种选择性的包络作用即通常所说的分子识别，其结果是形成主客体包络物（host-guest complex）。环糊精是迄今所发现的类似于酶的理想宿主分子，并且其本身就有酶模型的特性。环糊精复合物增大了微溶药物的水溶性进而改善了药品的生物利用度，增强了药品对光、热、氧化等的稳定性。环糊精可用于掩饰不良气味，减轻皮肤、肠胃、眼睛的不适，预防有害物质的产生，改善在油/溶剂中溶解粉末的操作。因此，在催化、分离、食品以及药物等领域中，环糊精有着广泛应用。

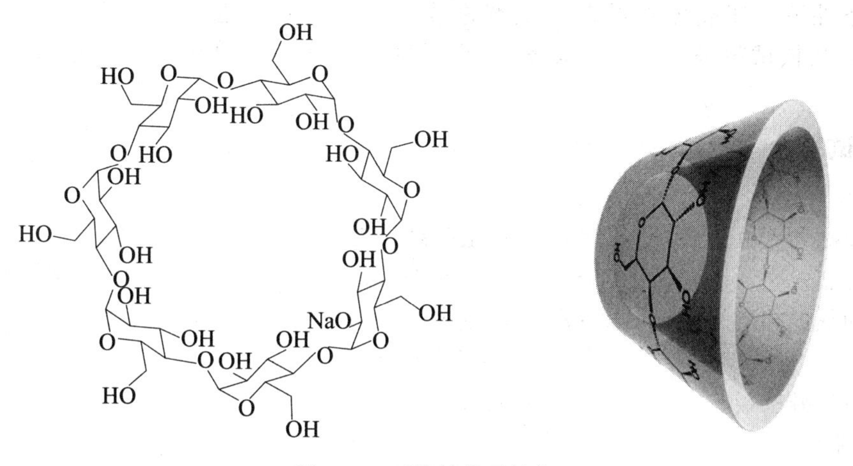

图 30-1　环糊精分子结构

【实验目的】

1. 了解环糊精的结构特点、应用领域以及超分子化学、分子识别、药物辅料等概念。

2. 掌握羟丙基 β-环糊精的合成原理和合成方法。

3. 巩固薄层色谱的操作方法。

【实验原理】

β-环糊精是最易得和最常用的环糊精，白色结晶，不溶于大多数有机溶剂，但在水、吡啶、二甲基甲酰胺、二甲基亚砜和乙二醇中能够溶解。常温下，β-环糊精在水中的溶解度约为 1.85%，随着温度增加溶解度大幅增加。β-环糊精常温下的溶解度往往达不到药物辅料等应用要求。本实验目的就是针对 β-环糊精在常温下水溶性较差的特点，对 β-环糊精进行修饰和改性。

β-环糊精常温下溶解度较小的主要原因是 2-羟基与 3-羟基之间的氢键作用导致 β-环糊精的环状结构的刚性大大增加，从而溶解度减小。因此，适当地破坏此氢键作用可以提高环糊精的溶解度。众所周知，β-环糊精分子含有三大类（21 个）羟基：2-羟基、3-羟基、6-羟基。这三类羟基性质有差异：2-羟基的酸性最强，6-羟基的空间位阻最小，3-羟基居中。所以我们可以调解 pH 值，利用 2-羟基的酸性最强性质使 2-羟基优先反应。反应式如下：

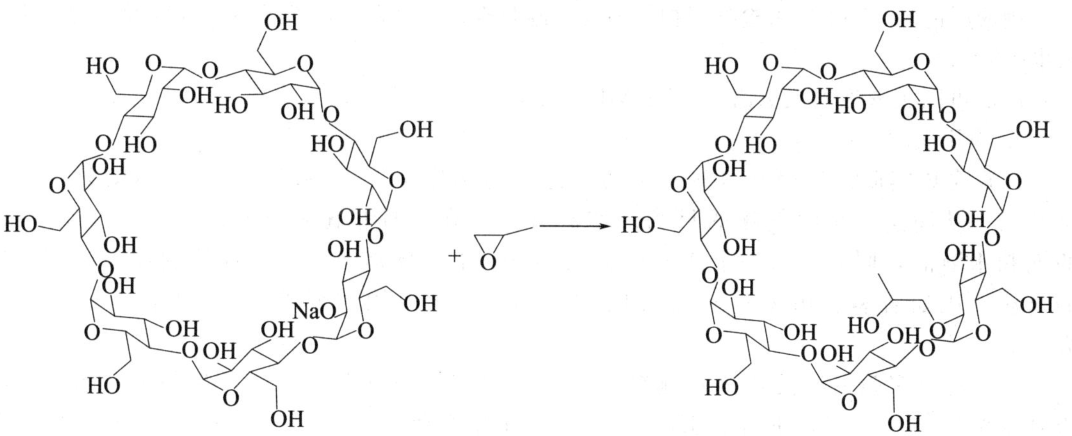

碱性条件下，环氧环受强亲核试剂进攻，而离去基团也是一个强碱，反应按 S_N2 机理进行，亲核试剂进攻空间位阻较小的碳原子，所以环的开裂发生在取代基较少的一端。

【仪器和试剂】

1. 仪器

超导核磁共振波谱仪	1台；	傅里叶红外光谱仪	1台；		
单口烧瓶	1个；	电子天平	1台；	真空干燥箱	1台；
磁力加热搅拌机	1台；	真空泵	1台；	布氏漏斗	1个；
烧杯	5个；	具塞锥形瓶	1个；	玻璃棒	2支；
薄层色谱硅胶板	1片；	展缸	1个；	磁子	1个。

2. 试剂

环糊精	分析纯；	环氧丙烷	分析纯；
氢氧化钠	分析纯；	乙醇	分析纯；
碘	分析纯；	异丙醇	分析纯；
氨水	分析纯；	盐酸	分析纯；
甲苯	分析纯；	蒸馏水	自制。

【实验步骤】

1. 羟丙基-β-环糊精的制备

（1）在 100mL 单口烧瓶中加入 20mL 蒸馏水，加入磁子搅拌，加入 0.3g 氢氧化钠溶解。

（2）加入 8gβ-环糊精，搅拌下溶解，用恒压滴液漏斗缓慢滴加 4g 环氧丙烷，滴加完毕后，室温放置两天以上。

（3）用盐酸中和上述反应液至中性，如果有固体过滤。

（4）滤液减压浓缩，蒸除大部分的水。

（5）把浓缩液慢慢滴入盛有 100mL 无水乙醇的烧杯中，边滴加边搅拌。有白色沉淀析出，为粗产品。

（6）粗产品可用乙醇-水溶液重结晶提纯，得白色固体。然后在 100℃，真空干燥 4h 以上，得产品。

2. 产品的检测和表征

用薄层色谱（TLC）来检测产物的纯度，硅胶板，碘缸显色，参考展开剂为异丙醇∶水∶氨水=5∶2∶1。

产品可以用核磁共振氢谱（^1H NMR）、红外光谱（IR）进行表征。

3. 应用实验

（1）除味实验。羟丙基-β-环糊精可以通过包结作用将一些疏水的有气味的分子包在空腔内，从而达到祛除气味的目的。实验方法：在烧杯里配制 10mL 羟丙基-β-环糊精的饱和水溶液，同时在另一个烧杯里加入 10mL 水，分别向这两个烧杯滴加一滴有气味的物质（比如香料、甲苯等），同时搅拌 2min。然后用嗅觉来比较两个烧杯的气味大小。

（2）增溶实验。羟丙基-β-环糊精可以通过包结作用将微溶于或者难溶于水的分子增溶到水溶液中。甲苯是不溶于水的，本实验将考察羟丙基-β-环糊精对甲苯水溶性的影响。实验方法：配制 10mL 羟丙基-β-环糊精的饱和水溶液，加入到试管中，搅拌下慢慢加入已经称量好的一定量甲苯，直到有不溶性的油珠开始出现。计算甲苯与溶液的比例，以及甲苯与羟丙基-β-环糊精的比例。可以对照饱和的未经修饰的 β-环糊精来进行实验。

【实验结果与处理】

1. 计算产率。
2. TLC 实验中计算反应物和产物的 R_f 值，并进行分析。
3. 对照标准谱图对产品的核磁共振氢谱和 IR 谱图经行分析。
4. 分析观察除味实验的效果；计算羟丙基-β-环糊精对甲苯的增溶效率。

【常见问题及解决方法】

1. 在溶解环糊精的过程中若有少量不溶，可稍稍加热使之溶解。
2. 在减压浓缩过程中，如果不具备此条件可以在常压下蒸发浓缩。
3. 用乙醇和水重结晶过程中，水和乙醇的量根据实验过程调整。
4. 薄层色谱展开剂的用量可以根据条件适当调整。

【思考题】

1. 在制备实验中，为什么要加入这么少量的碱，而不是大量的碱？
2. 在制备实验中，为什么常温放置两天，而不是加热搅拌使其剧烈反应？
3. 在本次 TLC 实验中羟丙基-β-环糊精与普通 β-环糊精 R_f 值比较，哪个值更大？
4. 为什么羟丙基-β-环糊精比普通 β-环糊精对于甲苯的增溶效果好？

【参考文献】

张树永等．综合化学实验．北京：化学工业出版社，2006.

附：

1. 羟丙基-β-环糊精的核磁共振氢谱（图 30-2）

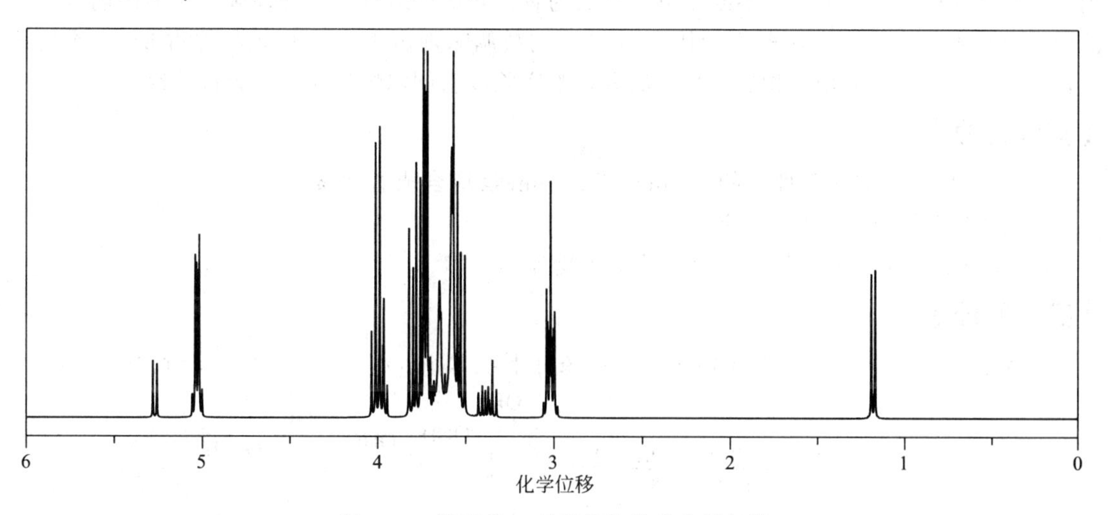

图 30-2 羟丙基-β-环糊精的核磁共振氢谱

2. 羟丙基-β-环糊精的红外光谱图（图 30-3）

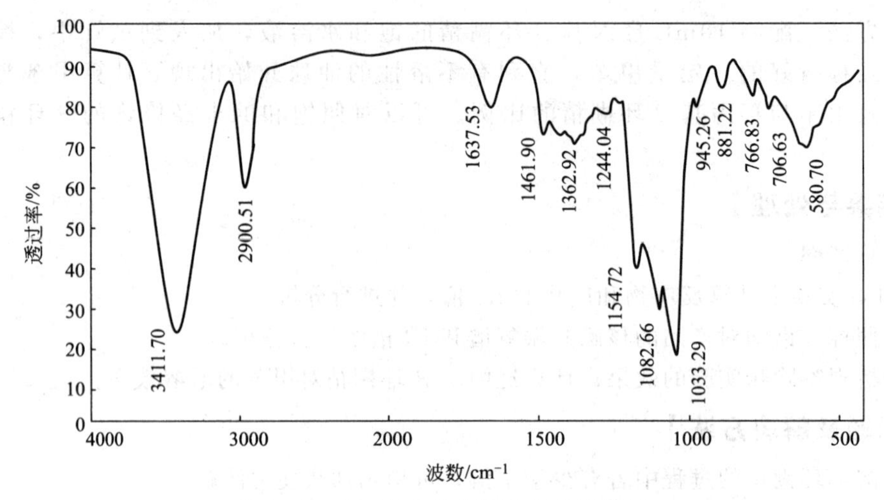

图 30-3 羟丙基-β-环糊精的红外光谱图

（徐胜广）

实验 31 香料之王香兰素的合成与表征

香兰素，是香草醛的别称，即 3-甲氧基-4-羟基苯甲醛（3-methoxy-4-hydroxybenzaldehyde），英文名称 vanillin，亦称香茅醛，是香草豆的香味成分。它存在于甜菜、香草豆、安息香胶、秘鲁香脂、妥卢香脂等物中，可从香茅油中提取，是一种重要的香料，为香料工业中最大的品种，被称为香料之王，可用作定香剂、协调剂和变调剂，广泛用于化妆品香精、饮料、食品等。香兰素在国外的应用领域很广，大量用于生产医药中间体，也用于植物生长促进剂、杀菌剂、润滑油消泡剂、电镀光亮剂、印制线路板生产导电剂等。国内香兰素主要用于食品添加剂，近几年在医药领域的应用不断拓宽，已成为香兰素应用最有潜力的领域。目前国内香兰素消费中食品工业占 55%，医药中间体占 30%，饲料调味剂占 10%，化妆品等占 5%。香兰素的合成有许多方法，有微生物法、化学法等，本实验以愈创木酚为原料合成香兰素。

【实验目的】

1. 通过相转移催化条件下的 Reimer-Tiemann 反应合成香兰素。
2. 了解相转移催化反应的应用。
3. 进一步掌握水蒸气蒸馏、薄层色谱等操作。

【实验原理】

本实验用愈创木酚为原料在相转移催化条件下经 Reimer-Tiemann 反应合成香兰素：

OH, OCH_3 —($CHCl_3$, NaOH / EtOH, 加热)→ —(H^+)→ OH, OCH_3, CHO（香兰素） + OHC, OH, OCH_3（邻香兰素）

Reimer-Tiemann 反应：将酚类在 NaOH 或 KOH 存在下与氯仿共同加热作用则生成

邻、对位酚醛的混合物，其中以邻位异构体为主，对位异构体为副产物。用四氯化碳代替氯仿，则生成酚酸，以对位异构体为主。本方法合成的酚醛产率由于多种副反应的发生而产率较低，但其操作简易，故仍为合成酚醛的重要方法。其反应机理有不同的解释，其中较可靠的一种是经二氯卡宾的反应机理：

$$CHCl_3 + NaOH \rightleftharpoons H_2O + :CCl_3^- + Na^+$$

$$:CCl_3^- \longrightarrow :CCl_2 + Cl^-$$

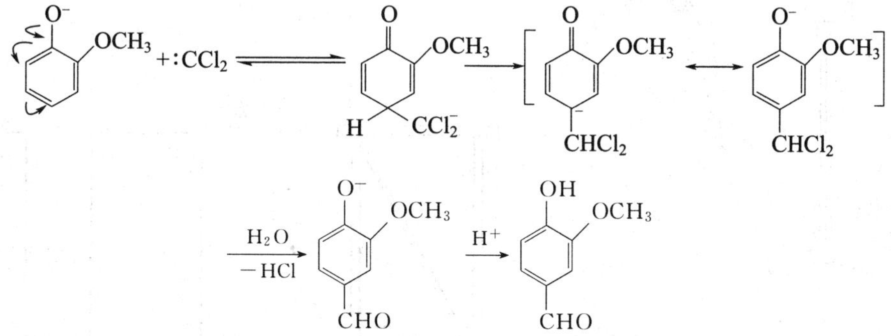

甲基香兰素，分子式为 $C_8H_8O_3$，分子量为 152.15，熔点为 81～83℃，沸点为 285℃，密度为 $1.056g/cm^3$。微溶于冷水，溶于热水、乙醇、乙醚、氯仿、二硫化碳、冰醋酸等。其水溶液遇三氯化铁呈蓝紫色。

【仪器和试剂】

1. 仪器

气相色谱仪	1 台；	傅里叶红外光谱仪	1 台；	显微熔点测定仪	1 台；
三口烧瓶	1 个；	电子天平	1 台；	真空干燥箱	1 台；
电动搅拌机	1 台；	恒压滴液漏斗	1 个；	减压过滤装置	1 套；
球形冷凝管	1 个；	紫外灯	1 台；	水蒸气蒸馏装置	1 套；
薄层色谱装置	1 套。				

2. 试剂

邻甲基苯酚	分析纯；	三乙胺	分析纯；
氢氧化钠	分析纯；	乙醇	分析纯；
碘	分析纯；	氯仿	分析纯；
乙醚	分析纯；	盐酸	分析纯；
无水硫酸钠	分析纯；	蒸馏水	自制。

【实验步骤】

1. 安装装置

安装带电动搅拌器的回流滴加反应装置（图 31-1）。

2. 反应

100mL 三口瓶中加入 3.1g(0.025mol) 邻甲氧基苯酚，12mL 乙醇，4g NaOH(0.1mol)，0.2mL（4～5 滴）三乙胺（邻甲氧基苯酚质量的 0.5%左右，作相转移催化剂），开动搅拌，水浴加热至微沸，滴加 2.5mL(0.031mol) 氯仿，20min 内滴完，微沸搅拌反应 2h。

3. 后处理

向反应混合物中小心滴加 1mol/L 盐酸至中性，抽滤除去 NaCl 固体，用 10mL 乙醇分两次洗涤滤渣，收集滤液，水蒸气蒸馏除去三乙胺和异香草醛（2-羟基-3-甲氧基苯甲醛），至无油珠出现为止。剩余液体用 10mL 乙醚萃取两次，合并萃取液，无水硫酸钠干燥，滤去干燥剂，水浴蒸出乙醚，得香草醛白色固体产物，产量约 2.8g(76%)。粗产品进一步用乙醇重结晶。也可加入 14～30 倍的 40～60℃热水，洗涤分层，下层为杂质层，上层为含香草醛的水层，水层减压浓缩，结晶得香草醛。

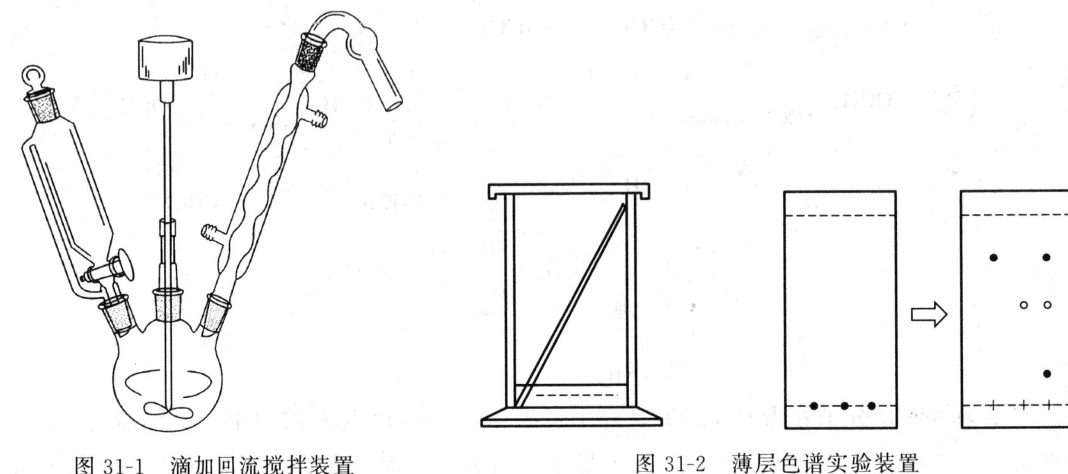

图 31-1　滴加回流搅拌装置　　　　图 31-2　薄层色谱实验装置

4. 表征

①气相色谱（GC）测定香草醛含量；②熔点测定（81～83℃）；③香兰素的薄层色谱分析（图 31-2）；④红外光谱分析。

【实验结果与处理】

1. 香兰素的物态：
2. 香兰素的产量与产率：
3. 香兰素的熔点：
4. 香兰素产率分析：
5. 香兰素的薄层色谱分析：
6. 香兰素的红外光谱图（KBr 压片法）（图 31-3）：

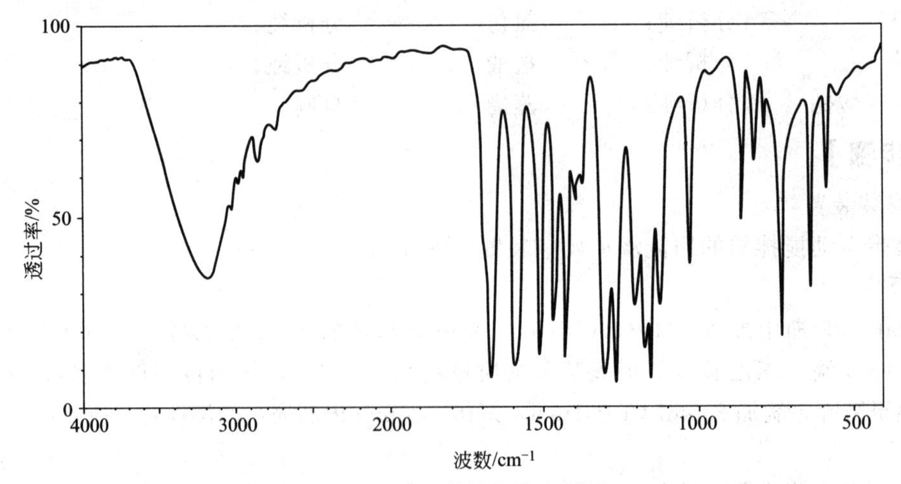

图 31-3　香兰素的红外光谱图

【常见问题及解决方法】

1. 三乙胺作相转移催化剂，使物料混合均匀，比使用其他铵盐产率高。

2. 使用乙醇可降低反应温度。

3. 香兰素易分解，也容易与杂质缩合，故反应温度不宜太高。

4. Reimer-Tiemann 反应的产率不高，其主要原因为：酚反应不完全；原羧酸酯的生成；醛与酚反应生成三苯甲烷型化合物；碱与醛基的副反应等。

5. 水蒸气蒸馏的馏出物可用甲苯提取，减压蒸馏去除甲苯，得邻香兰素和未反应的愈创木酚，回收。

【思考题】

1. 若用对甲氧基苯酚代替邻甲氧基苯酚进行反应，将得到什么产物?

2. 为什么邻香兰素可用水蒸气蒸馏蒸出而香兰素不能?

【参考文献】

[1] 王尊本．综合化化学实验．第 2 版．北京：科学出版社，2007.
[2] 胡声闻，梁本熹，钱锋等．化学试剂，1993，4：184，138.
[3] 李中柱，邹瑛．化学世界，1991，1：18-19.
[4] 王效山，丁小平．食品科学，1995，16（7）：31-32.

附：香兰素的背景知识

香兰素是一种重要的广谱型香料和有机合成原料，是人类所合成的第一种香精，由德国的 M. 哈尔曼博士与 G. 泰曼博士于 1874 年合成成功。通常分为甲基香兰素和乙基香兰素。甲基香兰素（vanillin），具有香荚兰香气及浓郁的奶香，为香料工业中最大的品种，是人们普遍喜爱的奶油香草香精的主要成分。其用途十分广泛，在饮料、糖果、糕点、饼干、面包和炒货等食品用量居多。目前还没有相关报道说香兰素对人体有害。乙基香兰素为白色至微黄色针状结晶或结晶性粉末，类似香荚兰豆香气，香气较甲基香兰素更浓，其香气是香兰素的 3～4 倍，具有浓郁的香荚兰豆香气，且留香持久。广泛用于食品、巧克力、冰淇淋、饮料以及日用化妆品中的增香和定香。另外乙基香兰素还可做饲料的添加剂、电镀行业的增亮剂，制药行业的中间体。

香兰素在国外的应用领域很广，大量用于生产医药中间体，也用于植物生长促进剂、杀菌剂、润滑油消泡剂、电镀光亮剂等。国内香兰素主要用于食品添加剂，近几年在医药领域的应用不断拓宽，已成为香兰素应用最有潜力的领域，如 3,4,5-三甲氧基苯甲醛，是医药抗菌增效剂 TMP 的中间体；与甘氨酸形成的内酯，是治疗帕金森氏病的合成药物左旋多巴的中间体；还能合成治疗高血压的 L-甲基多巴、治疗上呼吸道感染和病菌株传播的甲氧苄氨基嘧啶及治疗心脏病的药物罂粟碱等。可作为抗癫痫药物用于癫痫小发作，以及各类型癫痫的辅助用药。与壳聚糖作用生成的香草醛改性壳聚糖（VCG）是一种废水处理剂。目前国内香兰素消费中食品工业占 55%，医药中间体占 30%，饲料调味剂占 10%，化妆品等占 5%。

主要用途如下：

（1）可用于调制香草型、巧克力型和奶油型等香精，用量是总香精量的 25%～30%。调配好的香精可用于医药和食品工业中。此外，香兰素还可用于化妆品等其他产品中。

（2）用作薄层色谱法检测高级醇、酮类、脱氧糖类、氨基酸类、胺类以及固醇类的显色剂。还用于合成香料。

（3）香兰素是重要香料之一。作粉底香料，几乎用于所有香型。如紫罗兰、草兰、葵花、玫瑰、茉莉等。但因易导致变色，在白色加香产品中使用时应注意。香兰素在食品、烟酒中应用也很广泛，在香子兰、巧克力、太妃香型中是必不可少的香料。在糖果中的用量为 200×10^{-6}，糖浆中的用量为 $(370\sim20000)\times10^{-6}$，口香糖中用量为 270×10^{-6}，巧克力中的用量为 970×10^{-6}。

（4）香兰素是有机合成原料，用于制药工业合成 TMP、驱虫药敌菌净等。还用作金属电镀光亮剂，橡胶防臭剂等。在农业香兰素成熟后可用作除草剂，还可作为甘蔗的催熟剂。

（刘春萍）

实验 32　蛋黄卵磷脂的提取及其含量测定

蛋黄卵磷脂（egg lecithin）是一种黄色小块状，轻微坚果类气味物质。在排除毒物及调节人体免疫功能等新陈代谢的过程中起着重要作用。卵磷脂被誉为与蛋白质、维生素并列的“第三营养素”。1844 年法国科学家戈古里（Gobley）从蛋黄中分离出含磷脂肪物质，并命名为磷脂，并以希腊文命名为 lecithos（卵磷脂），英文名为 lecithin，之后科学家们陆续从许多动植物中分离、确认了许多磷脂类物质。1925 年 Leven 将磷脂酰胆碱从其他磷脂中分离出来。蛋黄磷脂属动物胚胎磷脂，含有大量的胆固醇和甘油三酯及许多人体不可缺少的营养物质和微量元素。蛋黄卵磷脂可将胆固醇乳化为极细的颗粒，这种微细的乳化胆固醇颗粒可透过血管壁被组织利用，而不会使血浆中的胆固醇增加。毋庸置疑，蛋黄卵磷脂是目前同类产品中营养价值最高的。

【实验目的】

1. 掌握蛋黄卵磷脂的提取原理和方法。
2. 掌握薄层色谱分析方法。

【实验原理】

蛋黄中含有丰富的卵磷脂。每个鸡蛋质量为 40～60g，其成分如下所示：

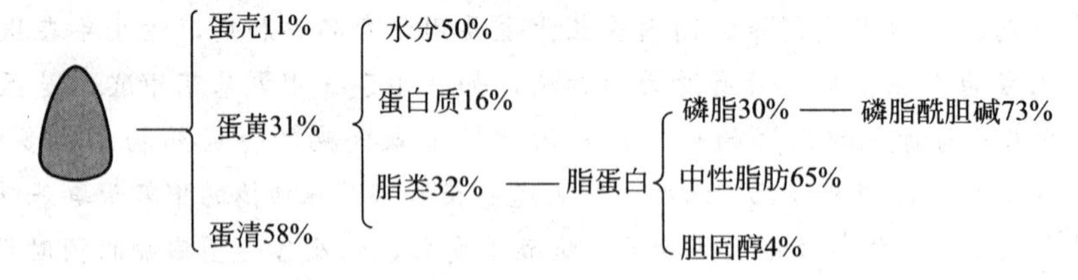

卵磷脂具有良好的乳化特性，可以用作静脉注射脂肪乳的乳化剂、胆固醇结石的防治药物；也被用在人工血浆、脂乳剂、β-内酰胺抗生素、抗腹泻吸收剂和维生素上；临床用于治疗动脉粥状硬化、脂肪肝、神经衰弱及营养不良；还广泛用于色拉油、奶油、巧克力、冰淇淋、饮料的加工中。目前，在美国的保健品市场上，卵磷脂的消费已占到前三位。

卵磷脂的提取方法主要是有机溶剂提取法和超临界 CO_2 萃取法。中国科学院科研人员采用超临界二氧化碳萃取技术，成功地从蛋黄中分离出卵磷脂，该技术领先于欧、美等发达国家和地区，被称为中国科学院生物科技跨世纪重大突破，获得国家发明专利。

有机溶剂萃取法可用单一溶剂或二元混合溶剂，由于蛋黄是一种相当稳定的乳状液，其乳化剂是磷脂和蛋白结合的脂蛋白复合物，要把磷脂完全提取出来，所用溶剂必须能破坏这种复合物，并且对脂质具有良好的溶解能力。极性溶剂甲醇、乙醇、丙醇对脂质的溶解能力较差，而非极性溶剂乙烷、乙醚、氯仿等难以破坏脂蛋白复合物。极性溶剂和非极性溶剂混合使用可以很好地满足提取要求。

提取过程中增加溶剂的用量、加强搅拌、减少颗粒度、提高温度都有利于提高产率。但由于卵磷脂中含有不饱和脂肪酸，易被氧化，使颜色加深，为防止氧化，在提取及浓缩时温度最好不要超过 45℃，同时最好通氮气加以保护。

磷脂酰胆碱与浓碱液共热会产生腥臭的三甲胺气体，可以作为定性检验方法。采用薄层色谱分析可以区分卵磷脂的不同组分。高效液相色谱具有分析速度快、分离效率高、检出极限低的特点，是国内外蛋黄卵磷脂生产厂家使用较多的方法。

【仪器和试剂】

1. 仪器

薄层色谱分析	1套；	减压蒸馏装置	1套；	电子天平	1台；
旋转蒸发仪	1套；	机械搅拌装置	1套；	温度计	1支；
抽滤装置	1套；	烧杯（100mL）	2个；	真空干燥箱	1台；
三口反应瓶	1个；	水循环真空泵	1台；	电热套	1台。

2. 试剂

蛋黄	市售；	乙醚	分析纯；
氯仿	分析纯；	NaOH	分析纯；
乙醇	分析纯；	无水硫酸钠	分析纯；
丙酮	分析纯。		

【实验步骤】

1. 蛋黄卵磷脂的提取

（1）安装带电动搅拌的回流装置。

（2）蛋黄卵磷脂的提取与精制。取一个完整的蛋黄（称重）置于 100mL 三口瓶中，加入 20mL 混合溶剂（氯仿∶乙醇＝1∶3），水浴加热控制温度在 35～40℃，搅拌 30min，抽滤，滤饼在同样条件下再提取一次。滤液转入分液漏斗，用 5mL 氯仿洗涤抽滤瓶合并转入分液漏斗中，加入 40mL 10％NaOH 溶液洗涤。分出氯仿层，无水硫酸钠干燥。干燥后的氯仿层减压蒸馏近干，加入 10mL 丙酮，搅拌，冰水冷却后分离沉淀物。用尽可能少的乙醚溶解沉淀物，转入 100mL 烧杯中，用 1mL 乙醚清洗烧瓶后也转入烧杯中。在搅拌下缓缓加入 10mL 丙酮，冷水冷却后倾去丙酮层，真空干燥去除残留溶剂，得卵磷脂产品（白色或浅黄色蜡状产品，可称重）。

2. 薄层色谱法定性检测

将精制后的卵磷脂配制成 2％的乙醇溶液进行薄层色谱分析，展开剂为氯仿∶无水乙醇∶三乙胺∶水＝10∶11.3∶11.7∶2.7（体积比）。显色剂用含 0.6％重铬酸钾的 55％浓硫酸 120℃烘 10min。

【实验结果与处理】

1. 蛋黄卵磷脂的性状：

2. 蛋黄卵磷脂的提取率：

3. 蛋黄卵磷脂的薄层色谱分析：

【常见问题及解决方法】

1. 提高温度有利于提高产率，但卵磷脂中含有的不饱和脂肪酸易氧化，使颜色加深，且卵磷脂在温度超过50℃时会失去生物活性，故应严格控制提取温度在45℃以下，同时最好用氮气保护。

2. 使用丙酮、乙醚时室内要严禁明火，并具有良好的通风。

【思考题】

1. 单一溶剂在蛋黄卵磷脂提取中的缺陷是什么？

2. 可以用什么化学方法鉴别卵磷脂？

3. 蛋黄卵磷脂与大豆卵磷脂有什么区别？

4. 卵磷脂具有什么功效？

【参考文献】

[1] 浙江大学化学系．基础化学实验．北京：科学出版社，2005.

[2] 陆新华．浙江化工，2006，(3)：37.

[3] 居学海．大学化学实验4：综合与设计性实验．北京：化学工业出版社，2007.

附：蛋黄卵磷脂的背景知识

卵磷脂是生命的基础物质，人类生命自始至终都离不开它的滋养和保护。卵磷脂存在于每个细胞之中，更多的是集中在脑及神经系统、血液循环系统、免疫系统以及肝、心、肾等重要器官。蛋黄卵磷脂具有以下八大功效：①降脂清血，预防和治疗心脑血管疾病；②肝脏的保护神，预防和治疗肝病疾病；③降低血糖，治疗和调理糖尿病；④修复细胞，增强组织细胞再生能力，延缓衰老；⑤乌发养颜，活血解毒；⑥养护肾功能，恢复和增强性能力；⑦健脑益智，滋养脑神经细胞，增强机体活力，提高代谢能力；⑧改善睡眠，消除疲劳。蛋黄卵磷脂是名副其实的动物胚胎营养素，是人体60万亿个细胞的能量基础和活力之源。

目前广义的“卵磷脂”是将卵磷脂视为各种磷脂的同义词，或定义为“丙酮不溶物”（即各种磷脂）在60%以上的一种极性和非极性脂类的混合物，其中包括磷脂酰胆碱（PC）、磷脂酰乙醇胺（PE）、磷脂酰肌醇（PI）、磷脂酰丝氨酸（PS）等磷脂和甘油三酯的混合脂类。市售的卵磷脂即是广义的卵磷脂。

（刘春萍）

实验33 meso-四苯基卟啉（H_2TPP）及其配合物NiTPP/FeTPP等的合成、分离和表征

卟啉是一类由四个吡咯类亚基的α-碳原子通过次甲基桥（═CH—）互连而形成的大分子杂环化合物。卟啉及金属卟啉化合物广泛存在于自然界中，具有特殊的生理活性。例如血

红素是含铁的（二氢）卟啉化合物（图 33-1），叶绿素是含镁的（二氢）卟啉化合物（图 33-2），维生素 B_{12} 是含钴的卟啉化合物，它们在生物体内都有着重要的生理功能，如血红素进行生物体内的氧气传递，叶绿素实现光合作用中的能量转移。因此，对卟啉的研究有助于我们了解生命的奥秘。卟啉在医药方面的应用主要集中在检测和治疗癌症。血红素卟啉衍生物是最早用于光疗的卟啉化合物，它能治愈部分早期类型的肺癌。在人工开发太阳能方面，卟啉化合物被用作光敏剂，光解水制氢从而提高光解速度和产量。分析化学中，某些卟啉化合物作为光度分析的超高灵敏度的显色剂，用于分析铜、铅、锌等元素。在生物化学方面，卟啉还可以作为生物体内氧化过程的模型。

卟啉化合物广泛存在于不同时代、不同成因的石油、沥青等地质体中。

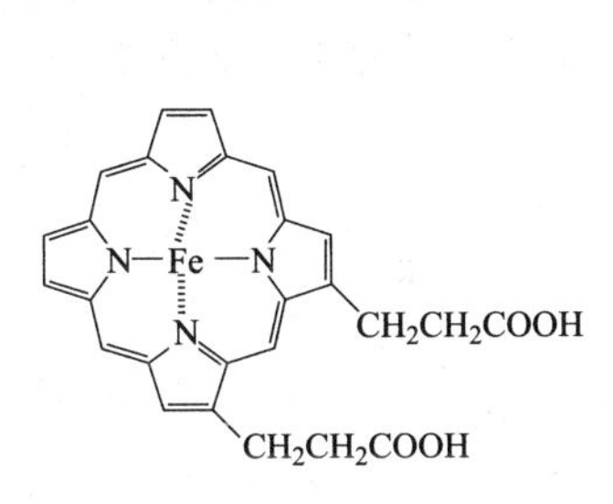

图 33-1 血红素分子结构

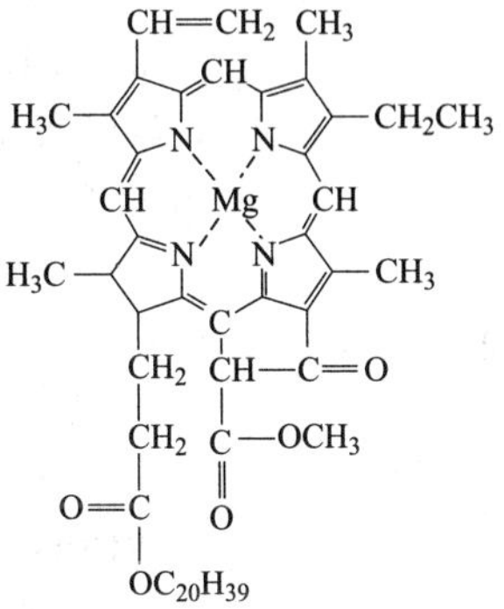

图 33-2 叶绿素 a 的分子结构

【实验目的】

1. 了解卟啉类大环配体及其配合物的合成意义及方法，分析产生副产物的原因及影响因素。
2. 通过 H_2TPP 及其配合物的合成，进一步熟悉有机合成实验中的基本操作。
3. 学习有机物纯化的基本方法——柱色谱法。
4. 熟练运用熔点仪、IR、UV、^{1}H NMR 和荧光光谱仪进行结构表征。

【实验原理】

卟啉是卟吩环带有取代基的同系物和衍生物的总称，是生物体内的一种具有大共轭环状结构的金属有机化合物。该类化合物的共同结构是卟吩核，卟吩是由 18 个原子、18 个电子组成的大 π 体系的平面分子，具有芳香性（图 33-3）。卟啉环的编号系统见图 33-4。

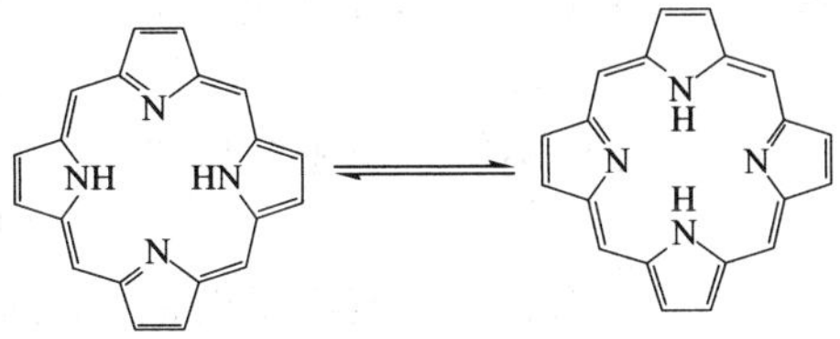

图 33-3 卟吩

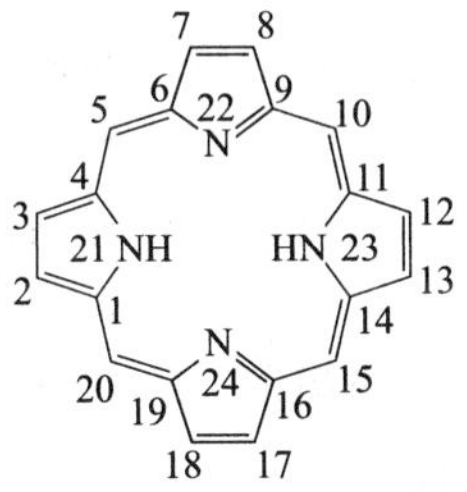

图 33-4 卟啉环的编号系统

H_2TPP 的合成方法中应用较广泛的是 Alder 法和 Lindsey 法。

Alder 法（Rothemund 反应）介绍如下：

这个合成卟啉的方法一般被称为罗斯曼（Rothemund）法或阿德勒（Adler）法。1936 年 Rothemund 首先合成四苯基卟啉（TPP），他采用吡啶为溶剂，使苯甲醛和吡咯在封管中加热反应数十小时，产率极低，并且可以参与反应的苯甲醛衍生物很少。后来，这个方法被 Adler 和 Longo 做了深入研究，改为用丙酸作介质，使芳香醛与吡咯回流反应后，冷却、过滤，滤饼用热水和甲醇分别洗涤，真空干燥晶体，得到卟啉。与 Rothcmund 的方法相比，这个改进法可以获得较高产率（20%）的卟啉，操作简单，适用的取代苯甲醛也较多，因此一直沿用至今。

生物体内的卟啉合成以柠檬酸循环中的琥珀酰（CoA）与甘氨酸作原料。两者发生 Claisen 缩合并脱羧生成 δ-氨基乙酰丙酸（ALA），然后两分子的 δ-氨基乙酰丙酸缩合，生成含一个吡咯环的胆色素原（PBG）。胆色素原在脱氨酶作用下，四分子的胆色素原反应得到羟甲基胆素（HMB），继续反应得到尿卟啉原Ⅲ，构建出四吡咯环系的框架。尿卟啉原Ⅲ之后又先后转化为粪卟啉原Ⅲ、原卟啉原Ⅸ和原卟啉Ⅸ，并在这里分出了血红素和叶绿素的合成系统。

H_2TPP 合成反应如下：

$4RCHO + 4$ 吡咯 $\xrightarrow[-4H_2O]{-3H_2}$ 四取代卟啉（R）

PhCHO + 吡咯 $\xrightarrow[\text{回流}]{CH_3CH_2COOH}$ H₂TPP + H₂TPC

H$_2$TPP　　H$_2$TPC(3%~10%)

反应中有少量 H_2TPC 生成，可通过 2,3-二氯-5,6-二氰基苯醌（DDQ）还原法去除。它们的主要差别体现在紫外光谱中。

合成 NiTPP 时，往往加入大大过量的 $Ni(OAc)_2 \cdot H_2O$ 以提高 H_2TPP 的转化率，采用柱色谱去除产物中的原料杂质 H_2TPP。

【仪器和试剂】

1. 仪器

显微熔点测定仪	MP120 型；	紫外光谱仪	UV2550 型；	红外光谱仪	MAGNA550 型；
旋转蒸发仪	IKA RV10；	荧光分光光度计	LS55；	核磁共振仪	JNM-MY60FT；
滴加搅拌回流反应装置	1 套；	电子天平	1 台；	真空干燥箱	1 台；
抽滤装置	1 套；	烧杯（100mL）	5 个；	布氏漏斗	1 个；
容量瓶（100mL）	5 个；	水循环真空泵	1 台；	玻璃柱	1 根；
三口烧瓶	3 个；	恒压滴液漏斗	1 个；	电热套	1 台。

2. 试剂

苯甲醛	分析纯；	吡咯	分析纯；
丙酸	分析纯；	中性氧化铝	分析纯；
甲醇	分析纯；	层析硅胶	分析纯；
二氯甲烷	分析纯；	三氯甲烷	分析纯；
$Ni(OAc)_2 \cdot H_2O$	分析纯；	$Fe(OAc)_2$	分析纯；
$Zn(OAc)_2 \cdot H_2O$	分析纯；	$M(OAc)_2$ （M 表示金属离子）	分析纯。

【实验步骤】

1. H_2TPP 的合成

（1）安装反应装置

安装滴加回流反应装置。

（2）混料

在 250mL 三口瓶中加入 4mL（0.04mol）苯甲醛和 80mL 丙酸，混合均匀，在恒压滴液漏斗中加入 2.8mL（0.04mol）吡咯。

（3）反应

当加热反应液开始沸腾时加入吡咯，回流反应 30min，冷至室温，抽滤，用甲醇或无水乙醇洗涤 2 次，再用热蒸馏水洗涤 2 次，抽干，干燥，称重，计算产率（可做紫外光谱判断纯度）。

（4）H_2TPP 的提纯

1g 粗产品溶于 150mL 热的二氯甲烷中，回流，再加入含 250mg 2,3-二氯-5,6-二氰基苯醌（DDQ）15mL 苯溶液，回流 30min，蒸出溶剂，剩余物用中性氧化铝过柱，用热的氯仿淋洗。洗脱完毕后，将淋洗液浓缩至 100mL，加入等量甲醇，再蒸去部分溶剂，冷却过滤，得蓝紫色固体，做紫外-可见光谱分析。

（5）H_2TPP 的红外光谱分析

吸收峰位置：$3316cm^{-1}$、$3053cm^{-1}$、$3023cm^{-1}$、$1594cm^{-1}$、$1471cm^{-1}$、$1441cm^{-1}$、$965cm^{-1}$、$799cm^{-1}$、$746cm^{-1}$、$1724cm^{-1}$、$698cm^{-1}$、$656cm^{-1}$。

$3316cm^{-1}$处的吸收峰为吡咯环上的 N—H 伸缩振动峰；$3053cm^{-1}$、$3023cm^{-1}$为苯环上的 C—H 伸缩振动峰；$1594cm^{-1}$、$1471cm^{-1}$、$1441cm^{-1}$为苯环及吡咯环的骨架振动峰；$965cm^{-1}$、$799cm^{-1}$处的吸收峰为吡咯环上 N—H 弯曲振动峰；$746cm^{-1}$、$724cm^{-1}$为吡咯环上 C—H 弯曲振动峰；$698cm^{-1}$、$656cm^{-1}$为苯环上的 C—H 弯曲振动峰。

（6）H_2TPP 的核磁共振谱图分析

化学位移δ：−2.71（s，2H，卟啉环上的 N—H），7.68～8.25（m，20H，苯环上的 Ph—H），8.86～8.91（d，8H，卟啉环上的 C—H）。

（7）H_2TPP 的紫外-可见光谱分析

产品配成 1×10^{-6}mol/L 的苯溶液，测定紫外光谱。文献：λ_{max}=418.5nm（ε468000），481nm（ε3400），515nm（ε19000），548nm（ε3900），592.5nm（ε5300），648.5nm（ε3400）。

（8）H_2TPP 的荧光光谱分析

有两个发射峰，在 649.6nm 处有一个强发射峰，在 711nm 处有一个弱发射峰。

2. NiTPP 配合物的合成

(1) 滴加搅拌回流装置

在 150mL 三口瓶中加入 0.2g H_2TPP 和 30mL 干燥氯仿，加热至回流，搅拌下慢慢滴加 10mL 含 1.0g (5.0mmol) $Ni(OAc)_2 \cdot H_2O$ 的甲醇溶液，反应 2h 后蒸去溶剂，得蓝色粗产物，称重。

(2) 提纯（柱色谱法）

粗产物溶于氯仿，用硅胶柱层析，用氯仿洗脱，收集洋红色洗脱液，蒸干得蓝紫色固体。溶于最少量氯仿，沿器壁慢慢加入大量甲醇（约为氯仿用量的 20 倍），静置，结晶，过滤，真空干燥，称重。

(3) NiTPP 的紫外-可见光谱分析

产品配成 1×10^{-6} mol/L 的苯溶液，测定紫外光谱。文献：λ_{max} = 418.5nm (ε468000)，481nm (ε3400)，515nm (ε19000)，548nm (ε3900)，592.5nm (ε5300)，648.5nm (ε3400)。

(4) NiTPP 的荧光光谱分析

有两个发射峰，在 649.6nm 处有一个强发射峰，在 711nm 处有一个弱发射峰。

3. FeTPP 配合物的合成

(1) 滴加搅拌回流装置

在 150mL 三口瓶中加入 0.2g H_2TPP 和 30mL 干燥氯仿，加热至回流，搅拌下慢慢滴加 10mL 含 5.0mmol $Fe(OAc)_2$ 的甲醇溶液，反应 2h 后蒸去溶剂，得蓝色粗产物，称重。

(2) 提纯（柱色谱法）

粗产物溶于氯仿，用硅胶柱层析，用氯仿洗脱，收集洋红色洗脱液，蒸干得蓝黑色固体。溶于最少量氯仿，沿器壁慢慢加入大量甲醇（约为氯仿用量的 20 倍），静置，结晶，过滤，真空干燥，称重。

(3) FeTPP 的紫外-可见光谱分析和荧光光谱分析

将 FeTpp 溶于二氯甲烷中，配制成浓度为 1.0×10^{-4}～1.0×10^{-3} mol/L 的溶液，测定紫外光谱。文献：λ_{max} = 415.0nm (Soret 带，723000)，509.2nm (Q 带，14000)，575.4nm (Q 带，3490)，656.0nm (CT 带，3250)，691.7nm (CT 带，3350)。

四苯基卟啉铁荧光光谱：603.0nm 弱发射峰、657.8nm 强发射峰。

4. ZnTPP 配合物的合成

(1) 滴加搅拌回流装置

在 150mL 三口瓶中加入 0.2g H_2TPP 和 30mL 干燥氯仿，加热至回流，搅拌下慢慢滴加 10mL 含 5.0mmol $Zn(OAc)_2 \cdot H_2O$ 的甲醇溶液，反应 2h 后蒸去溶剂，得紫红色粗产物，称重。

(2) 提纯（柱色谱法）

粗产物溶于氯仿，用硅胶柱层析，用氯仿洗脱，收集洋红色洗脱液，蒸干得紫红色固体。溶于最少量氯仿，沿器壁慢慢加入大量甲醇（约为氯仿用量的 20 倍），静置，结晶，过滤，真空干燥，称重。

(3) ZnTPP 的紫外-可见光谱分析和荧光光谱分析

将 ZnTPP 溶于二氯甲烷中，配制成浓度为 1.0×10^{-4}～1.0×10^{-3} mol/L 的溶液，测定紫外光谱。文献：λ_{max} = 418.1nm (Soret 带，699000)，546.9nm (Q 带，30400)，584.5nm (Q 带，4810)。

四苯基卟啉锌荧光光谱：596.4nm 弱发射峰、644.4nm 强发射峰。

（4）ZnTPP 的红外光谱分析

吸收峰位置：$3051cm^{-1}$、$2920cm^{-1}$、$1653cm^{-1}$、$1594cm^{-1}$、$1484cm^{-1}$、$1439cm^{-1}$、$1001cm^{-1}$、$797cm^{-1}$、$752cm^{-1}$、$718cm^{-1}$、$703cm^{-1}$、$660cm^{-1}$。

（5）ZnTPP 的核磁共振氢谱分析

^{1}H NMR，δ：7.26～8.24（m，20H，Ph—H），8.94～8.95（d，8H，C—H）。

其他金属离子配合物可参照以上方法合成和提纯。

四苯基卟啉镉（蓝紫色固体）的紫外-可见光谱有三个吸收峰：413nm（Soret 带）、546nm（Q 带）、586nm（Q 带）；荧光光谱发射峰为 639.3nm（强）、698.8nm（弱）。IR：$2925cm^{-1}$、$2850cm^{-1}$、$1651cm^{-1}$、$1594cm^{-1}$、$1489cm^{-1}$、$1438cm^{-1}$、$997cm^{-1}$、$791cm^{-1}$、$758cm^{-1}$、$714cm^{-1}$、$703cm^{-1}$、$658cm^{-1}$。^{1}H NMR，δ：7.25～8.27（m，20H，Ph—H），8.95～9.01（d，8H，C—H）。

四苯基卟啉铜（紫色固体）的紫外-可见光谱有两个吸收峰：415nm（Sorer 带）、538nm（Q 带）；荧光光谱发射峰为 650.5nm（强）、711.1nm（弱）。IR：$3051cm^{-1}$、$3019cm^{-1}$、$2921cm^{-1}$、$2852cm^{-1}$、$1597cm^{-1}$、$1440cm^{-1}$、$1344cm^{-1}$、$1004cm^{-1}$、$792cm^{-1}$、$740cm^{-1}$、$695cm^{-1}$、$656cm^{-1}$。^{1}H NMR，δ：7.23～8.15（m，20H，Ph—H），8.87～8.93（d，8H，C—H）。

四苯基卟啉铅（墨绿色固体）的紫外-可见光谱：Soret 带在 466nm，Q 带在 611nm、658nm，在 355nm 处出现一个新的吸收峰；荧光光谱在 608.9nm 处有一个弱的发射峰、649.4nm 处一个强的发射峰及 712.2nm 处的一个次强发射峰。IR：$3054cm^{-1}$、$1593cm^{-1}$、$1438cm^{-1}$、$984cm^{-1}$、$793cm^{-1}$、$757cm^{-1}$、$714cm^{-1}$、$696cm^{-1}$、$656cm^{-1}$。^{1}H NMR，δ:7.18～8.10（m，20H，Ph—H），8.8l～8.90（d，8H，C—H）。

四苯基卟啉钴（暗红色固体）的紫外-可见光谱：Soret 带在 411nm，Q 带在 526nm；荧光光谱发射峰为 640.9nm（强）、701.8nm（弱）。IR：$3051cm^{-1}$、$3020cm^{-1}$、$1598cm^{-1}$、$1489cm^{-1}$、$1440cm^{-1}$、$1006cm^{-1}$、$793cm^{-1}$、$741cm^{-1}$、$710cm^{-1}$、$695cm^{-1}$。^{1}H NMR，δ：7.30～8.28（m，20H，Ph—H）。8.96～9.02（d，8H，C—H）。

【实验结果与处理】

1. 分析 IR、UV、荧光光谱谱图，表征卟啉类化合物结构特征。

2. 剩余样品回收。

【常见问题及解决方法】

1. 实验中的溶剂量都比文献中减少，对毒害性大的溶剂减少使用。

2. 合成各类金属卟啉化合物时，往往加入过量的金属盐以提高 H_2TPP 的转化率，可采用柱色谱法去除产物中的原料杂质 H_2TPP。

【思考题】

1. 合成中为何将吡咯加入到苯甲酸与丙酸的混合液中，而不是将苯甲醛加入吡咯与丙酸的混合液中？

2. 分析影响 H_2TPC 生成的因素，如何控制这些因素？

3. 试分析为何将 $Ni(OAc)_2 \cdot H_2O$ 溶于甲醇后加入反应体系，而不是将其固体直接加入？

【参考文献】

［1］Alder A D，Longo F R，Shergalis W. Journal of the American Chemical Society，1964，86：3145.

［2］Alder A D，Longo F R，Fin J D，et al. Journal of Organic Chemistry，1967，32：476.

［3］Barnett G H，Hudson M F，Smith K M. Tetrahedron Letters，1973，30：2887.

［4］郭灿诚，何兴涛，邹纲要．有机化学，1991，11（4）：416-419.

［5］王静秋，张从良．高等学校化学学报，1989，9（9）：951-953.

［6］Temelli B，Unaleroglu C. Tetrahedron，2009，65（10）：2043-2050.

（刘刚）

实验 34　微波辐射合成和水解乙酰水杨酸

微波是指电磁波谱中位于远红外与无线电波之间的电磁辐射，微波能量对材料有很强的穿透力，能对被照射物质产生深层加热作用。目前微波辐射已迅速发展成为一项新兴的合成技术。乙酰水杨酸（Aspirin）是人们熟悉的解热镇痛、抗风湿类药物，可由水杨酸和乙酸酐合成得到。乙酰水杨酸的合成涉及水杨酸酚羟基的乙酰化和产品重结晶等操作，该合成被作为基本反应和操作练习而编入大学有机化学实验教材中，现行教材中采用酸催化合成法，它存在着相对反应时间长、乙酸酐用量大和副产物多等缺点。本实验参考文献方法，将微波辐射技术用于合成和水解乙酰水杨酸并加以回收利用。与传统方法相比，新型实验具有反应时间短、产率高和物耗低及污染少等特点，体现了新兴技术的运用和大学化学实验绿色化的改革目标。

【实验目的】

1. 学习微波合成及有关反应原理和操作技术。
2. 学习微波辐射水解乙酰水扬酸的实验方法。

【实验原理】

1. 微波加热机理

微波是指波长为 1mm～1m、频率为 300MHz～300GHz 的电磁波，工业和民用的频率一般是 2.45GHz。微波能量对材料有很强的穿透力，能对被照射物质产生深层加热作用。对微波加热促进有机反应的机理，目前较为普遍的看法是极性有机分子接受微波辐射的能量后会发生每秒几十亿次的偶极振动，产生热效应，使分子间的相互碰撞及能量交换次数增加，因而使有机反应速率加快。另外，电磁场对反应分子间行为的直接作用而引起的所谓“非热效应”，也是促进有机反应的重要原因，与传统加热法相比，其反应速率可快几倍至上千倍。

2. 合成反应的原理

乙酰水杨酸微波合成与水解反应如下：

$$\text{水杨酸（COOH, OH）} + (CH_3CO)_2O \xrightarrow[\text{微波辐射}]{OH^-} \text{乙酰水杨酸（COOH, }OCOCH_3\text{）} + CH_3COOH$$

$$\text{乙酰水杨酸} \xrightarrow[\text{微波辐射}]{H_2O/OH^-} \text{水杨酸}$$

【仪器和试剂】

1. 仪器

显微熔点测定仪	MP120 型；	紫外光谱仪	UV2550 型；	红外光谱仪	MAGNA550 型；
微波炉	WP750；	微波合成仪	XH-100A；	真空干燥箱	1 台；
带机械搅拌或磁力搅拌反应装置	1 套；	电子天平	1 台；	水循环真空泵	1 台；
圆底烧瓶（100mL）	2 个；	锥形瓶（100mL）	2 个；	移液管（5mL）	1 支；
抽滤装置	1 套；	烧杯（250mL）	5 个；	布氏漏斗	1 个。

2. 试剂

水杨酸	分析纯；	碳酸钠	分析纯；
乙酸酐	分析纯；	盐酸	分析纯；
95%乙醇	分析纯；	氢氧化钠	分析纯；
2% FeCl	分析纯；	活性炭	分析纯。

【实验步骤】

1. 微波辐射碱催化合成乙酰水杨酸

在 100mL 干燥的圆底烧瓶中加入 2.0g（0.014mol）水杨酸和约 0.1g 碳酸钠，再用移液管加入 2.8mL（3.0g，0.029mol）乙酸酐，振荡，放入微波炉中，在微波辐射输出功率 495W（中挡）下，微波辐射 20～40s。稍冷，加入 20mL pH＝3～4 的盐酸水溶液，将混合物继续在冷水中冷却使之结晶完全。减压过滤，用少量冷水洗涤结晶 2～3 次，抽干，得乙酰水杨酸粗产品。粗产品用乙醇-水混合溶剂（1 体积 95%的乙醇＋2 体积的水）约 16mL 重结晶，干燥，得白色晶状乙酰水杨酸 2.4g（收率 92%），熔点为 135～136℃。产品结构还可用 2% $FeCl_3$ 水溶液检验或用红外光谱仪测试。

2. 微波辐射水解乙酰水杨酸

在 100mL 锥形瓶中加入 2.0g（0.01mol）乙酰水杨酸和 40mL 0.3mol/L NaOH 水溶液，在微波辐射输出功率 495W（中挡）下，微波辐射 40s。冷却后，滴加 6mol/L HCl 至 pH＝2～3，置于冰水浴中令其充分析晶，减压过滤，水杨酸粗产品用蒸馏水重结晶，活性炭脱色，干燥，得白色针状水杨酸约 1.1g（收率 80%），熔点为 153～156℃。

3. 样品测试与结构表征

测量产品的熔点、紫外光谱和红外光谱数据并记录。

【实验结果与处理】

1. 微波辐射碱催化合成法的优点

通过正交实验，确定了微波辐射碱催化合成乙酰水杨酸的较优条件，以较优条件合成法与传统酸催化法进行比较，结果见表 34-1。

表 34-1 微波辐射碱催化法与传统酸催化法的比较

合成方法	水杨酸/g	乙酸酐/mL	催化剂	反应时间	产量/g	收率/%
传统酸催化法	2	5.0	H_2SO_4(5 滴)	10min	1.5	57.5
微波碱催化法	2	2.8	Na_2CO_3(0.1g)	40s	2.4	92.0

从表 34-1 可知，微波辐射碱催化法具有明显的优点：反应时间缩短，酸酐用量减少，合成收率提高。获得较好结果的原因是采用了较好的合成途径和微波辐射技术，碱催化方法可避免副产物（主要是聚水杨酸）的生成，微波辐射技术则大大提高了反应速率。若增大微波辐射功率，则反应时间更短，但从安全角度考虑，我们仅选择中等功率的微波辐射进行实验。

2. 微波辐射水解法的优点

根据乙酰水杨酸水解反应参数计算可知，在过量碱存在的条件下，在 35℃时乙酰水杨酸完全水解需要 1h，在 100℃时只需 20s。采用传统加热方式加热，整个水解过程需用 10min 左右。采用微波辐射水解，很好地发挥了微波辐射技术加热速度快和加热均匀的特点。实验结果表明，在输出功率为 495W 的条件下，微波辐射仅 40s，水解反应的产率近 100%。这一反应可将基础实验中制备的乙酰水杨酸产品回收再利用，避免浪费和污染环境。同时也一样能研究微波合成的技术。

3. 分析 IR、UV 谱图，表征乙酰水杨酸结构特征。

4. 剩余样品回收。

【常见问题及解决方法】

1. 合成乙酰水杨酸的原料水杨酸应当是干燥的，乙酸酐应是新打开瓶的。如果打开使用过且已放置较长时间，使用时应当重新蒸馏，收集 139～140℃的馏分。

2. 乙酰水杨酸易受热分解，因此熔点不是很明显，它的分解温度为 128～135℃，熔点文献值为 136℃。测定熔点时，应先将热载体加热至 120℃左右，然后再放入样品测定。

3. 不同品牌的家用微波炉所用微波条件略有不同，微波条件的选定以使反应温度达 80～90℃为原则。使用的微波功率一般选择 450～500W 之间，微波辐射时间为 20～40s。此外，微波炉不能长时间空载或近似空载操作，否则可能损坏磁控管。

【思考题】

1. 乙酰水杨酸的主要用途是什么，近年来还不断发现它的新用途主要在哪些方面？

2. 微波辅助技术可以提高反应速率几百到上千倍，试解释之。

3. 从环境保护、绿色化学和节约能源的角度分析微波技术的应用前景和优势。

【参考文献】

[1] Gedye R N，Smith F E，Westay K C，et al. Tetrahedron Letters，1986，27(3)：279-282.
[2] 张国升，张懋森．化学试剂，1986，8(4)：245-246.
[3] 常慧，杨建男．化学试剂，2000，22(5)：313.
[4] 曾宪诚，刘清华，邓郁．化学研究与应用，1993，5(1)：50-54.
[5] 杨小钢．大学化学，2010，25(4)：52-54.

（刘刚）

实验35　固体酒精的制备及其与煤、木炭燃烧焓的测定

弹式量热计，由 M. Berthelot 于 1881 年率先报道，时称伯塞洛特氧弹（Berthlot bomb）。目的是测 ΔU、ΔH 等热力学性质。绝热量热法，1905 年由 Richards 提出，后由 Daniels 等的发展最终被采用。最初通过电加热外筒维持绝热，并使用光电池自动完成控制外套温度跟踪反应温升进程，达到绝热的目的。现代实验除了在此基础上发展起来的绝热法外，进而用先进科技设计半自动、自动的夹套恒温式量热计，测定物质的燃烧热，配以微机处理打印结果，利用雷诺图解法或奔特公式计算量热计热交换校正值 T，使经典而古老的量热法焕发青春。本实验采取氧弹量热计测定煤、木炭及固体酒精的燃烧焓。

【实验目的】

1. 掌握数显氧弹式量热计测定不同物质燃烧焓的热力学原理及方法。
2. 了解数显氧弹式量热计的构造并掌握其使用方法。
3. 清洁燃料——固体酒精的制备方法。

【实验原理】

物质的标准摩尔燃烧焓（变）$\Delta_c H_m(B,T)$ 是指在温度 T 和标准状态下，由 1mol 指定相态的物质与氧气完全氧化的等压反应热。在适当条件下，很多有机物都能在氧气中迅速地完全氧化，从而可以利用燃烧法快速、准确地测定其燃烧焓。燃烧焓通常用量热计测定。但是用氧弹式量热计（如图 35-1 所示）测得的不是摩尔燃烧焓 $\Delta_c H_m$，而是摩尔燃烧热力学能（变）$\Delta_c U_m$。若把参与反应的气体视为理想气体，并忽略压力对燃烧焓的影响，则可按下式将摩尔燃烧热力学能换算成标准摩尔燃烧焓：

$$\Delta_c H_m(B,\ T) = \Delta_c U_m(B,T) + \Sigma_B \nu_{B(g)} RT \tag{35-1}$$

式中，$\nu_{B(g)}$ 为参加反应的气体物质的化学计量数，对反应物 $\nu_{B(g)}$ 取负号，对产物 $\nu_{B(g)}$ 取正号。用氧弹式量热计测定燃烧焓时，要尽可能在接近绝热的条件下进行。实验时，氧弹放置在装有一定量水的内桶中，内桶外是空气隔热层，再外面是温度恒定的水夹套。整个量热计可看做一个等容绝热系统，其热力学能变 ΔU 为零。ΔU 由四部分组成：样品在氧气中等容燃烧的热力学能 $\Delta_c U(B)$；引燃丝燃烧的热力学能 $\Delta_c U$；氧弹中微量氮气氧化成硝酸的等容生成热力学能 $\Delta_f U(HNO_3)$；量热计（包括氧弹、内桶、搅拌器和温度感应器等）的热力学能变化 ΔU(量热计)。因此，ΔU 可表示为：

$$\Delta U = \Delta_c U(B) + \Delta_c U(\text{引燃丝}) + \Delta_f U(HNO_3) + \Delta U(\text{热量计}) \tag{35-2}$$

式中，$\Delta_f U(HNO_3)$ 相对于样品的燃烧热值极小，而且氧弹中的微量氮气可通过反复充氧加以排除，因此可忽略不计，式（35-2）则变为：

$$\Delta U = \Delta_c U(B) + \Delta_c U(\text{引燃丝}) + \Delta U(\text{热量计}) = 0 \tag{35-3}$$

如果已知物质的质量、等容燃烧热值及燃烧前后系统温度的变化 ΔT，则式（35-3）还可以写为更实用的形式：

$$m(B)Q_v(B) + m_2 Q_2 + C\Delta T = 0 \tag{35-4}$$

式中，$m(B)$ 为样品的质量，g；$Q_v(B)$ 为样品的等容燃烧热值，J/g；m_2 为燃烧掉的引燃丝的质量，g；Q_2 为引燃丝的燃烧热值，J/g；C 为量热计的能当量，即量热计温度每升高 1K 所需吸收的热量，J/K；ΔT 为修正后的内桶中水的真实温差，℃。$m(B)$ 和 m_2 的

数值可直接由实验测得，而真实温差 ΔT 可由对实测温差进行修正获得。实验测得能当量 C 后，可根据式（35-4）计算 Q_v(B)，进而换算为样品的燃烧热力学能变 $\Delta_c U_m$(B，T)。再根据式（35-1）计算样品的标准摩尔燃烧焓 $\Delta_c H_m^{\ominus}$(B，T)。

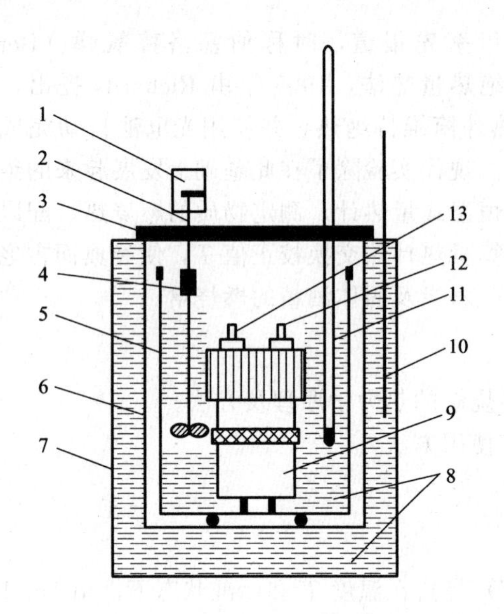

图 35-1 氧弹式量热计原理结构图

下面分别介绍温差修正和能当量 C 的测定。

1. 温差修正

式（35-4）是在绝热条件下导出的。实际上，氧弹式量热计并非是严格的绝热系统，而且受传热速度的限制，样品燃烧后由初温达到末温需要一定的时间，在这段时间内，量热系统与环境间不可避免地要发生热交换。因此，由温度计直接测得的温差不是体系真实的温差 ΔT，必须对其进行修正。温差修正有经验公式法和作图法等，下面仅介绍经验公式法。

经验公式法原理可用图 35-2 简略说明。

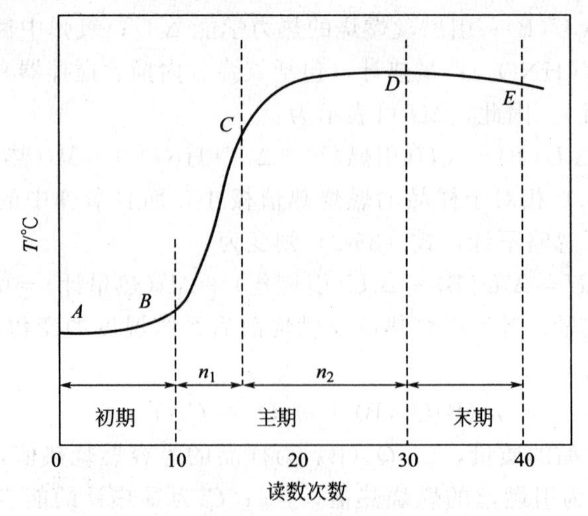

图 35-2 升温曲线

设实验时每隔 30s 读取一次系统的温度数值，若将实测温度读数 T 对温度读数次数 n 作图可得如图 35-2 的升温曲线。曲线 AB 段代表点火前热量计系统温度到达恒定时的初期温度变化规律。DE 段为点火后，量热系统达到最高温度后的末期温度变化曲线。BC 段和 CD 段分别代表点火后温度上升很快（$\Delta T \geqslant 0.3$℃/30s）和上升缓慢（$\Delta T < 0.3$℃/30s）的两个燃烧阶段，其温度读数次数分别为 n_1 和 n_2。此时反应初期系统温度的变化率（℃/30s）可表示为：

$$V_0 = \frac{T_0 - T_{10}}{10} \tag{35-5}$$

反应末期系统温度的变化率（℃/30s）可表示为：

$$V_n = \frac{T_{高} - T_{高+10}}{10} \tag{35-6}$$

式中，T_0 指开始记录时系统的温度；30s 后系统的温度为 T_1，则 T_{10} 为第 10 次记录的温度值。$T_{低}$ 为主期初温（$T_{低} = T_{10}$），即点火温度；$T_{高}$ 为主期末温，即主期温度达到的最高温度读数。

V_0 可视为反应初期条件下由于系统与环境之间的热量交换而造成的系统温度的变化。V_n 为反应末期条件下由于系统与环境之间的热量交换而造成的系统温度的变化。

如果把整个升温过程（即曲线 BC 段和 CD 段）当做燃烧过程的主期。考虑到 CD 段的温度读数次数 n_2 比 BC 段的 n_1 大得多，而 CD 段又接近末期温度，所以主期内系统与环境之间的热量交换状况与末期阶段（DE 段）的基本相同。那么主期升温过程的热交换所引起的温度修正 $\Delta\theta$ 可表示为：

$$\Delta\theta = (n_1 + n_2)V_n = nV_n \tag{35-7}$$

n 为主期的温度读数次数。这种修正方法比较简便，但由于过于粗略，所以误差比较大。若把主期升温过程分为 BC 和 CD 两个阶段来考虑，则更接近实际情况。量热系统在 CD 段仍按末期温度变化率 n_2V_n 进行修正，而 BC 段介于低温和高温之间，可按初期和末期温度变化率的平均值 $(V_0 + V_n)n_1/2$ 加以修正。因此，整个主期由于热量交换所引起的温度修正值为：

$$\Delta\theta_{校} = \frac{(V_0 + V_n)n_1}{2} + n_2V_n \tag{35-8}$$

修正后的真实温差为：

$$\Delta T = T_{高} - T_{低} + \Delta\theta_{校} \tag{35-9}$$

与式（35-7）相比，式（35-8）所得结果相对精确些，故本实验采用式（35-8）计算 $\Delta\theta_{校}$，利用式（35-9）计算体系的真实温差 ΔT。

2. 标准物质法标定量热计能当量 C

测定量热计能当量的方法是在相同的条件下，将一定量（质量为 m_1）的已知燃烧热值的标准物质进行燃烧，将所测得的实测数据代入式（35-8）、式（35-9）和式（35-4）可得量热计的能当量 C。

【仪器和试剂】

1. 仪器

XRY-1A 型数显氧弹式量热计	1 台；	氧弹	1 个；	数字贝克曼温度计	1 台；

移液管（10mL）1支；　量筒（2000mL）1支；　量筒（1000mL）1支；
压片机　2台；　直尺　1把；　托盘天平　1台；
充氧器　1台；　电子天平　1台；　氧气瓶及减压阀　1套；
专用放氧阀　1台。

2. 试剂

纯煤　工业品；　镍铬引燃丝（约10cm）　分析纯；
木炭　工业品；　固体酒精　自制；
苯甲酸　分析纯。

【实验步骤】

1. 能当量 C 的测定

（1）用分析天平准确称量（精确度在±0.1mg内）10cm的引燃丝，然后将引燃丝中部绕成环状。

（2）苯甲酸预先在烘箱内（50～60℃下）烘30min，称1.0～1.2g，将引燃丝环状部分与苯甲酸一起压片。将压好的样品先在干净的桌面上敲击2～3次，以除去没有压紧的部分，再在分析天平上准确称量。

（3）拧开氧弹盖放在专用支架上，将弹内洗净，擦干，用移液管取10mL蒸馏水加入氧弹中。分别将引燃丝两端固定在氧弹内两电极柱上（压片要悬于不锈钢坩埚上方，但不要使引燃丝与坩埚接触，以免短路导致点火失败），盖上氧弹盖并拧紧（氧弹结构见图35-3）。

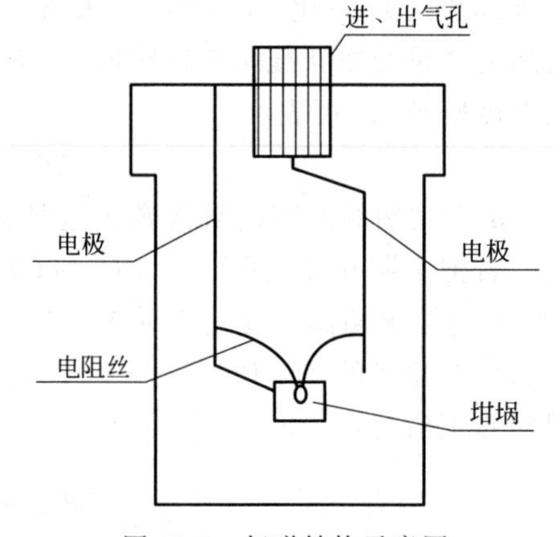

图35-3　氧弹结构示意图

（4）打开氧气瓶阀门，调节减压阀，使压力达到1.0MPa左右。将氧弹置于充氧器底座上，使进气口对准充氧器的出气口。按下充氧器的手柄充氧至充氧器压力表值约1.0MPa，用放气阀将氧弹中的氧气放出（赶出氧弹内的空气），然后再次充氧气。用万用表测量氧弹盖两极处是否有电流通过。

（5）将充有氧气的氧弹放入内桶底座上，检查搅拌叶片是否正常工作。用量筒量取2000mL蒸馏水倒入内桶中，然后接好点火电极的导线，再量取1000mL蒸馏水倒入内桶中，盖上量热计盖。将数字贝克曼温度计的传感器竖直插入量热计盖上的孔中，其末端应处于氧弹高度的1/2处。打开控制箱的电源开关，按下“搅拌”键，搅动内桶水，仪表开始显示内桶水温，每隔30s蜂鸣表报时一次。

（6）5～10min后，当系统温度变化速度达到恒定时，开始初期温度读数，每隔30s蜂鸣表发出“嘟”的一声，立即读数一次。当读第10次时，同时按点火键，点火指示灯闪亮马上又熄灭时表示点火成功。测量次数自动复零，仍每隔30s读一次主期温度读数，共储存测量数据31个。当主期温度升至最大值时再读取10次末期温度读数。所有温度读数均精确到0.001℃。当测温次数达到31次后，测温次数就自动复零，表示实验结束（若末期温度读数不满10次，需人工记录几次）。

（7）停止搅拌，取出温度计传感器，拔掉引火导线，取出氧弹并擦干其外壳，用放气阀放掉氧弹内的氧气，打开氧弹盖，检查燃烧是否完全。若坩埚或氧弹内有积炭，则说明此实验失败，需重做。若坩埚或氧弹无积炭，则说明实验成功。取出未烧完的点火丝，测量其长度（点火丝的长度和质量已知）。

（8）洗净并擦干氧弹内、外壁，将内桶蒸馏水倒入储水桶，擦干全部设备。待氧弹及内桶和搅拌器温度与室温平衡后再做下一步实验。

2. 煤的燃烧热值的测定

用煤代替苯甲酸重复上述操作（注：煤不需要压片，取一块状样品即可）。

3. 木炭的燃烧热值的测定

用木炭代替苯甲酸重复上述操作（注：木炭同样不需要压片，取一块状样品即可）。

4. 固体酒精的制备及其燃烧热值的测定

（1）固体酒精的制备

将 96mL 的 95%的无水乙醇分为等量的两份：一份与 0.4g 氢氧化钠、1.5g 硅酸钠混合加热溶解备用；另一份与 3g 硬脂酸在三口烧瓶中混合，加热至硬脂酸完全溶解，控制温度为 70℃，在搅拌情况下，向三口瓶中滴加氢氧化钠和硅酸钠的混合溶液。反应完全后，将澄清透明的反应液倒入模具中，室温冷却，密封保存待用。

（2）用固体酒精代替苯甲酸重复上述操作（注：用刀割取一块固体酒精即可）。

【实验结果与处理】

1. 按表 35-1 和表 35-2 记录实验数据。例如，在测定能当量 C 时，可将数据分别记录于表 35-1 和表 35-2。

表 35-1 苯甲酸和引燃丝的质量

项目	实验数据
苯甲酸的燃烧热值/(J/g)	-2.640×10^{4}
苯甲酸的质量 m(B)/g	
引燃丝燃烧热值/(J/g)	-1.400×10^{3}
引燃丝质量/g	
燃烧后剩余引燃丝质量/g	
燃烧掉的引燃丝质量/g	

表 35-2 煤燃烧过程的温度变化

室温：________℃；大气压：________Pa

读温次数	初期温度/℃	主期温度/℃	末期温度/℃	备注

2. 根据初期、主期和末期温度确定 $T_{高}$、$T_{低}$、n_1 和 n_2，计算 V_0 和 V_n，并分别按式（35-8）和式（35-9）计算温差修正值 $\Delta\theta$ 和真实温差 ΔT。

3. 根据式（35-4）计算量热计能当量 C。

4. 根据式（35-4）计算煤的等容燃烧热值 Q_v（煤）。

5. 根据式（35-4）计算木炭的等容燃烧热值 Q_v（木炭）。

6. 根据式（35-4）计算固体酒精的等容燃烧热值 Q_v（固体酒精）。

【常见问题及解决方法】

1. 充氧前一定要旋紧氧弹的盖子。
2. 实验开始之前应先检查搅拌器的工作状态是否正常。
3. 压片和退片时应用手扶好压片机的调压板，否则不好出片。
4. 做完试样放氧气时应先将氧弹擦干再放气。

【思考题】

1. 用氧弹式热量计测定燃烧焓的装置中哪些是系统，哪些是环境？系统和环境之间通过哪些可能的途径进行热交换？如何修正这些热交换对测定的影响？
2. 实验中搅拌过快或过慢有何问题？
3. 内桶中加入的蒸馏水，为什么要准确量取其体积？
4. 如何识别氧气钢瓶？如何正确使用氧气瓶和减压阀？
5. 实验中在氧弹中加入 10mL 蒸馏水的目的是什么？

【参考文献】

[1] Berthelot M. Annali di Chimica，1881，23(5)：160.

[2] Hemminger W，Hohne G. Calorimetry：Fundamental sand Practice. Verlay Chemie，1984.

[3] Cobband A W，Gilbert E C. Journal of the American Chemical Society. 1935，57(1)：35.

[4] 彭少芳等编．物理化学实验．北京：人民教育出版社，1963.

[5] 复旦大学等编．物理化学实验（上册）．北京：人民教育出版社，1979.

[6] 东北师范大学等校编．物理化学实验．第 2 版．北京：高等教育出版社，1989.

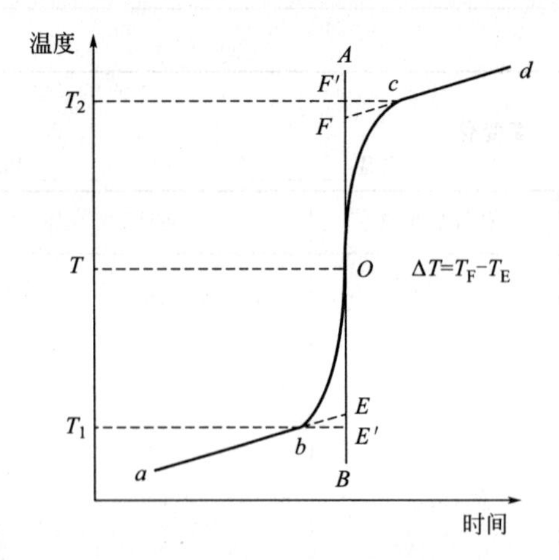

图 35-4　绝热良好的雷诺校正图

附：

1. 数据处理——雷诺作图法

将实验中所记录之贝克曼温度计读数对时间间隔数 t 作图，所得曲线如图 35-4 所示。图中 ab 线段为点火前初期温度变化连线 cd 线段为燃烧完末期温度变化连线；bc 线段为点火后燃烧过程中温度变化连线。点火后，在每 30s 内温升大于 0.3 的最后一次的间隔时间的坐标点上作垂线 AB，ab 和 cd 线的延长线与 AB 之交点为 E 和 F。则 EF 之温差即是校正后的真实温差（严格讲：AB 垂线应在使 bEO 包围的面积与 cFO 包围的面积相等处）。

2. 由于空气中含有大量的氮气，充入氧弹内的气体中会残留少量的氮气，在燃烧的条件下，氮气与水作用生成 HNO_3，可将燃烧后氧弹内的液体用 0.100mol/L 的 NaOH 滴定。氮气燃烧放出的热量 $Q_v=-5.98V$ J/g，其中 V 是滴定所消耗的 0.100mol/L NaOH 的体积（mL）（这项校正可忽略）。

（任淑华）

实验 36　三乙二胺合钴配离子光学异构体的制备、离析和旋光度测定

光学异构体是配合物中的一类重要的异构体，光学异构体在有机化学中也是常见的。在有机化合物的分子中，常常依据是否有非对称碳原子来判别光学异构体。

化学中，常用摩尔旋光度 $[\alpha_m]_\lambda$ 来表示物质的旋光能力。光学活性物质的旋光度随着波长的不同而变化，一种光学异构体可以在某一波长下使偏振光的振动平面右旋，而在另一波长时使偏振光的振动平面左旋。习惯上通常规定 $[\alpha]_\lambda$ 为正值时是右旋异构体，$[\alpha]_\lambda$ 为负值时是左旋异构体。

本实验欲制备和离析光学异构体三乙二胺合钴配离子 $[Co(en)_3]^{3+}$，在它们的外消旋混合物中，加入D-酒石酸盐（用D-tart表示）而使光学异构体分离：$[d\text{-}Co(en)_3][D\text{-}tart]Cl\cdot5H_2O$ 与 NaI 反应转变为 $[d\text{-}Co(en)_3]I_3\cdot H_2O$，这个产物的比旋光度 $[\alpha]_D^{20}$ 为 $+89°$。在沉淀出 $[Co(en)_3][D\text{-}tart]Cl\cdot5H_2O$ 以后的溶液中，加入 NaI，有 $[d\text{-}Co(en)_3]I_3\cdot H_2O$ 与 $[l\text{-}Co(en)_3]I_3\cdot H_2O$ 的混合物析出，因 $[l\text{-}Co(en)_3]I_3\cdot H_2O$ 在温水中的溶解度比其对映异构体大得多，因此重结晶可以得到较纯的 $[l\text{-}Co(en)_3]I_3$，这个产物的比旋光度 $[\alpha]_D^{20}$ 为 $-89°$。由实验测得各异构体的比旋光度与理论值相较，就可求得样品中异构体的纯度。

【实验目的】

1. 了解配合物的光学异构现象。
2. 掌握三乙二胺合钴配离子光学异构体的制备、拆分和比旋光度的测定。

【实验原理】

光学异构体是配合物中的一类重要的异构体。凡是两种构造相同，但彼此互为镜像而又不能重叠的化合物称为光学异构体（或称对映异构体）。在光学异构体的分子中，相应的键角和键长都相同，只是由于分子中原子的空间排列方式不同，使偏振光的振动平面旋转方向不同，这是光学异构体在性质上最特征的差别。理论和实践都证明，只有不具有对称中心、对称面和反轴（但可以有对称轴）的分子才可能有光学异构体。因为三个原子本身可以组成一个对称平面，所以有光学活性的分子至少必须包括四个原子。光学异构体在有机化学中是常见的。在有机化合物的分子中，常常依据是否有非对称碳原子来判别光学异构体。但必须指出，含有非对称碳原子的分子中，不一定都具有光学活性，因为有的分子内部的另一部分含有排列方向相反的不对称碳原子，存在对称面的内消旋物，而使右旋构型和左旋构型的旋光性两者自行抵消［图 36-1（a）］；另外还有不易分离的相同数量的右旋和左旋分子组成的混合物，其旋光能力也相互抵消，被称为外消旋物［图 36-1（b）］。

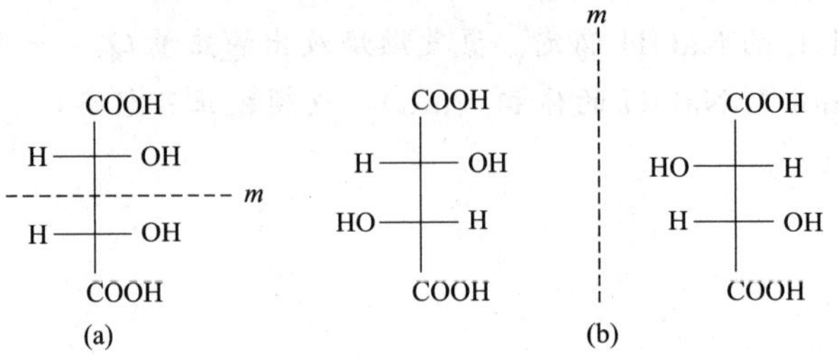

图 36-1　(a) 内消旋酒石酸和 (b) 外消旋酒石酸

1912 年，A. Werner 制备和离析出第一个过渡金属配合物 $[Co(en)_3]^{3+}$ 的两种光学异体，其中一种异构体使偏振光的振动平面向右旋转，而另一种异构体使偏振光的振动平面向左旋转，通常以 d 或（+）表示右旋，而以 l 或（−）表示左旋。物质使偏光的振动平面旋转的能力可以用比旋光度来表示。比旋光度指在某一波长 λ 和温度 t 时每毫升溶液中所含物质为 1g，测定长度为 1dm 时所产生的旋转角度，它对某一物质是一定值，可用下式表示：

$$[\alpha]_\lambda^t = \frac{\alpha}{lc} \tag{36-1}$$

式中，l 为样品的测定长度，dm；c 为每毫升溶液中所含样品的质量，g；α 为旋光度，即旋转角度读数。

化学中，也用摩尔旋光度 $[\alpha_M]_\lambda$ 来表示物质的旋光能力。

$$[\alpha_M]_\lambda = \frac{M[\alpha]_\lambda}{100} \tag{36-2}$$

光学活性物质的旋光度随着波长的不同而变化，一种光学异构体可以在某一波长下使偏振光的振动平面右旋，而在另一波长时使偏振光的振动平面左旋。所以近年来常用旋光色散（ORD）和圆二色（CD）曲线来表示物质的光学活性，光学活性物质的摩尔旋光度 $[\alpha_M]_\lambda$ 与波长 λ 的关系图，称为旋光色散（ORD）曲线；光学活性物质的左旋偏振光和右旋偏振光的摩尔吸收系数的差 $\varepsilon_l - \varepsilon_d$（$\Delta\varepsilon$）与波长 λ 的关系图，称为圆二色（CD）曲线（图 36-2）。CD 曲线有极大值，而 ORD 曲线在极大吸收位置出现转折点，互为对映体的旋光度 $[\alpha_M]_\lambda$ 值相等，但符号相反。旋光色散曲线和圆二色曲线及有关现象，总称为科顿效应，正科顿效应相应于 ORD 曲线上 $[\alpha_M]_\lambda$ 随波长增加而由负值向正值改变、CD 曲线上的 $\Delta\varepsilon$ 为正值，负科顿效应正好相反。

习惯上通常规定 $[\alpha_M]_\lambda$ 为正值时是右旋异构体，$[\alpha_M]_\lambda$ 为负值时是左旋异构体。在 ORD 曲线中较短波长 $[\alpha_M]_\lambda$ 为负值（对应于 CD 曲线上 $\Delta\varepsilon$ 为正值）时是右旋异构体，而在较短波长 $[\alpha_M]_\lambda$ 为正值（对应于 CD 曲线上 $\Delta\varepsilon$ 为负值）时是左旋异构体。但右旋和左旋异构体只是反映物质对偏振光有两种不同的旋光性质，并没有指出哪一种旋光异构体的真正立体几何构型。如 d-$[Co(en)_3]^{3+}$ 异构体究竟是左旋的还是右旋的，并无法确定。直到 1954 年日本人利用特殊的 X 射线技术才确定了 d-$[Co(en)_3]^{3+}$ 异构体的旋光性质。虽然在光学活性物质的对映体和它的绝对构型之间有必然的关系，但由于光学活性的理论很复杂，同时用 X 射线测定的真正几何构型又很少。因此，现在还不能利用 ORD 曲线或 CD 曲线来确定光学异构体的绝对构型，目前只能与具有相类似结构而已知其绝对构型的光学异构体的 ORD 或 CD 曲线相比较，若有相同符号的科顿效应，则两者具有相同的

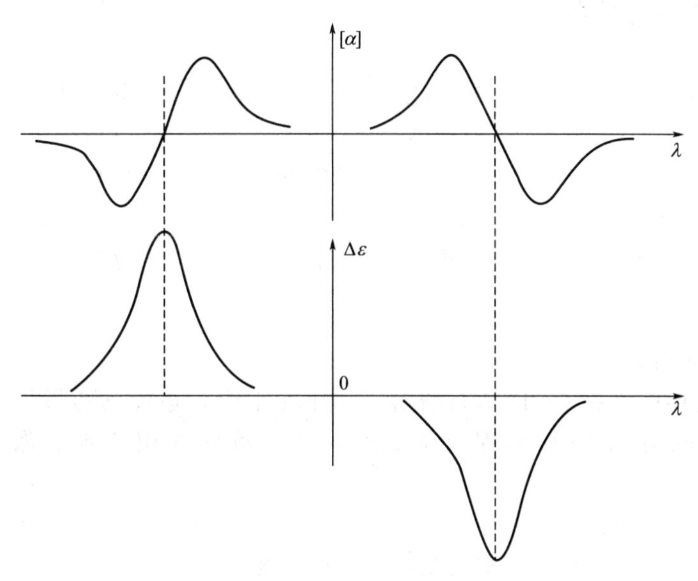

图 36-2 旋光色散曲线（上）和圆二色曲线（下）

绝对构型。毫无疑问，利用 ORD 或 CD 曲线来确定光学异构体的绝对构型将是未来研究的任务。

光学异构体的化学性质相同，用普通的方法不能直接制得光学异构体，而总是得到它们的外消旋混合物。要得到每种纯的对映体，必须用一定的方法来把外消旋混合物分开，这种方法叫做外消旋体的离析。常用的一种方法是化学离析法，就是使混合物的外消旋离子与另一种带相反电荷的光学活性化合物作用得到非对映异构体，根据它们溶解度的不同，选择适当的溶剂用分步结晶的方法把它们拆分开，得到某一种纯的非对映体，最后再用非光学活性物质处理，可使一对光学活性盐恢复成原来的组成。本实验欲制备和离析光学异构体 $[Co(en)_3]^{3+}$，在它们的外消旋混合物中，加入 D-酒石酸盐（用 D-tart 表示）可使光学异构体分离。反应式如下：

$$[d\text{-}Co(en)_3]^{3+} + \text{D-tart} + Cl^- + 5H_2O \longrightarrow [d\text{-}Co(en)_3][\text{D-tart}]Cl \cdot 5H_2O \downarrow$$

$$[l\text{-}Co(en)_3]^{3+} + \text{D-tart} + Cl^- \longrightarrow [l\text{-}Co(en)_3][\text{D-tart}]Cl$$

$[d\text{-}Co(en)_3][\text{D-tart}]Cl \cdot 5H_2O$ 与 NaI 反应转为 $[d\text{-}Co(en)_3]I_3 \cdot H_2O$，这个产物的比旋光度 $[\alpha]_D^{20}$ 为 $-89°$。

在沉淀出 $[Co(en)_3]$ [D-tart] $Cl \cdot 5H_2O$ 以后的溶液中，加入 NaI，有 $[d\text{-}Co(en)_3]$ $I_3 \cdot H_2O$ 与 $[l\text{-}Co(en)_3]$ $I_3 \cdot H_2O$ 的混合物析出，因 $[l\text{-}Co(en)_3]$ $I_3 \cdot H_2O$ 在温水中的溶解度比其对映异构体大得多，因此，重结晶可以得到较纯的 $[l\text{-}Co(en)_3]$ I_3，这个产物的比旋光度 $[\alpha]_D^{20}$ 为 $+89°$。由实验测得各异构体的比旋光度，与理论值相较，就可求得样品中异构体的纯度。

【仪器和试剂】

1. 仪器

W222S 数字式自动旋光仪	1 台；	循环水真空泵	1 个；	抽滤瓶	1 个；
布氏漏斗	1 个；	容量瓶	1 个；	水浴锅	1 个；
真空干燥箱	1 台；	酒精灯	1 个；	蒸发皿	1 个；

DZF-6020 型减压过滤器	1 台；	电子天平	1 台。

2. 试剂

$CoSO_4 \cdot 7H_2O$	分析纯；	$BaCO_3$	分析纯；
乙二胺（24%）	分析纯；	KI	分析纯；
D-酒石酸	化学纯；	浓盐酸	分析纯；
活性炭	化学纯；	无水乙醇	分析纯；
丙酮	分析纯；	浓氨水	分析纯。

【实验步骤】

1. 酒石酸钡的制备

在 250mL 烧杯中，把 5g D-酒石酸溶于 50mL 水中，边搅动边缓慢地加入 13g 碳酸钡，加热并连续搅动 0.5h 以确保反应完全，滤出沉淀并用冷水洗涤，随后在 110℃ 烘干。

2. $[Co(en)_3]^{3+}$ 的制备

在一只 250mL 吸滤瓶上装上橡皮塞，塞上带一根玻璃管伸入到瓶底，瓶中加入 20mL 24%的乙二胺溶液和 5mL 浓盐酸，再加入硫酸钴溶液（7g 硫酸钴溶于 15mL 水中）和 1g 活性炭，急通空气流 2h（如图 36-3 所示），使 Co^{2+} 氧化到 Co^{3+}，这时有 $[Co(en)_3]^{3+}$ 生成。

$$4Co^{2+} + 12en + 4H^+ + O_2 \longrightarrow 4[Co(en)_3]^{3+} + 2H_2O$$

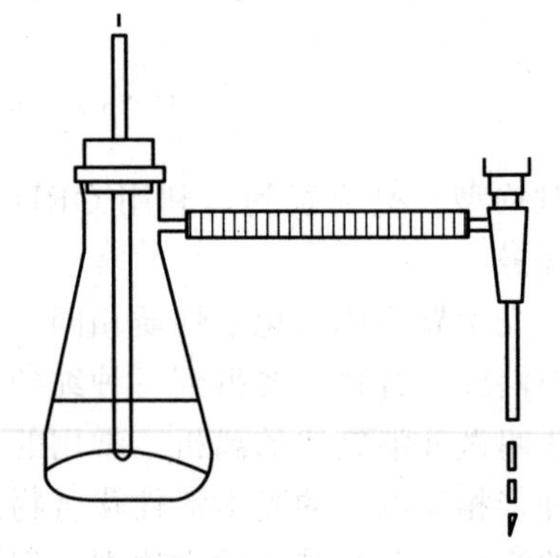

图 36-3　$[Co(en)_3]^{3+}$ 的制备装置图

当氧化反应完成后，用稀盐酸和稀乙二胺调节 pH 值到 7.0～7.5，把此溶液转入到 100mL 烧杯中，在蒸汽浴上加热 15min，使反应完全，溶液冷却后过滤以除去活性炭。在所得的 $[Co(en)_3]^{3+}$ 溶液中，加入 7g D-酒石酸钡，充分搅动并在蒸汽浴上加热 0.5h，抽滤出硫酸钡沉淀，用少量热水冲洗沉淀，蒸发滤液到约 15mL，冷却浓缩液，有橙红的 $[d\text{-}Co(en)_3][D\text{-}tart]Cl \cdot 5H_2O$ 晶体析出，过滤。保留滤液为离析左旋异构体用。橙红色晶体用约 10mL 热水重结晶，用乙醇洗涤晶体并晾干。

3. $[d\text{-}Co(en)_3]I_3 \cdot H_2O$ 的制备

在 100mL 烧杯中用 10mL 热水溶解 $[d\text{-}Co(en)_3][D\text{-}tart]Cl \cdot 5H_2O$ 晶体，并注入 0.5mL 浓氨水，在充分搅动下，再注入碘化钠溶液（9g NaI 溶解于 8mL 热水中）。在冰水中冷却此溶液，过滤得橙红的 $[d\text{-}Co(en)_3]I_3 \cdot H_2O$ 针状晶体，并用 10mL 30% NaI 溶液洗涤，最后再用少量无水乙醇和丙酮洗涤，晾干，记录产量。

4. $[l\text{-}Co(en)_3]I_3 \cdot H_2O$ 的制备

在上面保留的滤液中，注入 0.5mL 浓氨水，加热到 80℃，在搅动下，加入 9g 碘化钠固体，在冰水中冷却有晶体析出，过滤得到不纯的 $[l\text{-}Co(en)_3]I_3 \cdot H_2O$ 异构体，用冷却的 10mL 30% NaI 溶液洗涤，然后再用无水乙醇洗涤。产物中含有一些外消旋酒石酸盐，将它溶解在 15mL 50℃的水中，滤出不溶的外消旋酒石酸盐，加入 3g 碘化钠固体于 50℃的滤液中，在冰水中冷却，有橙黄色的 $[l\text{-}Co(en)_3]I_3 \cdot H_2O$ 晶体析出，过滤。产物用少量无水乙醇和丙醇洗涤，晾干，记录产量。

5. 异构体旋光度 α 的测定

称取 1.00g [d-Co (en)$_3$] $I_3 \cdot H_2O$ 和 [l-Co (en)$_3$] $I_3 \cdot H_2O$ 异构体，分别倒入 50mL 容量瓶中，用蒸馏水稀释到刻度。分别在旋光仪上用 1dm 长的样品管测定其旋光度 α（若有旋光色散光度计，可测定不同波长的摩尔旋光度 $[\alpha_M]_\lambda$）。

注意事项：

（1）制备中溶剂的量不要太多。

（2）取乙二胺时要戴橡胶手套。

【实验结果与处理】

1. 数据处理

（1）光学异构体的旋光度

测定温度 t：________℃；

$[d-Co(en)_3]^{3+}$：α=________；

$[l-Co(en)_3]^{3+}$：α=________。

（2）比旋光度 $[\alpha]_\lambda^t$ 和摩尔旋光度 $[\alpha_M]_\lambda$ 的计算

按式（36-1）和式（36-2）分别计算 $[\alpha]_\lambda^t$ 和 $[\alpha_M]_\lambda$。

（3）光学异构体纯度的计算

由实验测得的 $[\alpha]_\lambda^t$ 与理论 $[\alpha_M]_\lambda$ 相比，可求得该样品的纯度。

$$\text{纯度}=\frac{\text{实测的}[\alpha]_\lambda^t}{\text{理论的}[\alpha]_D^{20}}\times 100\%$$

（4）计算产率。

2. 结果讨论

（1）根据实验结果对影响异构体纯度的原因进行解释。

（2）光学异构体的拆分方法有哪些？

【思考题】

1. 如何判别配合物是否具有光学异构体？若测定了它的 ORD 曲线和 CD 曲线，能否出它的立体构型？

2. 在纯化异构体中，为何要用 NaI 的溶液来洗涤？

【参考文献】

[1] Angelic R J. Synthesis and Technigue in Inorganic Chemistry. 2nd ed. Mill Valley：Uniersity Science Books，1997.

[2] 日本化学会．无机化合物的合成（Ⅲ）．曹惠民译．北京：化学工业出版社，1988.

[3] 南京大学配位化学研究所．配位化学∥无机化学丛书：第 12 卷．北京：科学出版社，1987.

[4] 游效曾．结构分析导论．北京：科学出版社，1980.

[5] 钱延龙，陈新滋．金属有机化学和催化．北京：化学工业出版社，1997.

[6] Thall E. Journal of Chemical Education，1996，73(6)：481-484.

[7] Zelewsky A，Mamula O. Journal of the Chemical Society，Dalton Transactions，2000，(3)：219-231.

[8] 李雷鸣，高连勋，丁孟贤．化学通报，1997，60(2)：17-22.

[9] 王尊本．综合化学实验．北京：科学出版社，2003.
[10] 徐志固．现代配位化学．北京：化学工业出版社，1987.
[11] Rochow E G. 无机合成：第 6 卷．申泮文译．北京：科学出版社，1972.

（秦晓芳）

实验 37　柴油微乳液拟三元相图的绘制及燃烧性能测定

柴油乳化技术早在 100 多年前就已有人提出，20 世纪 50 年代末，由于环境污染日益严重，石油危机等原因受到重视，70 年代末，进入实用性发展阶段，目前工业发达国家柴油掺水技术已达到广泛应用，并有多项专利技术发表并实现了工业化。实验现象发现，相同质量的乳化柴油和普通柴油在不完全燃烧的情况下，普通柴油产生的炭黑量要明显多于乳化柴油产生的，因此柴油的乳化可在一定程度上降低化石能源燃烧给环境带来的污染，具有一定的社会环境价值。本实验的内容是测定并绘制柴油微乳液拟三元相图并对其燃烧性能进行测定。

【实验目的】

1. 本实验学习柴油微乳液体系拟三元相图的绘制与研究方法，并根据相图，选择合适的柴油微乳液，通过氧弹量热计进行燃烧性能测定，比较柴油和微乳柴油燃烧时其燃烧效率的不同，对微乳柴油的经济与环保价值进行评价。

2. 通过对乳化柴油的燃烧热的测定，掌握燃烧热的定义，学会测定物质燃烧热的方法，了解恒压燃烧热与恒容燃烧热的差别；了解氧弹量热计的主要部件的作用，掌握氧弹量热计的量热技术；熟悉雷诺图解法校正温度改变值的方法。

【实验原理】

通常测定物质的燃烧热，是用氧弹量热计，测量的基本原理是能量守恒定律。一定量被测物质样品在氧弹中完全燃烧时，所释放的热量使氧弹本身及其周围的介质和量热计有关附件的温度升高，测量介质在燃烧前后温度的变化值 ΔT，就能计算出该样品的燃烧热。本实验所燃烧物质为柴油和乳化柴油，属于混合物，故测定的是燃烧物质的燃烧值。

$$m_{样品}Q_V = W_{热计+水}\Delta T - m_{铁丝}Q_{铁丝}$$

$$Q_v = \frac{W_{热计+水}\Delta T - m_{铁丝}Q_{铁丝}}{m_{样品}}$$

标准物：苯甲酸 $Q_{铁丝}=6694.4\text{J/g}$；$W_{(3000\text{mL}水)}=14541.35\text{J/K}$。

【仪器和试剂】

1. 仪器

XRY-1A 型数显	1 台；	数字贝克曼温度计	1 台
氢弹式热量计	1 个；	移液管（10mL）	1 支；
5A 保险丝	1 个；	烧杯（50mL、250mL、1000mL）	各 1 个；

压片机	2台；	直尺	1把；	托盘天平	1台；
充氧器	1台；	电子天平	1台；	氧气瓶及减压阀	1套；
专用放氧阀	1台；	万用电表	1个；	磁力搅拌器	1台；
电导率仪	1台；	镊子	1把；	胶头滴管	1个；
pH 试纸	1本；	洗耳球	1个；	搅拌子（中）	1个。

2. 试剂

0号柴油	工业品；	油酸	化学纯；
十六烷基三甲基溴化铵	化学纯；	正丁醇	分析纯；
氨水	分析纯。		

【实验步骤】

1. 水-柴油体系配制及拟三元相图绘制

（1）复合乳化剂配比

油酸66.15%、十六烷基三甲基溴化铵（CTAB）0.91%、氨水9.1%，正丁醇23.8%。

（2）复合乳化剂配制

室温下，将油酸36.5g放入50mL的烧杯中，加入5g氨水，充分搅拌，反应20min后加入0.5g CTAB，13.2g正丁醇，在磁力搅拌器上不断搅拌至溶解（时间约需30min），此时所得复合乳化剂清晰、透亮，放置备用。

（3）柴油-水-复合乳化剂微乳液柴油的制备与拟三元相图绘制

在一定温度下（通常为室温），称取10g的水-柴油样品，其中 m(0号柴油)∶m(水)分别为9∶1、8∶2、6∶4、4∶6、3∶7、2∶8，分别放在50mL烧杯中，逐渐往烧杯中滴加复合乳化剂，并不断在磁力搅拌器上搅拌至溶液刚好变澄清，静置约20min后观察，如仍透明，则记录所加复合乳化剂的用量。根据质量差减法记录加入的复合乳化剂质量，并根据体系中所含有的柴油、水的质量，计算柴油-水-复合乳化剂拟三元体系达到透明状态时各物质的质量分数，根据各不同配比拟三元体系中各个物质的质量分数，把复合乳化剂作为一个组分，另两个组分分别为油和水，绘制拟三元相图，用以观察柴油微乳液体系的相行为。

2. 乳化柴油燃烧热的测定

柴油与乳化柴油燃烧性能测定：实验中选择0号柴油、油包水（W/O）乳化柴油作为燃烧体系。分别将1.2g上述燃烧体系放入坩埚，将铁丝接在氧弹量热计的两极上，并将铁丝浸没柴油中，向氧弹量热计中充以氧气，弹内的氧气压力冲至0.9MPa，在燃油不完全燃烧的条件下，通过测定燃烧过程中 Δt、ΔT 值以及燃烧残渣的重量，计算 Q_v/m、$\Delta T/m$（K/g）、$\Delta T/\Delta t$（K/s），比较柴油与乳化柴油燃烧效率以及燃烧速率的不同，并对燃烧结果进行评价。

【实验结果与处理】

1. 水-柴油体系配制及拟三元相图绘制实验结果与处理

（1）实验结果记录在表37-1和表37-2中。

表37-1　复合乳化剂各成分的质量

试剂	油酸	氨水	正丁醇	CTAB
质量/g				

表 37-2　乳化柴油中柴油-水-复合乳化剂的质量情况

水-油总质量：10g

油水比例	油的质量/g	水的质量/g	乳化剂质量/g	油-水-乳化剂总质量/g	油的质量分数/%	水的质量分数/%	乳化剂质量分数/%
9∶1							
8∶2							
6∶4							
4∶6							
3∶7							
2∶8							

（2）绘制柴油-水-复合乳化剂拟三元相图。

2. 乳化柴油燃烧热的测定实验结果与处理

（1）实验结果记录在表 37-3 中。

表 37-3　乳化柴油和 0 号柴油燃烧温度变化

时间：30s	温度变化值 ΔT/℃	
	乳化柴油	0 号柴油
柴油质量 m/g		
铁丝质量差 Δm/g		
1		
2		
3		
4		
5		
6		
7		
8		
9(点火)		
10		
11		
12		
13		
14		
15		
16		
17		
18		
19		
20		
21		
22		
23		
24		
25		
26		
27		
28		
29		

（2）绘制乳化柴油和柴油燃烧温度变化图。

（3）数据分析

① Q_v的计算

根据公式 $Q_v=\frac{W_{(热计+水)}\Delta T-m_{铁丝}Q_{铁丝}}{m_{样品}}$可得 0 号柴油 Q_{v1}，乳化柴油 Q_{v2}。

② Q_v/m 的计算

③ $\Delta T/m$ 的计算

④ $\Delta T/\Delta t$ 的计算

数据分析结果列于表 37-4 中。

表 37-4　乳化柴油和普通柴油燃烧数据

柴油	Q_V/(kJ/g)	Q_V/m/(kJ/m^2)	$\Delta T/m$/(K/g)	$\Delta T/\Delta t$/(K/s)
乳化柴油 0 号柴油				

【常见问题及解决方法】

1. 配制复合乳化剂过程当中，把氨水加入油酸之后搅拌，这时逐渐有乳白色的絮状物生成，并逐渐结成团状黏稠固体。加入 CTAB 和正丁醇之后搅拌，固体逐渐溶解为淡黄色液体。

2. 柴油与水混合之后，随着磁力搅拌器带动搅拌子搅拌，混合物逐渐浑浊（油水比例比较低时出现团状固体），随后浑浊澄清成亮黄色液体。

3. 待柴油燃烧之后，坩埚中盛有炭黑，而固定坩埚的装置中没有明显炭黑存在。

4. 待乳化柴油燃烧之后，坩埚中基本没有炭黑，而固定坩埚的装置中有明显炭黑分散分布。

【思考题】

1. 柴油的主要成分是什么？其燃烧后可能形成的产物有哪些？

2. 乳化柴油与微乳柴油的区别？制备方法上有什么不同？

3. 乳化柴油为什么不稳定？其对柴油发动机产生的损害是什么？

4. 为什么要进行柴油微乳液的研究？形成微乳柴油的通常条件是什么？其中各组分的作用是什么？

5. 什么是相图？什么是拟三元相图？绘制微乳柴油拟三元相图的作用是什么？

6. 确定微乳液结构性质的简单方法（W/O 型乳液或 O/W 型乳液）有哪些？其原理是什么？

7. 为什么将柴油微乳化可提高柴油的燃烧效率，减少尾气排放？其可能的机理有哪些？

8. 氧弹量热技术的测量原理是什么？如何通过氧弹量热计测定微乳柴油的燃烧值？燃油的完全燃烧与不完全燃烧有什么区别？

9. 本实验乳化剂配方中，各种物质的作用是什么？

【参考文献】

[1] 胡玮，曹红燕，李建平．实验技术与管理，2007，24(3)：46-48.

[2] 李科，蒋剑春，李翔宇．生物质化学工程，2010，44(1)：45-50.

[3] 谢新玲，王红霞，张高勇等．精细化工，2004，21(1)：26-31.
[4] 李兴福，蔺恩惠．西北师范大学学报（自然科学版），1994，30(1)：51-57.
[5] 李兴福，康敬万．西北师范大学学报（自然科学版），1999，30(4)：94-101.

附： 三元相图简介

如图 37-1 所示，三角形的三个顶点 A、B、C 分别表示三个纯组分。三条边 AB、BC、CA 分别表示 A 和 B、B 和 C、C 和 A 所组成的二组分体系，在每条边的任一点表示相应的二组分体系的组成。在三角形内任意一点表示三组分体系的组成。如图中的 P 点的组成可以通过 P 点作平行于三条边的直线，分别交三条边于 a、b、c 三点，Ac 的长度代表 P 点的 B 组分含量，Ba 的长度代表 P 点 C 组分的含量，Cb 的长度代表 P 点 A 组分的含量。P 点各组分的质量分数分别为 $w_A=Cb$，$w_B=Ac$，$w_C=Ba$。

图 37-2 所示为一共轭溶液的三元相图。

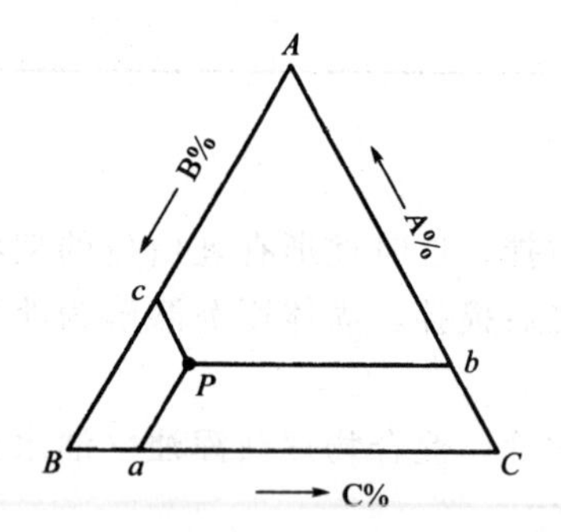

图 37-1　用等边三角形表示三元相图

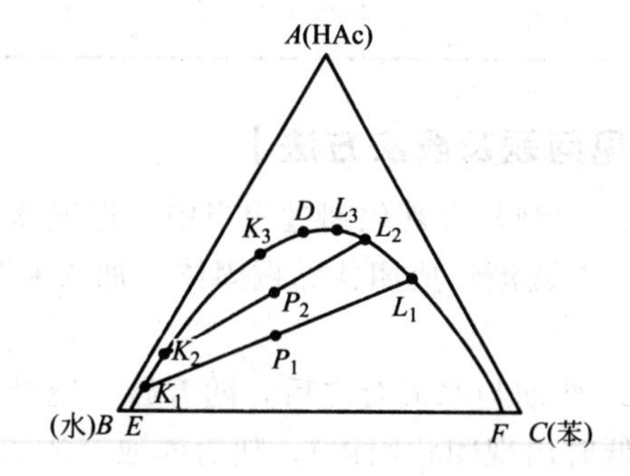

图 37-2　共轭溶液的三元相图

（蔡红兰）

实验 38　循环伏安法观察 $[Fe(CN)_6]^{3-}$/$[Fe(CN)_6]^{4-}$ 及抗坏血酸的电极反应过程

循环伏安法是最重要的电分析化学研究方法之一。在电化学、无机化学、有机化学、生物化学等研究领域应用广泛。其优点有：①操作简单、快速、自动化程度高、重复和再现性好、测定结果准确；②灵敏度高，其测定最小灵敏度可达 5×10^{-11} A/V，测定范围广，其测定范围从 5×10^{-11} A/V 到 0.001A/V；③与价格昂贵的红外光谱等现代分析仪器相比，伏安法测定仪器价格低廉，适于用户自行测定和野战化验；④循环伏安法还可以对样品的总酸值、总碱值进行测定；⑤测定仪器体积小、重量轻、自动化程度高、操作要求简单、测定时间短。循环伏安法可用于：①抗氧剂伏安测定技术；②总酸值（TAN）的测定技术；③总碱值（TBN）的测定技术；④反应过程可逆性的测定等。本实验主要研究了 $[Fe(CN)_6]^{3-}$/$[Fe(CN)_6]^{4-}$ 及抗坏血酸的电极反应过程。

【实验目的】

1. 了解循环伏安法的基本原理、特点和应用。
2. 掌握循环伏安法的实验技术和有关参数的测定方法。

【实验原理】

循环伏安法是最重要的电分析化学研究方法之一。循环伏安法就是将线性扫描电位扫到某电位 E_m 后，再回扫至原来的起始电位值 E_i，电位与时间的关系如图 38-1 所示。

在循环伏安法中，阳极峰电流 i_{pa}、阴极峰电流 i_{pc}、阳极峰电位 E_{pa}、阴极峰电位 E_{pc} 是最重要的参数。对可逆电极过程来说，25℃时有：

$$\Delta E = E_{pa} - E_{pc} = \frac{57 \sim 63}{n}\text{mV}$$

$$\frac{i_{pa}}{i_{pc}} \approx 1\text{（与扫描速度无关）}$$

正向扫描峰电流 i_p 为：

$$i_p = 2.96 \times 10^5 n^{3/2} A D^{1/2} v^{1/2} c$$

从 i_p 的表达式可知：i_p 与扫描速度的平方根成线性关系。

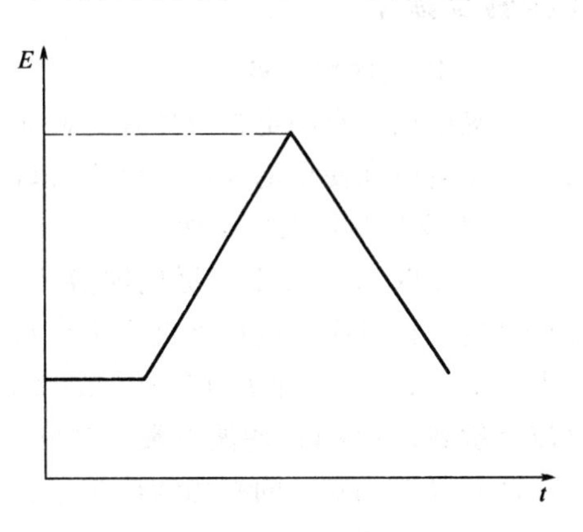

图 38-1 扫描电位与时间关系曲线

标准电极电势为：

$$E^{\ominus} = \frac{E_{pa} + E_{pc}}{2}$$

准可逆过程的曲线形状与可逆程度有关，一般，$\Delta E_p > 59/n$ mV，且 E_{pa}、E_{pc} 随扫描速度的增加而变化。i_{pa}/i_{pc} 可大于、等于或小于 1，但均与扫描速度的平方根成正比。对于不可逆过程，反扫时没有峰，E_p 随扫描速度变化，i_p 仍与扫描速度的平方根成正比（图 38-2）。根据 E_p 与扫描速度 v 的关系，可计算准可逆和不可逆电极反应的速率常数 k_s。

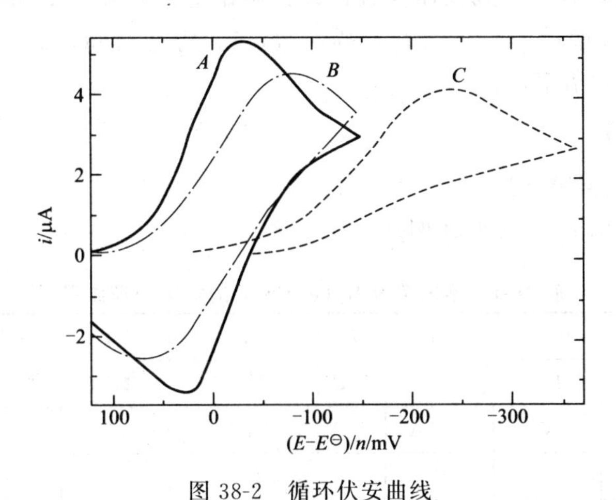

图 38-2 循环伏安曲线

【仪器和试剂】

1. 仪器

CHI660E 型电化学工作站 1 台。

2. 试剂

氯化钾	分析纯；	铁氰化钾	分析纯；
H_3PO_4	分析纯；	KH_2PO_4	分析纯；
抗坏血酸	分析纯；	浓盐酸	分析纯；
0.50mol/L 氯化钾溶液	1L；	0.10mol/L 铁氰化钾空白溶液	1L；
0.10mol/L H_3PO_4-KH_2PO_4溶液	1L；	5×10^{-2}mol/L 抗坏血酸溶液	1L。

【实验步骤】

1. 工作电极预处理

铂盘电极、石墨电极分别作为测定 $[Fe(CN)_6]^{3-}$ / $[Fe(CN)_6]^{4-}$ 及抗坏血酸的工作电极，工作电极在使用前在细砂纸上轻轻打磨至光亮。

2. 溶液配制及操作步骤

(1) 移取 0.50mol/L 氯化钾溶液 20mL 于一 50mL 烧杯中，插入工作电极、对电极和参比电极，将对应的电极夹夹在电极接线上，设置好如下仪器参数：初始电位，0.60V；开关电位 1，0.60V；开关电位 2，0.0V；电位增量，0.001V；扫描次数，1；等待时间，2s；电流灵敏度，10μA；滤波参数，50Hz；放大倍率，1。

(2) 以 50mV/s 的扫描速度记录氯化钾空白溶液的循环伏安曲线并保存。

(3) 向烧杯中加入 0.10mL 0.10mol/L 铁氰化钾空白溶液，同样以 50mV/s 的扫描速度记录循环伏安图并保存。

(4) 分别再向溶液中加入 0.1mL、0.2mL、0.4mL 0.10mol/L 铁氰化钾溶液重复操作(3)。

(5) 分别以 5mV/s、10mV/s、20mV/s、50mV/s、100mV/s、200mV/s 的扫描速度记录最后溶液的循环伏安曲线。

抗坏血酸溶液的操作步骤与过程和铁氰化钾溶液的相同，但电解液换成 0.10mol/L H_3PO_4-KH_2PO_4溶液，并按下列仪器参数记录：初始电位，0.0V；开关电位 1，0.0V；开关电位 2，1.0V；电位增量，0.001V；扫描次数，1；等待时间，2s；电流灵敏度，10μA；滤波参数，50Hz；放大倍率，1。

【实验结果与处理】

1. $K_3Fe(CN)_6$ 的测量结果

不同浓度 $K_3Fe(CN)_6$ 的数据处理结果列于表 38-1 中。

表 38-1　不同浓度 $K_3Fe(CN)_6$ 的数据处理结果

项目	$A(X)$	$B(Y)$	$C(Y)$	$D(Y)$	$E(Y)$	$F(Y)$	$G(Y)$	$H(Y)$	$I(Y)$
变量	体积	E_{pc}	i_{pc}	E_{pa}	i_{pa}	ΔE_p	i_{pa}/i_{pc}	浓度	E_0
单位	mL	V	10^{-6}A	V	10^{-6}A	mV		mmol/L	V
说明	浓度 0.1mol/L								
1	0.1	0.237	5.256	0.302	4.148	65	0.78919	0.49751	0.2695
2	0.2	0.236	10.47	0.301	8.487	65	0.8106	0.9901	0.2685
3	0.4	0.236	21.35	0.302	18.51	66	0.86698	1.96078	0.269
4	0.8	0.236	42.98	0.3	39.28	64	0.91391	3.84615	0.268

观察不同浓度铁氰化钾溶液的循环伏安曲线，如图 38-3 所示，可推知：溶液浓度的改变对其阴极峰电势和阳极峰电势没有多大影响，两者几乎不变；随着浓度逐渐增大，其峰电流 i_{pa} 和 i_{pc} 也是逐渐增大的，且峰电流与浓度大概成线性关系，而两者的比值 i_{pa}/i_{pc} 显示为逐渐增大，可能是在读取数值时产生了一定的误差造成的。当扫描电位扫至 0 时，随溶液浓度增大，其电流值也逐渐增大。

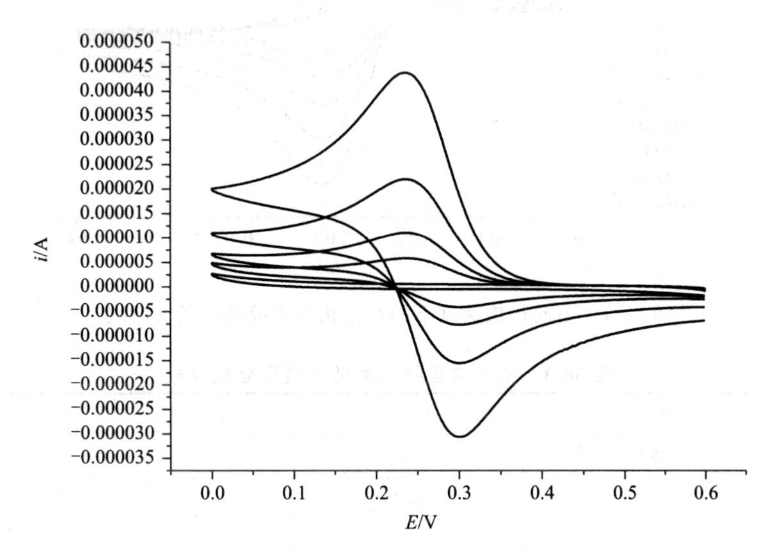

图 38-3 不同浓度 $K_3Fe(CN)_6$ 溶液的循环伏安曲线

不同扫描速度的数据处理结果列于表 38-2 中。

表 38-2 $K_3Fe(CN)_6$ 不同扫描速度的数据处理结果

项目	$A(X)$	$B(Y)$	$C(Y)$	$D(Y)$	$E(Y)$	$F(Y)$	$G(Y)$	$H(Y)$	$I(Y)$
变量	扫描速度 v	E_{pa}	E_{pc}	ΔE_p	i_{pa}	i_{pc}	i_{pa}/i_{pc}	E_0	v 的平方根
单位	mV/s	V	V	mV	10^{-6}A	10^{-6}A		V	
说明									
1	5	0.301	0.235	66	12.97	13.97	0.92842	0.268	2.23607
2	10	0.3	0.236	64	17.73	19.14	0.92633	0.268	3.16228
3	20	0.299	0.236	63	24.96	26.64	0.93694	0.2675	4.47214
4	50	0.3	0.236	64	39.28	42.98	0.91391	0.268	7.07107
5	100	0.301	0.234	67	53.62	58.72	0.91315	0.2675	10
6	200	0.302	0.232	70	73.56	82.36	0.89315	0.267	14.14214

观察不同扫描速度下的铁氰化钾溶液循环伏安曲线，如图 38-4 所示，可推知：扫描速度的改变对其阴极峰电势、阳极峰电势以及峰电流比值 i_{pa}/i_{pc} 无影响，随扫描速度增大，峰电流也随之增大。当扫描电位扫至 0 时，随扫描速度增大，其电流值也逐渐增大。

2. 抗坏血酸的测量结果

不同浓度抗坏血酸的数据处理结果列于表 38-3 中。

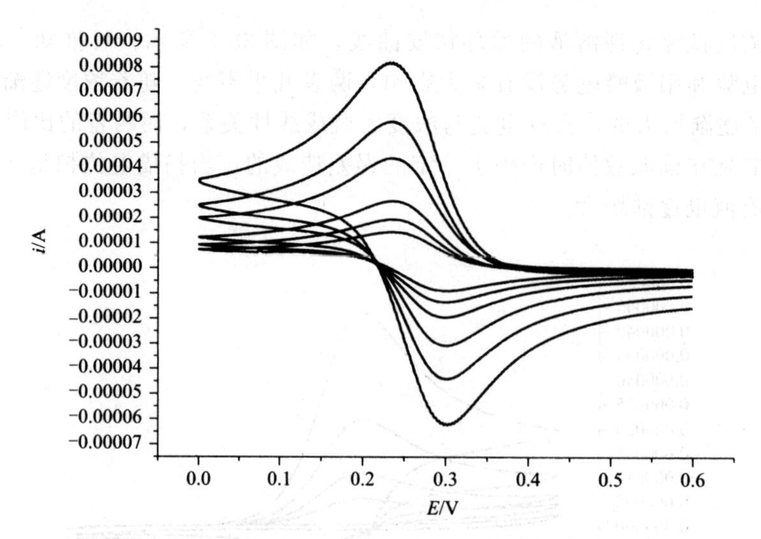

图 38-4　不同扫描速度下的铁氰化钾溶液循环伏安曲线

表 38-3　不同浓度抗坏血酸的数据处理结果

项目	$A(X)$	$B(Y)$	$C(Y)$	$D(Y)$
变量	体积	浓度	E_{pa}	i_{pa}
单位	mL	mmol/L	V	10^{-6}A
说明	浓度 5×10^{-2}mol/L			
1	0.1	0.24876	0.436	3
2	0.2	0.49505	0.442	5.989
3	0.4	0.98039	0.449	13.18
4	0.8	1.92308	0.458	27.36

观察不同浓度的抗坏血酸溶液循环伏安曲线，如图 38-5 所示，可推知：随着抗坏血酸溶液浓度增大，其阳极峰电势也随之增大，其峰电流 i_{pa} 也增大且大概与浓度成线性关系。

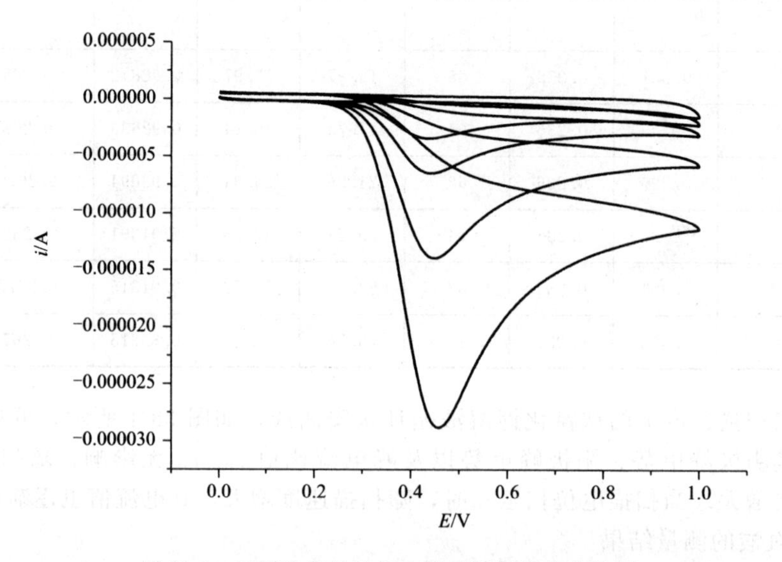

图 38-5　不同浓度的抗坏血酸溶液循环伏安曲线

当扫描电位扫至 1.0V 时，随溶液浓度增大，其电流值的绝对值也逐渐增大。

不同扫描速度的数据处理结果列于表 38-4 中。

表 38-4　抗坏血酸不同扫描速度的数据处理结果

项目	$A(X)$	$B(Y)$	$C(Y)$	$D(Y)$
变量	扫描速度 v	E_{pa}	i_{pa}	v 的平方根
单位	mV/s	V	10^{-6}A	
说明				
1	5	0.349	10.92	2.23607
2	10	0.363	14	3.16228
3	20	0.385	18.91	4.47214
4	50	0.409	28.49	7.07107
5	100	0.433	38.49	10
6	200	0.455	51.85	14.14214

观察不同扫描速度下的抗坏血酸溶液循环伏安曲线，如图 38-6 所示，可推知：随着扫描速度增大，抗坏血酸溶液的阳极峰电势与峰电流 i_{pa} 也随之增大。当扫描电位扫至 1.0V 时，随扫描速度增大，其电流值的绝对值也逐渐增大。

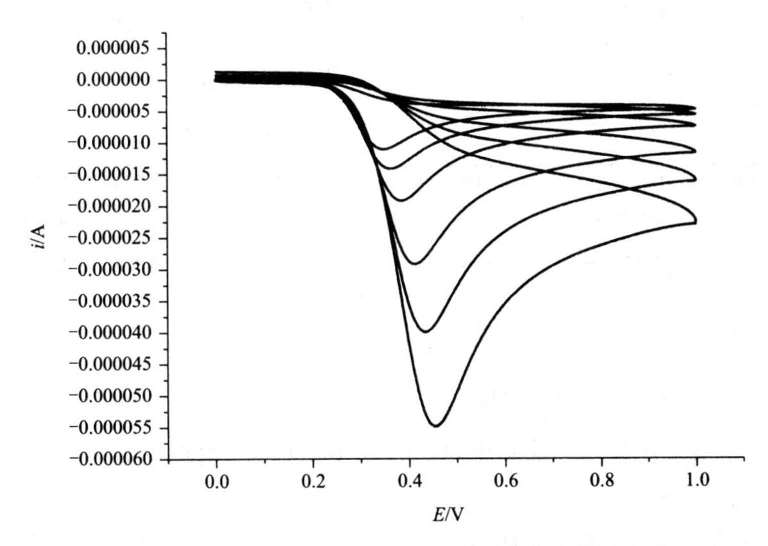

图 38-6　不同扫描速度下的抗坏血酸溶液循环伏安曲线

3. $K_3Fe(CN)_6$ 的峰电流与浓度关系曲线和峰电流与扫描速度平方根关系曲线

$K_3Fe(CN)_6$ 的峰电流与浓度关系曲线和峰电流与扫描速度平方根关系曲线如图 38-7 和图 38-8 所示。

由上面两图可看出 $K_3Fe(CN)_6$ 的峰电流与扫描速度平方根 $\sqrt{v}$ 和浓度 c 成线性关系。

4. 抗坏血酸的峰电流与浓度关系曲线和峰电流与扫描速度平方根关系曲线

抗坏血酸的峰电流与浓度关系曲线和峰电流与扫描速度平方根关系曲线如图 38-9 和图 38-10 所示。

由上面两图可看出抗坏血酸的峰电流与扫描速度平方根 $\sqrt{v}$ 和浓度 c 成线性关系。

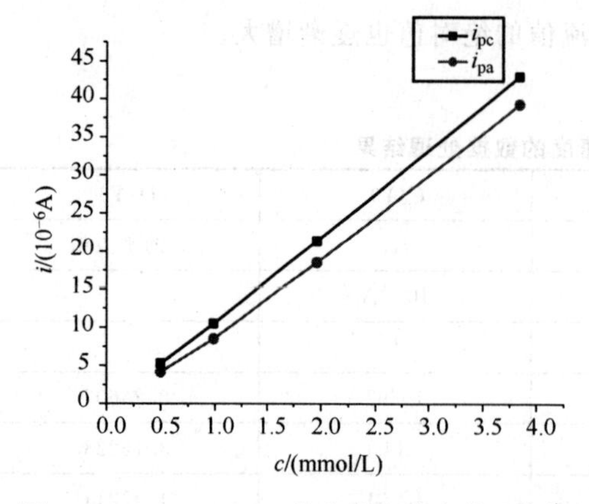

图 38-7　$K_3Fe(CN)_6$ 峰电流与浓度关系曲线

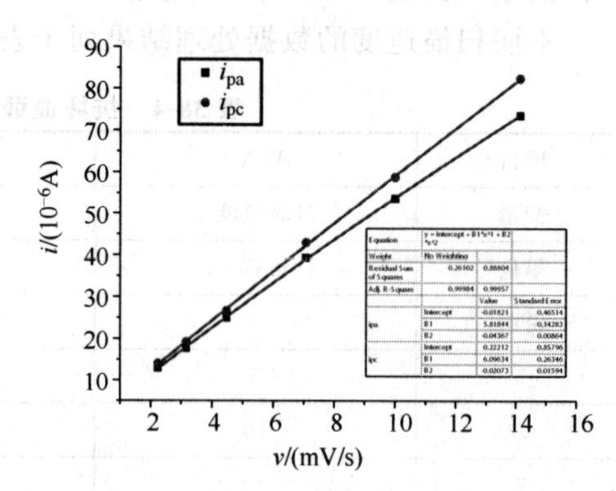

图 38-8　$K_3Fe(CN)_6$ 峰电流与$\sqrt{v}$关系曲线

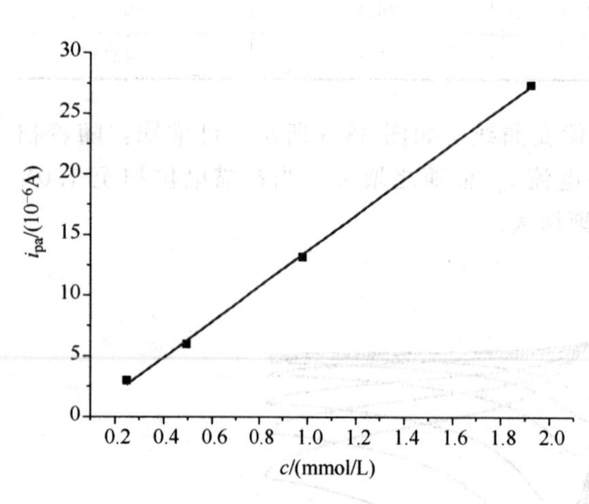

图 38-9　抗坏血酸峰电流与浓度关系曲线

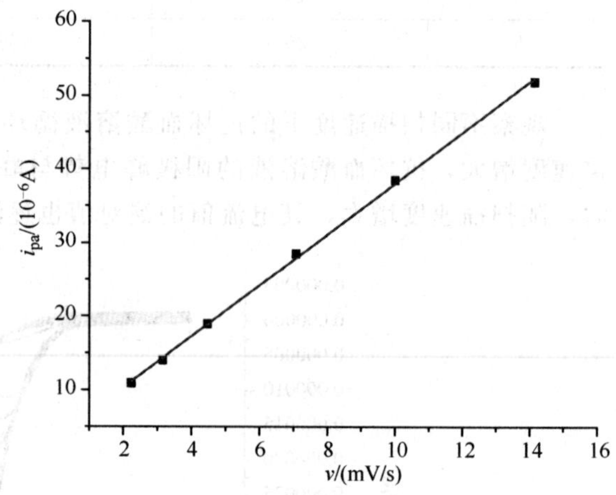

图 38-10　抗坏血酸峰电流与 $\sqrt{v}$ 关系曲线

5. $K_3Fe(CN)_6$ 电极反应的 n 和 $E^{\ominus}$

因为 $\Delta E = E_{pa} - E_{pc} = \dfrac{57 \sim 63}{n}\text{mV}$

实验中测得的 ΔE 在 57～70mV 之间，故 $K_3Fe(CN)_6$ 电极反应的 $n=1$。

算得：$E^{\ominus}=0.268\text{mV}$

6. 抗坏血酸的 E_{pa}与 v 的关系曲线

抗坏血酸的 E_{pa}与 v 的关系曲线如图 38-11 所示。

【常见问题及解决方法】

1. 本实验中，在量取铁氰化钾溶液和抗坏血酸溶液时，由于量取的量比较少，故在量取和移液至烧杯的过程中，可能会出现读取误差，或溶液溅到烧杯壁而未被混合从而使溶液浓度发生改变，这样也会造成一定误差。

2. 在每次加入铁氰化钾溶液和抗坏血酸后以及改变扫描速度前，都应该将烧杯中的溶液晃动一会，使溶液混合均匀，也使电极附近的溶液混合均匀或恢复至初始条件。若不如此，会使电极附近的溶液浓度不是理论上的溶液浓度或电极附近溶液浓度不均匀，从而使测量所得的数据不准确，这也会产生误差。

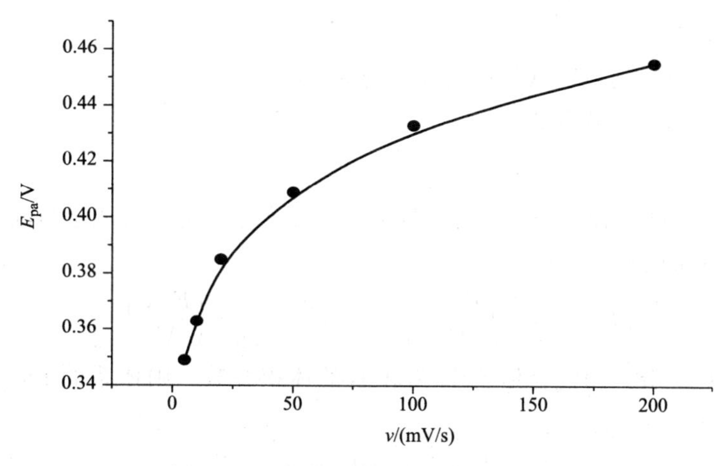

图 38-11　抗坏血酸的 E_{pa}-v 关系曲线

3. 在计算峰电流 i_{pa} 和 i_{pc} 时，由于计算的方法等原因，会使计算所得的值较实际值有一定的偏差，且因实验仪器精密度等原因也会存在系统误差。

【思考题】

1. $[Fe(CN)_6]^{3-}$/$[Fe(CN)_6]^{4-}$ 与抗坏血酸的循环伏安曲线有何区别？

2. $[Fe(CN)_6]^{3-}$/$[Fe(CN)_6]^{4-}$ 的 E_{pa} 对其相应的 v 是什么关系？由此可表明什么？

3. 由 $[Fe(CN)_6]^{3-}$/$[Fe(CN)_6]^{4-}$ 和抗坏血酸各自的循环伏安图解释它们可能的电极反应机理。

【参考文献】

[1] 彭娟，高作宁．分析化学，2006，34(6)：817-820.

[2] 韩晓霞，梁斌，高作宁等．分析试验室，2007，26(3)：30-33.

[3] 杜添，牛雅萍，钱宗耀等．理化检验——化学分册，2010，46(1)：38-40.

（任淑华）

实验 39　高分子可混性能的分子动力学模拟

聚合物的分子模拟的方法研究目前已有很多优秀的模拟工具，可用于预测聚合物的可混合性、力学性能、光学性质等。因为聚合物的混合操作相对简便，容易得到新型的聚合物材料，所以聚合物混合性质的研究一直受到重视。实验中经常将两种（或更多种）具有所需性质的聚合物混合在一起，以期得到更好的材质。

本实验中，将使用建模工具构建两种聚合物，并使用 AmorphousCell 和 Discover 模块来产生一个聚合物混合后的非晶型混合物单元。最后，运行分子动力学模拟并分析结果，由此得到内聚能密度（cohesive energy density，CED）和 Flory-Huggins 相互作用参数等。

【实验目的】

1. 了解使用计算机软件（Matetials Studio）中的 AmorphousCell 模块和分子动力学工

具计算聚合物的性质。

2. 学会使用“分子模拟”软件构造聚合物的非晶形单元。

3. 掌握内聚能密度计算方法。

【实验原理】

内聚能密度是判断两种聚合物可混合性能的重要参数。混合的能量与混合物的内聚能密度以及纯组分的内聚能密度关系如下：

$$\Delta E_{\text{mix}}=\varphi_{\text{A}}\left(\frac{E_{\text{coh}}}{V}\right)_{\text{A}}+\varphi_{\text{B}}\left(\frac{E_{\text{coh}}}{V}\right)_{\text{B}}-\left(\frac{E_{\text{coh}}}{V}\right)_{\text{mix}}$$

式中，φ_{A} 和 φ_{B} 分别为混合体系中 A 和 B 的体积分数。则体系的 Flory-Huggins 相互作用参数 χ 可写为：

$$\chi=\frac{\Delta E_{\text{mix}}}{RT}$$

一般而言，CED 在 300 以下的聚合物，大多是非极性聚合物，分子间作用力主要是色散力，比较弱，分子链属于柔性链，具有高弹性，可用作橡胶；CED 在 400 以上的聚合物，由于分子链上有强的极性基团或者分子间能形成氢键，相互作用很强，因而有较好的力学强度和耐热性，加上易于结晶和取向，可成为优良的纤维材料；CED 在 300～400 之间的聚合物，分子间相互作用居中，适合于作塑料。

【实验步骤】

1. 建立分子模型：全同立构均聚物（syndiotactichomopolymer）

使用聚合物建模工具构建聚乙烯（polyethylene，PE）和聚丙烯（polypropylene，PP）分子模型。

从菜单栏选择 Build | BuildPolymers | Homopolymer。

Homopolymer 对话框如图 39-1 所示。

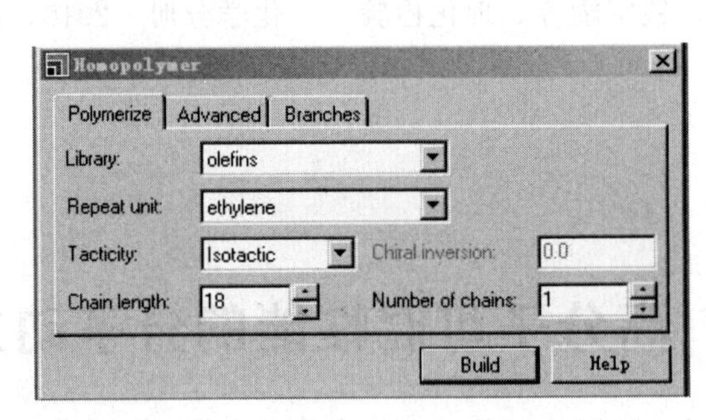

图 39-1 Homopolymer 对话框

建立具有 18 个单元的聚乙烯聚合物。

在“Repeat unit”栏选择为乙烯（ethylene），在“Chain length”栏选择输入 18，在“Tacticity”栏选择 isotactic，然后点击“Build”。一个名为 polyethylene. xsd 的 3D 原子文档就可以显示出来。然后对聚丙烯重复这一过程，可获得 polypropylene. xsd。

2. 用 Discover 模块优化分子的几何结构

聚合物建成之后，它的几何结构是没有优化的。因此，在建立非晶型混合物之前，应该进行一次几何结构的初始优化。

从菜单栏工具栏选择 modules | Discover | Minimizer，如图 39-2 所示。

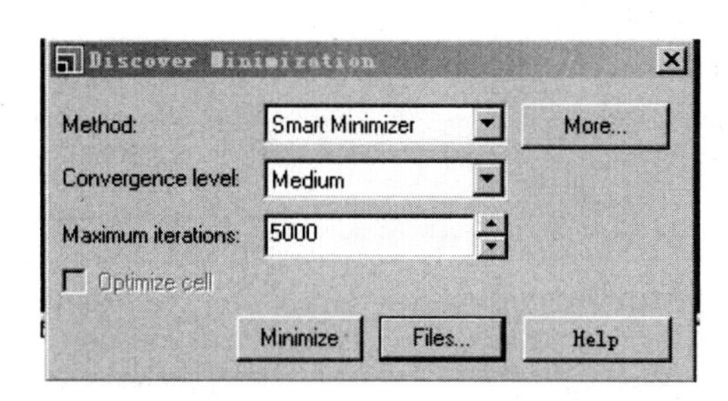

图 39-2 Discover 模块对话框

Discover Minimization 对话框显示出来，通过它可以进行几何结构优化计算。

迭代的最大值（Maximum iterations）缺省为 5000，但是此处只需要得到一个开始的几何结构，可以选择迭代的值为 2000。设置“Maximum iteration”栏为 2000。点击“Minimize”。一个作业管理器（Job Explorer）就显示出来。当作业进行时，它可以显示这一作业的基本信息。一个名为“PolyethyleneDiscoMin”新的文件夹就会产生，所有关于优化的计算结果都保存在其中。计算结束后，优化结果被命名为 Polyethylene. xsd 并保存在“PolyethyleneDiscoMin”文件夹中。

当这一个作业完成之后，可以进行聚丙烯的能量最小化，设置同上。

3. 使用 AmorphousCell 模块构建一个非晶型混合物

建好聚合物模型后，就可在一个非晶型单元中把它们结合起来。

选择工具栏中的 AmorphousCell 工具，然后选择“Construction”或从菜单中选择 Modules | AmorphousCell | Construction。

“Amorphous Cell Construction”对话框就显示出来（图 39-3）。

此时需要定义聚合物，然后把它们加到单元中。

首先激活 Polyethylene. xsd，在 Construct 对话框的“Constituent molecules”部分点击“Add”。然后在激活 Polypropylene. xsd，点击“Add”。

在“Constituent molecules”部分就会显示为每种聚合物将会有 10 个分子加入到单元中，实际上并不需要这么多的分子。把两种聚合物的“Number of constituent molecules”的值由 10 改为 1。在本实验中，需要产生 1 种构型来进行计算。把“Number of configurations”的值由 10 改为 1。接下来指定单元的目标密度。在本实验中，目标密度为 0. 9g/cc。把“Target density of the final configurations”值由 0. 95g/cc 改为 0. 9g/cc。

选中“Refine configurations following construction”选项。设置如图 39-3 所示。

选择 Preferences 标签，在“Refinement options”部分，把“Dynamics steps”改为 500。然后点击“Construct”。如图 39-4 所示。

几秒钟后，一个新的文件夹 cellACConstr 就出现在项目管理器中。

4. 对单元运行分子动力学

假定构建的单元已经完全平衡，现在就可以进行结果运行来产生一系列构象以用于内聚能密度的计算。在这个实验中，我们将进行一个较短的动力学计算以及结果运行。

选择 Modules | Discover | Dynamics，“Ensemble”选择 NVT 系统，温度设为 298K，“Number of steps”可以减少为 1000，选择 Trajectory 标签。选择完全输出（“Save”为“Full”，“Full”包含运行中所产生的所有信息，对于具有较多原子的体系的文件较大）。设置“Frame output every”为 50。这意味着轨迹文档包含 20 个轨迹结构文件，设置完毕如图 39-5 所示。

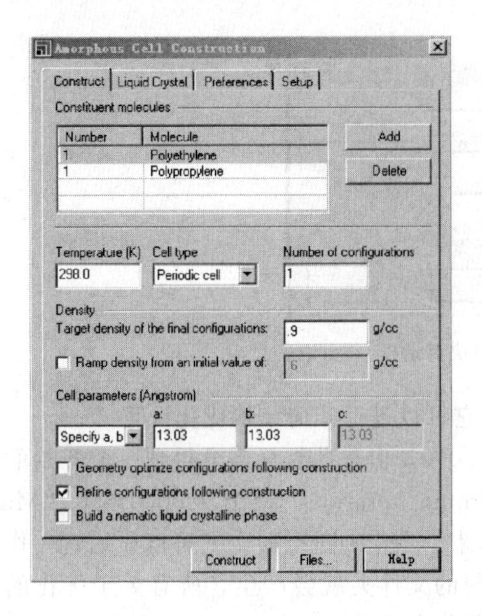

图 39-3 “Amorphous Cell Construction” 对话框

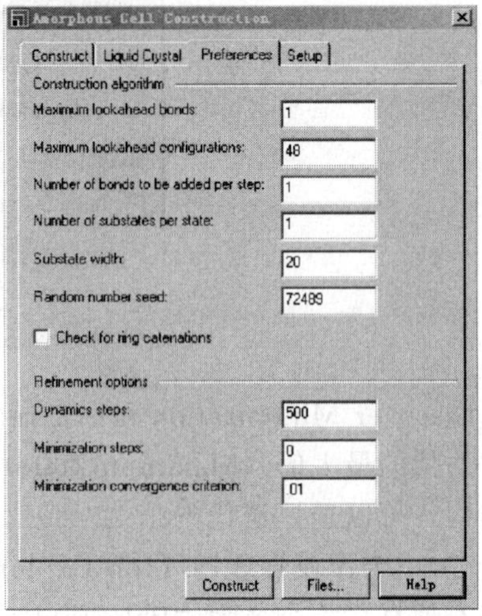

图 39-4 “Amorphous Cell Construction” 对话框 Preference 标签下的参数设置

设置完毕，点击“Run”。当计算完成后，动力学结果保存在 cellDiscoDynamics 文件夹中。保存项目，选择菜单中的 File | SaveProject。

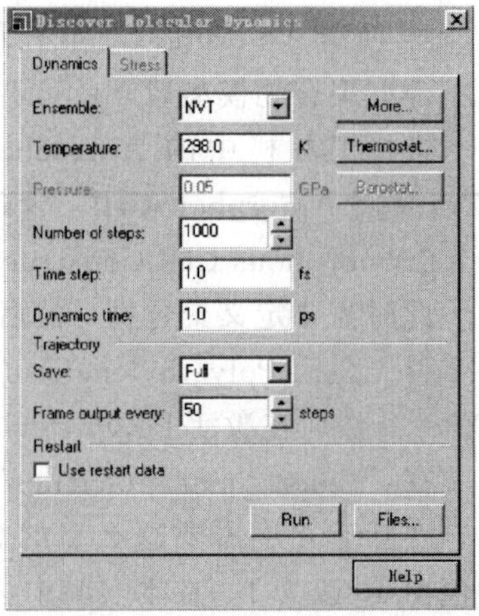

图 39-5 动力学计算参数设置

【实验结果与处理】

计算内聚能密度：选择轨迹文件，从菜单选择 Modules | AmorphousCell | Analysis，显示“Amorphous Cell Analysis”对话框。展开“Energetic”项目，选择“Cohesive energy density”。

计算结束后，可以选择分析当前文档中的单个结构，或者选择轨迹文档中的多个结构进行分析，分析结构将保存为输出文件 cell. out。从该文件中可获得内聚能密度。

【思考题】

若两个组分比例为 1∶2，应该如何操作？

【参考文献】

Waldman M，Hagler A T. Journal of Computational Chemistry，1993，14（9）：1077-1084.

附：

1eV=96.5kJ/mol；

LUMO（lowest unoccupied molecular obital），最低空轨道；

HOMO（highest occupied molecular obital），最高占据轨道。

（乔青安）

实验40　无皂核壳乳液聚合制备苯乙烯/丙烯酸丁酯共聚物

无皂核壳乳液聚合是在经典乳液聚合基础上发展起来的一项聚合反应新技术，它是无皂乳液聚合技术和核/壳乳液聚合技术相结合发展的结果。无皂核壳乳液聚合具有两个优点：一方面制得的乳胶粒子表面比较洁净，避免了传统乳液聚合由于最终产品中含有乳化剂而产生的弊端；另一方面，通过适当的粒子设计可以得到核、壳结构不同的聚合物。具有核/壳结构的无皂乳液聚合产物往往比一般聚合物乳液具有更优异的性能，如明显降低成膜温度、提高低温成膜性及对基质的黏附性等。

【实验目的】

1. 掌握无皂核壳乳液聚合的原理和特点，比较无皂核壳乳液聚合与普通乳液聚合的区别。

2. 通过苯乙烯、丙烯酸正丁酯无皂乳液聚合掌握制备核/壳结构聚合物的方法。

3. 了解激光粒度仪的使用，学会激光粒度仪测量聚合物乳液粒径及粒径分布的方法。

【实验原理】

无皂核壳乳液聚合是在无皂乳液聚合和核/壳乳液聚合的基础上发展起来的。无皂乳液聚合是指聚合体系中不含乳化剂，或仅含少量乳化剂（其浓度在临界胶束浓度以下）进行的乳液聚合。因此，无皂乳液聚合体系的组分只有单体、引发剂和水。无皂乳液聚合的发展最早可以追溯到1937年由Gee、Davis和Melville在乳化剂浓度小于临界胶束浓度（CMC）条件下进行的丁二烯乳液聚合。1965年，Mastumuto和Ochi首次在完全不加入乳化剂的情况下制备出一系列胶粒分散均匀、体系稳定的无皂乳液。

无皂乳液聚合体系中虽然没有加入乳化剂，但是通过引入反应性组分，使其发挥类似乳化剂的作用，从而使体系得以稳定。在无皂乳液聚合体系中通常可加入离子性共聚单体，如羧酸类，或者加入非离子水溶性单体，如丙烯酰胺及其衍生物类。这些离子性单体本身带有离子基团，由于其亲水性而倾向于排列在聚合物粒子-水界面，发挥类似乳化剂的作用。非离子水溶性单体则在一定pH值下以离子形式存在，或者依靠它们的空间位阻效应和静电排斥力而形成稳定的胶粒。由于无皂乳液聚合体系中革除了乳化剂，因而消除了乳化剂对聚合物的不良影响，制得的聚合物乳胶粒子表面洁净，耐水性能、耐溶剂性能以及软化点、弹性和机械强度等均有大幅度提高，特别适用于外墙涂料的基料。

核/壳结构聚合物属于异种高分子复合体系，是由性质不同的两种或两种以上的物质在一定条件下按阶段聚合，使乳胶粒子的内侧和外侧分别富集不同的成分，得到一系列不同组成和不同形态的非均相乳胶粒子。核与壳之间可以是离子键合、接枝共聚或者核、壳物质分子链互相贯穿形成聚合物网络。由于核聚合物和壳聚合物具有不同的性能，核/壳结构聚合物从某种意义上可看做是一种共混聚合物。根据核单体和壳单体的不同，核/壳聚合物有“硬核-软壳型”和“软核-硬壳型”两种类型。在聚合过程中，通过调节核和壳两种物质的性质和比例，可以得到不同形态的非均相粒子。核/壳结构聚合物具有许多与相应的共混物或共聚物不同的、综合性能更优异的特殊性能，在涂料、胶黏剂、增韧塑料等方面具有重要的应用。

核/壳结构聚合物乳液的制备一般采用分阶段乳液聚合的方法。首先加入第一单体和引发剂合成核乳液，然后以核乳液为“种子”，将第二单体和引发剂加入到该种子乳胶体系中，控制水相中不含或含极少量游离的乳化剂，抑制新粒子的生成，达到增大粒径和控制粒子分布的目的，使加入的单体在“种子”上继续生长并使粒子增长，进行第二阶段的聚合。

核-壳结构聚合物制备的关键是加入第二单体聚合时，避免第二单体形成新的乳胶粒子，以保证第二单体只在种子乳胶粒子上发生聚合而形成壳。根据第二单体加料方式的不同，可以分为以下三种方法：间歇法、半连续法和预溶胀法。间歇法是按配方将种子乳液、单体以及补加的乳化剂同时加入到反应容器中，加入引发剂进行壳层聚合。半连续法是先将引发剂加入到种子乳液，然后壳层单体以一定的速度恒速滴加，使聚合期间没有充足的单体。预溶胀法是将单体加入到乳液体系中，在一定温度下溶胀一定时间，然后加入引发剂引发聚合。在这三种工艺中，工业上普遍采用的是半连续种子乳液聚合法。

本实验通过苯乙烯、丙烯酸正丁酯的无皂乳液聚合制备“硬核-软壳型”复合乳液。在聚合时体系内加入少量的丙烯酸，有聚丙烯酸的生成，由于聚丙烯酸分子结构中含有亲水基团和亲油基团，发挥了乳化剂的功能。

【仪器和试剂】

1. 仪器

LS13320 激光衍射粒度仪；

恒温水浴装置	1套；	电动搅拌器	1套；
冷凝管	1个；	恒压滴液漏斗	1个；
量筒	2个；	三口烧瓶（250mL）	1个；
烧杯	2个；	移液管	2个。

2. 试剂

苯乙烯（St），用前需减压蒸馏提纯；
丙烯酸丁酯（*n*-BA）；
丙烯酸（AA）；
过硫酸铵（APS）；
邻苯二甲酸二丁酯；
氨水；
蒸馏水。

【实验步骤】

1. 聚苯乙烯种子乳液的制备（核聚合）

在装有搅拌器、回流冷凝管、滴液漏斗的250mL三口烧瓶中加入60mL去离子水、10mL苯乙烯和1.0mL丙烯酸，开动搅拌使其混合均匀，加入3mL浓度为2.5%的过硫酸铵，75℃反应2～3h，得到聚苯乙烯种子乳液。

2. 苯乙烯、丙烯酸正丁酯核壳乳液的制备（壳聚合）

在恒压滴液漏斗中加入15mL丙烯酸正丁酯和0.6mL丙烯酸，使其混合均匀，在30min内加入到上述种子乳液中，同时用移液管吸取5mL浓度为2.5%的过硫酸铵溶液加入到反应体系中，75℃反应2～3h。反应结束后加入少量氨水调节体系的pH值为7～8，再加入2mL增塑剂邻苯二甲酸二丁酯，搅拌反应10min，降温到40℃以下出料，即得聚苯乙烯/聚丙烯酸正丁酯核壳乳液。

【实验结果与处理】

1. 观察乳液形态及稳定性，准确称取少量复合乳液，干燥后计算固含量与单体转化率。

2. 粒径与粒径分布的测定：取少量聚合物乳液，通过LS13320激光衍射粒度仪分别测量苯乙烯种子乳液和聚苯乙烯/聚丙烯酸正丁酯核壳乳液的粒径和粒径分布。

【思考题】

1. 无皂乳液聚合与普通乳液聚合相比有何优点？

2. 本实验中丙烯酸单体的作用是什么？聚合的场所在哪里？

3. 无皂核壳乳液聚合得到的聚合物在性能上有什么特点？为什么？

4. 写出以过硫酸钾为引发剂，苯乙烯为核单体、丙烯酸正丁酯为壳单体进行无皂核壳乳液聚合所有的反应式。

【参考文献】

［1］梁晖等．高分子化学实验．北京：化学工业出版社，2004.

［2］何卫东．高分子化学实验．合肥：中国科学技术大学出版社，2003.

［3］张丽华．高分子实验．北京：兵器工业出版社，2004.

（李桂英）

实验41　智能水凝胶的制备及溶胀性能测试

智能水凝胶能够对外界环境温度、pH、离子强度、光、电场等变化产生不同程度的响应，可应用于人造肌肉、酶和细胞的固定化、药物控制释放等领域。近年来，有关智能水凝胶的理论和应用研究都取得了很大的进展。随着人们对材料功能要求的不断提高，希望能获得同时对两种或两种以上外界刺激产生敏感的智能聚合物材料。由于温度和pH值是生理、生物和化学系统中的两个重要参数，也是两个很容易操作的刺激信号，兼具温度和pH值双重敏感特性的智能水凝胶正日益受到人们的关注。

【实验目的】

1. 掌握智能水凝胶的性质及制备方法。

2. 制备温度和pH值双重敏感的聚(*N*-异丙基丙烯酰胺-co-丙烯酸)水凝胶，掌握水凝胶溶胀度的表征方法。

3. 了解扫描电子显微镜观察水凝胶的表面形态的方法。

【实验原理】

水凝胶是由亲水性聚合物通过化学键、氢键、范德华力或物理作用缠结形成的具有交联网络结构的一类高分子材料，其不溶于水但在水中能够吸收大量的水而溶胀，具有吸水、保水、缓释等功能。根据对环境刺激响应的不同，水凝胶可分为传统水凝胶和智能水凝胶。智能水凝胶又称为刺激响应性水凝胶或环境敏感水凝胶，是一类对于外界环境的细微物理、化学变化，如温度、pH、电场、磁场、离子强度、可见光、压力以及特异化学物质等，能通过体积的膨胀或者收缩来发生响应并做出相应改变的高分子材料。当外界环境刺激去除后，智能水凝胶又能迅速回复到初始状态。智能水凝胶的上述特点使其在生物传感器、组织工程、人造肌肉、固定化酶、药物的控制释放和生物材料培养等方面具有广泛的应用前景。作为药物载体材料，智能水凝胶材料能够感知外界环境的变化，调整所携带药物的释放行为，从而达到快速有效治疗疾病并尽量减少药物对人体带来的副作用的目的。

智能水凝胶根据其对外界环境刺激的不同包括温度敏感水凝胶、pH 值敏感水凝胶、电场响应水凝胶等。温度敏感性水凝胶在相转变温度附近施加一个小的温度变化，凝胶的体积宏观上将发生突变，这种体积相变是可逆的，当撤销外界施加的温度变化时，凝胶的体积会恢复原来的状态。利用这一特性，温度敏感性水凝胶作为药物载体能够根据患者体温的变化或在体外局部加热来实现药物的可控释放，实现定时、定量、定位释放药物的药物控释体系。聚 *N*-异丙基丙烯酰胺（PNIPAM）由于分子链中同时含有亲水性的酰胺基（—CONH）和疏水性的异丙基［$—CH(CH_3)_2$］是典型的温度敏感性水凝胶。PNIPAM 的最低临界相变温度（LCST）在 32℃左右。在 LCST 以下，分子链上极性的酰胺基团与周围的水分子发生相互作用，形成较强的氢键，聚合物具有良好的亲水性；当温度高于 LCST 时，PNIPAM 与水分子间的氢键被破坏，分子链中非极性的异丙基疏水作用占主导地位，表现为整条分子链的疏水性，从而导致溶液发生相分离。pH 值敏感性水凝胶一般是分子链中含有可电离的弱酸或弱碱基团，如羧基和氨基等。这些可电离的弱酸或弱碱基团在水溶液中的电离程度受到溶液 pH 值的影响，进而聚合物的构象会发生相应的变化，从而表现出 pH 值敏感性。

自由基聚合是制备高分子水凝胶最常用的方法。这一方法是在交联剂存在下，小分子单体通过直接加热引发水溶性引发剂产生自由基，进而产生聚合所需要的初级自由基，经过链增长、链转移等过程，逐渐达到凝胶点，最后形成凝胶。通过在单体中引入丙烯酸、甲基丙烯酸等 pH 值敏感性基团或者温度敏感性基团可以制备智能水凝胶。水凝胶的特性，如溶胀性能可通过交联剂的用量调节。本实验以丙烯酸（AA）和 *N*-异丙基丙烯酰胺（NIPAM）为单体，过硫酸钾（KPS）和亚硫酸钠（SBS）为引发剂，*N*,*N'*-亚甲基双丙烯酰胺为交联剂，通过自由基共聚合制备温度和 pH 值双重敏感的智能水凝胶聚(*N*-异丙基丙烯酰胺-co-丙烯酸)，简写为 P（NIPAM-co-AA）。

【仪器和试剂】

1. 仪器

恒温水浴装置	1 套；	电动搅拌器	1 套；
电子天平	1 套；	恒压滴液漏斗	1 个；
冷凝管	1 个；	三口烧瓶（250mL）	1 个；
烧杯	2 个；	移液管	2 个。

2. 试剂

丙烯酸（AA，分析纯）；
N-异丙基丙烯酰胺（NIPAM，化学纯）；
N,*N'*-亚甲基双丙烯酰胺（Bis，分析纯）；
无水亚硫酸钠（SBS，化学纯）；
过硫酸钾（KPS，分析纯）；
磷酸；
磷酸氢二钠；
蒸馏水。

【实验步骤】

1. P(NIPAM-co-AA) 共聚水凝胶的制备

将 8.0mL 丙烯酸、5.0g *N*-异丙基丙烯酰胺和 0.075g *N*,*N'*-亚甲基双丙烯酰胺置于洁净的三口烧瓶中，加入 50mL 蒸馏水，搅拌器强力搅拌 5min。将质量浓度为 5%的 KPS 和 SBS 溶液各 2.50mL 混合，然后立即加入到反应三口瓶中，搅拌 1min 使其混合均匀，撤掉搅拌并密封反应容器，于 60℃的水浴中反应 5～6h。停止反应后，取出产物 3～5g 切成薄片，用蒸馏水浸泡 24h，每隔一段时间更换蒸馏水，以除去残留单体。在 30℃烘箱中烘干，称重计算固含量和单体转化率。

改变反应温度、单体组成、引发剂用量或交联剂用量，制备不同组成的凝胶样品。

2. 水凝胶溶胀性能测试

（1）水凝胶溶胀动力学测试

准确称取已干燥至恒重的凝胶样品，记下其干重为 W_0；将其放入蒸馏水中浸泡，在不同的时间下（0.5h、1.0h、1.5h、2.0h…）取出样品，用滤纸轻轻吸掉水凝胶表面的水分，称其质量为 W_1，根据公式（41-1）计算水凝胶在不同时间下的溶胀度（SR），并绘制溶胀曲线。

$$SR=(W_1-W_0)/W_0\times100\% \quad (41\text{-}1)$$

（2）水凝胶温度敏感性能测试

准确称取已干燥至恒重的凝胶样品，记下其干重为 W_0；将其放入不同温度（25℃、30℃、32℃、33℃、35℃、40℃、45℃等）的蒸馏水中浸泡 24h，取出后用滤纸轻轻吸掉水凝胶表面的水分，称其质量为 W_1，根据公式（41-1）计算其溶胀度。

（3）水凝胶 pH 值敏感性能测试

准确称取已干燥至恒重的凝胶样品，记下其干重为 W_0；将其放入不同 pH 值的磷酸盐缓冲溶液中（pH=2、3、4、5、6、7、8、10）浸泡 24h，取出后用滤纸轻轻吸掉水凝胶表面的水分，称其质量为 W_1，根据公式（41-1）计算其溶胀度。

【实验结果与处理】

1. 利用称重法测量水凝胶在不同温度和 pH 值条件下的溶胀度，绘制溶胀度的温度和 pH 值依赖性曲线。

2. 将干燥至恒重的凝胶磨成粉末，用 KBr 压片，利用 MAGNA550 傅里叶变换红外光谱仪对样品进行结构表征。

3. 将干凝胶表面喷金处理，利用 JSM-5610LV 扫描电子显微镜观察其凝胶的表面形态。

【思考题】

1. 什么是智能水凝胶？智能水凝胶的应用有哪些？

2. P(NIPAM-co-AA）水凝胶温度和 pH 值敏感性的原理是什么？

【参考文献】

[1] Li G，Guo L，Chang X，et al. International Journal of Biological Macromolecules，2012，50(4)：899-904.

[2] Schmidt S，Motschmann H，Hellweg T，et al. Polymer，2008，49(3)：749-756.

（李桂英）

实验 42 苯乙烯阳离子交换树脂的制备及交换量的测定

离子交换树脂是一类带有可离子化基团的三维网状高分子材料。这类材料在其大分子骨架的主链上带有许多化学基团，这些化学基团一般由两种带有相反电荷的离子组成：一种是以化学键和主链结合的固定离子；另一种是以离子键与固定离子结合的反离子。反离子可以离解成自由移动的离子，并在一定条件下可与周围的其他离子进行交换。通过改变溶液的浓度差、利用亲和力差别等，可使交换离子与其他同类型离子进行反复的交换，达到浓缩、分离、提纯、净化的目的。由于这种离子反应是可逆的，在一定条件下，交换上的离子可以解吸，因而使离子交换树脂可以再生并重复使用。

【实验目的】

1. 掌握离子交换树脂的性质及制备原理。
2. 通过苯乙烯和二乙烯苯共聚物的磺化反应，学习苯乙烯系阳离子交换树脂的制备方法。

【实验原理】

根据交换基团性质的不同，可将离子交换树脂分为阳离子交换树脂和阴离子交换树脂。能解离出阳离子、并能与外来阳离子进行交换的树脂称作阳离子交换树脂；反之为阴离子交换树脂。阳离子交换树脂又可进一步分为强酸型、中酸型和弱酸型三种。如含有磺酸基［$R—SO_3H$］的为强酸型，磷酸基［$R—PO(OH)_2$］为中酸型，醋酸基（R—COOH）为弱酸型。阴离子交换树脂又可分为强碱型和弱碱型两种。如含有$—SO_3H$交换基团的离子交换树脂称为强酸型阳离子交换树脂，其中H^+为可自由活动的离子。由于氢强酸型阳离子交换树脂的储存稳定性不好，且有较强的腐蚀性，因此常将它们与NaOH反应而转化为Na型离子交换树脂，Na型离子交换树脂有较好的储存稳定性。

按其物理结构的不同，可将离子交换树脂分为凝胶型、大孔型和载体型三类。凝胶型离子交换树脂是指在合成离子交换树脂或其前体的聚合过程中，聚合相除单体和引发剂外不含有不参与聚合的其他物质，所得的离子交换树脂是透明的。这类树脂表面光滑，球粒内部没有大的毛细孔。大孔型离子交换树脂是指在合成离子交换树脂或其前体的聚合过程中，聚合相除单体和引发剂外还存在不参与聚合、与单体互溶的致孔剂（能与单体混溶，但不溶于水，对聚合物能溶胀或沉淀，但其本身不参加聚合也不对聚合产生链转移反应的溶剂），因而所得的离子交换树脂内部存在海绵状的多孔结构，是不透明的。大孔型树脂内部由于具有较大的渠道，所以交换速度快，工作效率高。

离子交换树脂的合成方法主要有两种：一种是将带有功能基的单体聚合；另一种是先制备聚合物，然后在大分子骨架上引入功能基。离子交换树脂的外形一般为颗粒状，常见的离子交换树脂的粒径为0.3～1.2nm。离子交换树脂应用极为广泛，它可用于水处理、原子能工业、海洋资源、化学工业、食品加工、分析检测、环境保护等领域。其中聚苯乙烯系离子交换树脂是以苯乙烯和二苯乙烯共聚物为母体制得的一类离子交换树脂，品种多、性能好、用途广，是离子交换树脂中最主要的品种。

用悬浮聚合方法制备球形聚合物颗粒是制取离子交换树脂的一种重要实施方法。在悬浮聚合中，影响颗粒大小的因素主要有搅拌速度、反应温度、反应器和搅拌器的尺寸、水相与单体的比例、悬浮剂、引发剂的类型及数量等。离子交换树脂对颗粒度要求比较高，所以严格控制搅拌速度，制得颗粒度合格率比较高的树脂，是实验中需特别注意的问题。本实验首先通过苯乙烯与二乙烯基苯（DVB）的悬浮共聚，然后进行磺化反应制备强酸型阳离子交换树脂。反应过程如下：

（1）聚合反应

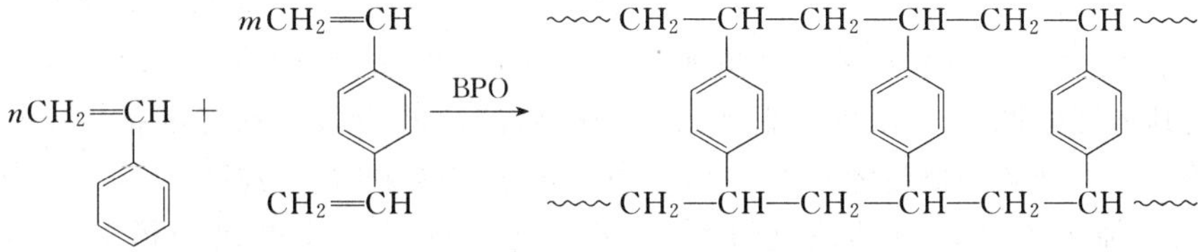

$$n\,CH_2{=}CH(C_6H_5) + m\,CH_2{=}CH{-}C_6H_4{-}CH{=}CH_2 \xrightarrow{BPO} \sim CH_2{-}CH(C_6H_5){-}CH_2{-}CH(C_6H_4){-}CH_2{-}CH(C_6H_5)\sim \; / \; \sim CH_2{-}CH{-}CH_2{-}CH{-}CH_2{-}CH\sim$$

（交联聚苯乙烯）

（2）磺化反应

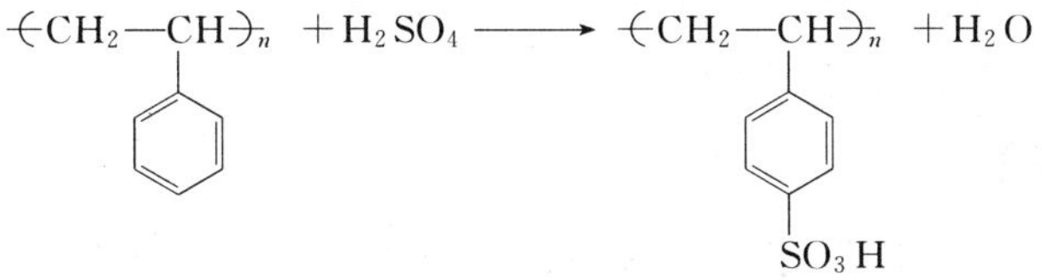

$$\left(CH_2{-}CH(C_6H_5)\right)_n + H_2SO_4 \longrightarrow \left(CH_2{-}CH(C_6H_4SO_3H)\right)_n + H_2O$$

【仪器和试剂】

1. 仪器

三口烧瓶（250mL）	2个；	球形、直形冷凝管	各1支；
量筒、烧杯各	2个；	搅拌器	1套；
恒温油浴	1套；	抽滤装置	1套；
砂芯漏斗	1个。		

2. 试剂

苯乙烯（St） 用前减压蒸馏提纯	分析纯；	二乙烯基苯（DVB）	分析纯；
过氧化苯甲酰（BPO）	分析纯；	聚乙烯醇（PVA） （5%水溶液）	分析纯；
二氯乙烷	分析纯；	NaOH（2mol/L）	分析纯；
H_2SO_4（92%～93%）	分析纯；		分析纯。

【实验步骤】

1. 悬浮共聚制备交联聚苯乙烯微球

将温度计、搅拌器、冷凝管安装在250mL的三口烧瓶上。在三口烧瓶中加入100mL蒸馏水、5%的PVA水溶液5mL，开动搅拌器并缓慢加热，升温至40℃。将0.4g BPO、40g St和10g DVB在小烧杯中混合并倒入三口烧瓶中。由慢到快调节搅拌器转速，使单体全部分散，观察反应瓶中油珠大小，符合要求后缓慢升温至70℃，并保温1h，再升温到85℃反应1h。在此阶段避免调整搅拌速度和停止搅拌，以防止小球不均匀和发生黏结。当小球定形后升温到95℃，继续反应2h。停止搅拌，将产物倒入尼龙沙袋，用热水反复洗涤多次，直至洗涤水透明清亮。再用蒸馏水洗2次，置于表面皿中自然晾干，观察聚合物形状，称量，计算产率。

2. 强酸型阳离子树脂的制备

称取合格共聚物小球20g，放入250mL装有搅拌器、回流冷凝管的三口烧瓶中，加入20g二氯乙烷，溶胀10min，加入92.5%的$H_2SO_4$100g。开动搅拌器，缓慢搅动，以防把树脂粘到瓶壁上。用油浴加热，1h内升温至70℃，反应1h，再升温到80℃反应6h。然后改成蒸馏装置，搅拌下升温至110℃，常压蒸出二氯乙烷，撤去油浴。

冷至室温后，用玻璃砂芯漏斗抽滤，除去硫酸。然后将滤出的硫酸加水稀释，使其浓度降低15%，把树脂小心地倒入被冲稀的硫酸中，搅拌20min后过滤。滤出的硫酸取一半加水稀释，使其浓度降低30%，将树脂倒入被冲稀后的硫酸中（可预先准备一空烧杯，把树脂倒入烧杯内，再把硫酸倒进盛树脂的烧杯中，防止酸被溅出），搅拌15min后过滤。滤出的硫酸取一半加水稀释，使其浓度降低40%，把树脂倒入被再次冲稀的硫酸中，搅拌15min。抽滤除去硫酸，把树脂倒入50mL饱和食盐水中，逐渐加水稀释，并不断把水倾出，直至用自来水洗至中性。得到H型强酸阳离子交换树脂。

在搅拌下向H型强酸性阳离子交换树脂慢慢滴加2mol/L的NaOH水溶液，直至pH值约为8，得到Na型强酸阳离子交换树脂。

【实验结果与处理】

1. 观察悬浮聚合时制备的交联聚苯乙烯小球的形状并计算单体转化率。

2. 树脂性能的测试

（1）质量交换量：单位质量的H型干树脂可以交换阳离子的物质的量（mol）。

（2）体积交换量：湿态单位体积的H型树脂交换阳离子的物质的量（mol）。

取5mL处理好的H型树脂放入交换柱中，倒入1mol/L NaCl溶液300mL，用500mL锥形瓶接流出液，流速1～2滴/min。注意不要流干，最后用少量水冲洗交换柱。将流出液转移至500mL容量瓶中。锥形瓶用蒸馏水洗三次，也一并转移至容量瓶中，最后将容量瓶用蒸馏水稀释至刻度。然后分别取50mL液体于两个300mL锥形瓶中，用0.1mol/L的NaOH标准溶液滴定。

空白试验：取300mL 1mol/L NaCl溶液于500mL容量瓶中，加蒸馏水稀释至刻度，取样进行滴定。

体积交换容量E用下式计算：

$$E=\frac{M(V_1+V_2)}{V} \tag{42-1}$$

式中，E为体积交换容量，mol/mL；M为NaOH标准溶液的浓度，mol/L；V_1为样品滴定消耗的NaOH标准溶液的体积，mL；V_2为空白滴定消耗的NaOH标准溶液的体积，mL；V为树脂的体积，mL。

【思考题】

1. 悬浮聚合法制备球状聚合物时，如何得到粒度分布比较均一的产物？

2. 离子交换树脂可分为哪几类？其工作原理是什么？

【参考文献】

[1] 马建标．功能高分子材料．北京：化学工业出版社，2000.

[2] 曲荣君．材料化学实验．北京：化学工业出版社，2008.

（李桂英）

实验43　溶胶-凝胶法制备硅胶基低代数PAMAM树形大分子

聚酰胺-胺（PAMAM）树形大分子是一类新型高分子材料，由于具有精确的分子结构、分子内存在大量的空腔以及表面含有大量的官能团等特点，容易实现对金属及其离子的包埋与吸附，这些特点使其在吸附分离领域有潜在的应用价值，成为研究热点。本实验主要通过溶胶-凝胶法制备硅胶基低代数PAMAM树形大分子。

【实验目的】

1. 了解PAMAM树形大分子的结构及性能特点。

2. 掌握溶胶-凝胶法制备硅胶基低代数PAMAM树形大分子的实验操作和原理。

3. 通过对样品的表征了解和掌握红外光谱、扫描电镜、核磁共振等常用的表征技术和仪器。

【实验原理】

PAMAM树形大分子具有高度的几何对称性，分子中含有大量可以与金属离子配位的叔胺基、酰胺基和外层氨基端基等功能基，因此易于实现对金属或其离子的包埋和吸附，具有良好的螯合性能，它对金属及其离子的选择性比低分子有机试剂更为优异，它能通过功能基与金属及其离子形成比相应的单齿配位络合物更为稳定的螯合物，具有显著的螯合效应，易于实现对各种金属离子的捕获。这些独特的物理性质和化学性质，使其在吸附分离领域具有广阔的应用前景。但PAMAM树形大分子及其金属离子配合物，一般都能溶于水及不同的有机溶剂，因此不能循环使用，这在一定程度上限制了其应用。通常将PAMAM树形大分子固载到硅胶等载体上从而解决以上问题。目前采用的固载方法多是利用发散式合成法，即首先在载体上引入氨基，然后按照一般合成PAMAM树形大分子的方法步骤，逐步在载体上引入不同代数的PAMAM树形大分子。通过固载将充分发挥其对金属离子的捕获能力，在金属离子脱除领域具有重要的应用。但通过此法合成的PAMAM树形大分子分子内不可避免地出现交联结构从而影响其吸附性能。为了避免这一缺点，通过均相法首先合成低代数无交联的PAMAM树形大分子，然后通过溶胶-凝胶法制备固载化的PAMAM树形大分子吸附材料。

溶胶-凝胶法是一种条件温和的材料制备方法，是以无机物或金属醇盐作前驱体，在液相将这些原料均匀混合，并进行水解、缩合反应，在溶液中形成稳定的透明溶胶体系，溶胶经陈化，胶粒间缓慢聚合，形成三维空间网络结构的凝胶，凝胶网络间充满了失去流动性的溶剂，形成凝胶。凝胶经过干燥、烧结固化制备出分子乃至纳米结构的材料。

本实验旨在制备无交联的硅胶基PAMAM树形大分子吸附材料，从而充分发挥其在吸附分离领域的应用。首先通过三乙氧基氨丙基硅烷（APES）作为中心核，采用发散式合成法合成第1.0代PAMAM树形大分子（合成路线如图43-1所示），随后通过与正硅酸乙酯（TEOS）的溶胶-凝胶反应制备得到无交联的硅胶基PAMAM树形大分子，并通过红外光谱、核磁共振、扫描电镜等方法对其结构进行表征。

【仪器和试剂】

1. 仪器

傅里叶红外光谱仪，Nicolet公司MAGNA-IR 550（series Ⅱ）　　1台；

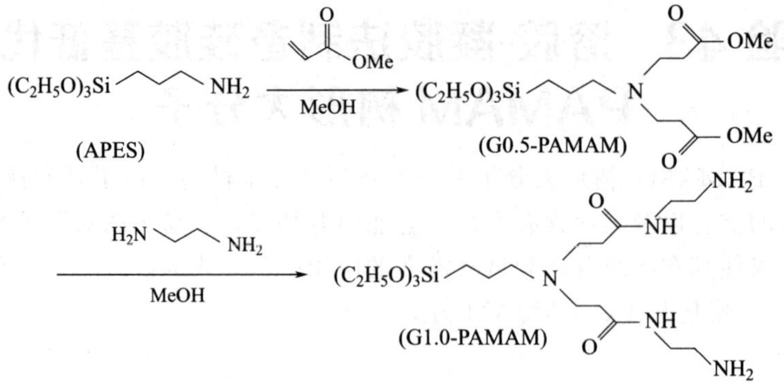

$(C_2H_5O)_3Si$ NH$_2$ → (MeOH) $(C_2H_5O)_3Si$ N
(APES) (G0.5-PAMAM)
H_2N NH$_2$ (MeOH) → $(C_2H_5O)_3Si$ N
(G1.0-PAMAM)

图 43-1 发散式合成法合成低代数 PAMAM 树形大分子示意图

扫描电子显微镜 1 台；
核磁共振波谱仪 1 台；
电子天平 1 台； 真空干燥箱 1 台； 电动搅拌器 1 台；
恒温水浴锅 1 台； 三口烧瓶（250mL） 1 个； 索氏提取器 1 个。

2. 试剂

三乙氧基氨丙基硅烷（APES） 分析纯； 正硅酸乙酯（TEOS） 分析纯；
丙烯酸甲酯（MA） 分析纯； 乙二胺（EDA） 分析纯；
甲醇 分析纯； 氟化铵 分析纯；
甲苯 分析纯； 乙醇 分析纯。

【实验步骤】

1. G0. 5-PAMAM 的合成

在氮气保护下，将 30mL 重蒸的 MA 和 35mL APES 加入 250mL 三口烧瓶中，以 100mL 甲醇为溶剂。反应混合物在 0℃下电动搅拌反应 2h，随后在室温下反应 24h。过量的溶剂和 MA 在 40℃下减压蒸馏，得到 G0. 5-PAMAM。

2. G1. 0-PAMAM 的合成

在氮气保护下，将 115mL 的 EDA 和 2. 5g G0. 5-PAMAM 加入 250mL 三口烧瓶中，随后加入 150mL 甲醇为溶剂。反应混合物在 0℃下电动搅拌反应 4h，随后在在室温下反应 96h。通过甲苯和甲醇共沸法在 70℃下减压蒸馏去除 EDA，得到 G1. 0-PAMAM。

3. 硅胶基低代数 PAMAM 树形大分子的合成

通过溶胶-凝胶法，将 4mmol G1. 0-PAMAM 和 8mmol TEOS 加入到三口烧瓶中，随后加入 4mL 水和 4. 5mL 浓度为 0. 014g/mL 的氟化铵溶液。反应混合物在室温下反应 24h，随后在 70℃下陈化 48h。所得沉淀进行过滤，在室温下干燥，然后转移至索氏提取器中用乙醇回流萃取 24h，置于真空干燥箱中干燥得到产品。

4. 样品的测定

通过红外光谱、核磁共振、扫描电镜对所得产品的结构和表面形貌进行表征。

【实验结果与处理】

1. 称量产品质量，计算产率。

2. 表征结果记录

（1）记录红外光谱特征吸收峰，通过红外光谱初步判断产品的结构。

（2）记录核磁共振的特征位移，确认其归属，通过核磁共振吸收峰的位置确认产品的结构。

（3）通过扫描电镜观测产品的表面形貌。

【常见问题及解决方法】

1. 由于乙二胺沸点较高及容易和 PAMAM 形成氢键，因此采用甲醇和甲苯共沸的方式进行脱除，如果乙二胺脱除不干净，可反复多次采用共沸方法进行脱除，直至乙二胺完全去除。

2. 合成 G0.5-PAMAM 和 G1.0-PAMAM 的过程中要保证无水、无氧环境，从而避免其发生水解反应。

【思考题】

1. PAMAM 树形大分子内部交联结构的出现，对吸附性能有何影响？

2. 为什么本实验制备的硅胶基 PAMAM 树形大分子避免了交联结构的出现？

【参考文献】

[1] Niu Y，Qu R，Sun C，et al. Journal of Hazardous Materials，2013，244-245：276-286.

[2] Sun X，Qu R，Sun C，et al. Industrial & Engineering Chemistry Research，2014，53（8）：2878-2888.

（牛余忠）

实验 44　巯基磁性 Fe_3O_4 载银纳米材料的制备及其催化性能

磁性纳米 Fe_3O_4 由于低毒、制备简单、性能稳定、比表面积大、磁性强、具有表面效应和磁效应等优点，在外磁场作用下可有效富集、分离、回收和再利用，不仅广泛作为吸附材料用于废水处理、环境保护领域，而且在催化、生物医学、生物工程等领域起着重要的作用。可人工设计的磁性复合材料由于其重要的基础研究意义和巨大的潜在应用价值成为跨越材料学、化学、物理学、信息科学和生命科学等诸多学科的前沿研究领域之一。

【实验目的】

1. 掌握共沉淀法制备磁性纳米 Fe_3O_4 的方法及其改性原理。

2. 掌握载银纳米颗粒的制备方法，评价其在硝基苯酚还原反应中的催化作用。

3. 通过对材料的表征了解和掌握红外光谱、扫描电镜、紫外光谱等常用的表征技术和仪器。

【实验原理】

磁性纳米 Fe_3O_4 是一种重要的尖晶石型铁氧体，具有低毒、制备简单、性能稳定、比表面积大、磁性强、具有表面效应和磁效应等优点，在外磁场作用下可有效富集、分离、回收和再利用，不仅广泛作为吸附材料用于废水处理、环境保护领域，而且在催化、生物医学、生物工程等领域起着重要的作用。近年来有关磁性 Fe_3O_4 纳米材料的制备方法和性质的研究受到了广泛关注。目前，制备磁性纳米 Fe_3O_4 的方法有很多，如水热反应法、中和沉淀法、化学共沉淀法、微波辐射法等。其中以共沉淀法最为简便，共沉淀法是在含有两种及两种以上金属离子的可溶性盐溶液中，加入合适的沉淀剂，使金属离子均匀沉淀或者结晶出来，然后将沉淀物脱水或热分解处理而得到纳米微粉。共沉淀法不仅可以使原料细化和均匀混合，且具有工艺简单、煅烧温度低和时间短、产品性能良好等优点。

由于磁性纳米 Fe_3O_4 具有较高的比表面积，具有强烈的聚集倾向，所以通过表面修饰降低纳米粒子的表面能是得到可分散性的纳米粒子的重要手段。通过采用表面化学连接、表面聚合反应、吸附沉积、声化学方法等，现已可在磁性纳米粒子表面包覆有机高分子、生物分子和无机纳米材料等。通过表面修饰赋予磁性纳米 Fe_3O_4 更多的性能，从而扩展其应用领域。根据软硬酸碱理论的经验规律，含硫功能基的材料对贵金属金、银等具有良好的络合能力。因此通过巯基对磁性纳米 Fe_3O_4 进行修饰可得到具有良好络合能力的载体，通过与金属离子络合进而还原，有望合成具有良好催化活性的纳米催化剂。

对硝基苯酚在化工、农药、染料中间体、医药等行业广泛应用，是废水中典型的有毒、难降解有机污染物之一。对硝基苯酚的存在对水体、土壤具有严重的危害，同时对人们的日常生活构成了潜在的威胁，因此需将其脱除或转化。目前通常采用的是通过还原将对硝基苯酚转变为对氨基苯酚。对氨基苯酚是医药、染料等精细化学品的中间体，广泛用于生产药物扑热息痛、偶氮染料、硫化染料、酸性染料、毛皮染料以及显影剂、抗氧剂和石油添加剂等。因此将对硝基苯酚还原降解是必要而有益的，还原对硝基苯酚的方法有很多，如铁粉还原法、催化加氢还原法、硼氢化钠还原法等，其中应用最广泛的是硼氢化钠还原法。硼氢化钠性能稳定，还原时有选择性，分子中的 H 显 -1 价，有很强的还原性，在有机合成中起到很大作用，所以被称为“万能还原剂”（其还原反应方程式如图 44-1 所示）。但单纯的硼氢化钠还原效果较差，需找到一种高效、价廉易得的催化剂。金属纳米粒子因其独特的物理化学性质引起了人们的巨大兴趣，尤其在催化剂研究领域。目前用于催化对硝基苯酚还原的催化剂有纳米金、银、铜等，其中纳米银由于价廉、催化性能好备受关注。

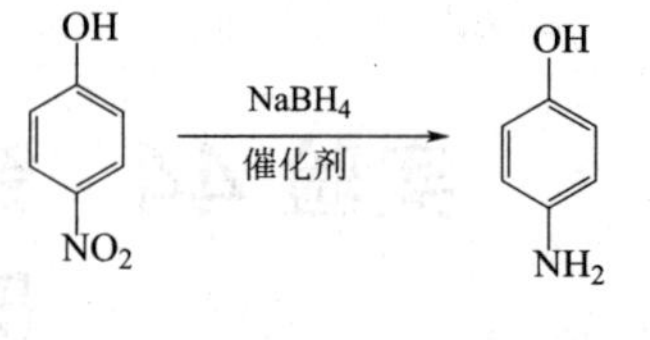

OH
NO2
NaBH4
催化剂
OH
NH2

图 44-1 硼氢化钠还原对硝基苯酚示意图

本实验首先通过化学共沉淀法合成磁性纳米四氧化三铁，然后通过与正硅酸乙酯（TEOS）的溶胶-凝胶化反应在四氧化三铁表面包覆二氧化硅层，随后通过与三乙氧基巯丙基硅烷偶联剂的反应在其表面引入巯基（合成路线如图 44-2 所示），最后通过与银离子的配

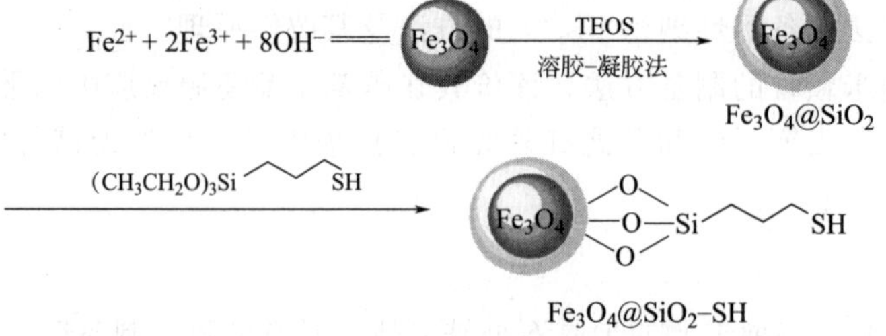

$Fe^{2+} + 2Fe^{3+} + 8OH^- = Fe_3O_4$
TEOS
溶胶-凝胶法
$Fe_3O_4@SiO_2$
$(CH_3CH_2O)_3Si$ SH
$Fe_3O_4@SiO_2$-SH

图 44-2 巯基磁性四氧化三铁纳米材料的合成路线

位还原得到载银纳米颗粒，研究其对对硝基苯酚的还原催化能力。

【仪器和试剂】

1. 仪器

傅里叶红外光谱仪，Nicolet 公司 MAGNA-IR 550（series Ⅱ）					1台；
扫描电子显微镜，JEOL 公司 JSM-5610LV					1台；
电子天平	1台；	真空干燥箱	1台；	超声清洗机	1台；
强磁性磁铁	1块；	三口烧瓶（250mL）	1个；	回流冷凝管	1个。

2. 试剂

三乙氧基巯丙基硅烷（MPTS）	分析纯；	正硅酸乙酯（TEOS）	分析纯；
$FeCl_3 \cdot 6H_2O$	分析纯；	$FeCl_2 \cdot 4H_2O$	分析纯；
无水乙醇	分析纯；	甲苯	分析纯；
氨水	分析纯。		

【实验步骤】

1. 磁性 Fe_3O_4 纳米颗粒的制备

准确称取 5.84g 的 $FeCl_3 \cdot 6H_2O$ 和 2.15g $FeCl_2 \cdot 4H_2O$，加入到装有 100mL 二次蒸馏水的三口烧瓶中，逐渐加热到 85℃，随后加入 8mL 25%的氨水，继续反应 1h，冷却到室温后用蒸馏水倾析，静置沉淀，得到磁性 Fe_3O_4 纳米颗粒。

2. Fe_3O_4@SiO_2 的制备

称量 5g Fe_3O_4 纳米颗粒，超声分散在 80mL 二次蒸馏水中，取 4.0mL TEOS，超声分散于 80mL 乙醇中。将上述两种溶液混合于 200mL 三口烧瓶中，超声并搅拌 15min，然后加入 8mL 氨水，继续超声搅拌 15min，然后在 60℃下继续反应 3h。上述产物用磁铁分离后，用乙醇洗涤数次至中性，干燥得到 Fe_3O_4@SiO_2。

3. Fe_3O_4@SiO_2-SH 的制备

在氮气保护下，将 4g Fe_3O_4@SiO_2 加入三口烧瓶中，随后加入 90mL 甲苯，超声分散，然后加入 5mL MPTS，反应混合物于 70℃下，超声反应 8h，反应结束后，磁性分离，并分别用甲苯和乙醇对产品回流萃取 12h，最后将产物置于真空干燥箱中 60℃下烘干，得到 Fe_3O_4@SiO_2-SH。

4. 巯基磁性 Fe_3O_4 载银纳米材料的制备

在氮气保护下，将 20mL 浓度为 0.15mol/L 的 $AgNO_3$ 溶液加入到含有 2g Fe_3O_4@SiO_2-SH 的三口烧瓶中，反应混合物于 25℃下搅拌反应 4h。随后加入硼氢化钠 3g，继续搅拌反应 4h。反应停止，过滤得到产物，并用蒸馏水洗涤三次，真空干燥得到载银催化剂。

5. 巯基磁性 Fe_3O_4 及其载银催化剂的表征

(1) 利用红外光谱仪对 Fe_3O_4@SiO_2-SH 及其中间产物进行结构表征，并通过和载银催化剂红外光谱的对比判断反应是否成功。

(2) 使用扫描电镜来观察 Fe_3O_4@SiO_2-SH 及其载银催化剂的表面特征，判别反应前后巯基聚倍半硅氧烷表面形貌的变化。

6. 巯基磁性 Fe_3O_4 载银纳米材料对对硝基苯酚还原性能

移取 2.3mmol/L 对硝基苯酚溶液 163.25μL、3.5mg/mL $NaBH_4$ 溶液 391.8μL 和 3.50mL 蒸馏水加入到比色皿中，摇匀，用紫外分光光度计进行测定。然后将比色皿中的样品全部倒入碘量瓶中，向碘量瓶中加入 30mg 巯基磁性 Fe_3O_4 载银纳米材料催化剂，置于 25℃、150r/min 水浴恒温振荡器中反应，每隔 10min 将样品取出，用紫外分光光度计进行测定其吸光度，测定后将取样倒回碘量瓶中，让其继续反应，然后 10min 后取出测试，直至两次测量值变化不大为止。

按照以上步骤分别在 15℃、25℃、35℃ 水浴恒温振荡器中进行实验，用紫外可见分光光度计进行测定，观察计算催化性能。

【实验结果与处理】

1. 分别称量 Fe_3O_4、Fe_3O_4@SiO_2、Fe_3O_4@SiO_2-SH 产品质量，计算产率。

2. 表征结果记录

（1）记录红外光谱特征吸收峰，通过红外光谱初步判断产品的结构。

（2）通过扫描电镜观测产品的表面形貌。

（3）催化性能测试：记录不同反应温度及催化剂用量对对硝基苯酚还原转化率的影响。

【常见问题及解决方法】

1. 由于磁性 Fe_3O_4 纳米颗粒具有较高的比表面积，具有强烈的聚集倾向，因此反应完全后，洗涤，可以直接用于下一步反应。

2. Fe_3O_4@SiO_2 的制备过程中容易出现包覆不均匀的现象，因此反应前超声分散均匀，随后再加入 TEOS。

【思考题】

1. Fe_3O_4@SiO_2 复合颗粒的制备过程中为什么要超声分散？

2. 温度的变化在对硝基苯酚还原中有哪些影响？原因是什么？

【参考文献】

[1] Huang C, Hu B. Spectrochimica Acta Part B: Atomic Spectroscopy, 2008, 63 (3): 437-444.

[2] Nemanashi M, Meijboom R. Journal of Colloid and Interface Science, 2013, 389 (1): 260-267.

（牛余忠）

实验 45　温敏性微凝胶稳定化金纳米粒子的制备及对 4-硝基苯酚的催化还原

凝胶根据尺寸大小可分为宏观凝胶和微观凝胶（微球），根据对外界环境刺激的响应则可分为化学信号刺激（如 pH、化学或生物物质等）响应性凝胶和物理信号刺激（如温度、光、电、磁等）响应性凝胶。微凝胶是一种分子内高度交联的聚合物胶体粒子，其内部结构为典型的网络结构。通常制备的微凝胶都是以胶态形式溶胀于一定溶剂中高度分散的体系。目前，对于微凝胶的尺寸尚没有统一的定义，一般认为，凡是粒径在 50nm～5μm 之间的凝胶粒子都可称为微凝胶。

【实验目的】

1. 了解凝胶、微凝胶的概念及区别。

2. 通过制备温敏性聚 N-异丙基丙烯酰胺微凝胶了解微凝胶的合成方法及应用。

【实验原理】

无规共聚是制备温度敏感性凝胶最常用的方法，单体聚合的方法可以采用辐射聚合、溶液聚合、分散聚合和乳液聚合等。聚合中常用的引发剂：热不稳定的过氧化物（过氧化二苯甲酰，BPO）；氧化还原体系（氧化剂如过硫酸铵、过硫酸钾，还原剂有亚铁盐、焦亚硫酸钠或四甲基乙二胺）。交联剂如 N,N′-亚甲基双丙烯酰胺、乙二醇二甲基丙烯酸酯等。

由于单元质量的微凝胶相比于大凝胶具有更大的界面，可以产生相当大的变化率，且易于制成柱状并应用于身体内部，因此，微凝胶在催化、生物传感器、微胶囊、环保工业、蛋白质的活性控制等许多应用方面具有很大的潜能。用其稳定化的金纳米粒子可以催化 4-硝基苯酚的还原，具有催化速率快、效率高、容易回收循环利用等优点。

本实验以 N-异丙基丙烯酰胺为原料，N,N′-亚甲基双丙烯酰胺为交联剂，N-乙烯基吡咯烷酮为亲水改性单体，通过溶液自由基共聚合制备具有温度敏感特性的聚 N-异丙基丙烯酰胺-乙烯基吡咯烷酮微凝胶，以其为稳定剂合成金纳米粒子并用于对 4-硝基苯酚的催化还原。

【仪器和试剂】

1. 仪器

紫外-可见分光光度计			1台；		
恒温水浴锅	1台；	电子天平	1台；	三口烧瓶（100mL）	1个；
磨口冷凝管	1支；	烧杯	2个；	干燥箱	1台；
温度计	1支；	电动搅拌器	1台；	移液管	1支。

2. 试剂

N-异丙基丙烯酰胺	分析纯；	N-乙烯基吡咯烷酮	分析纯；
氯金酸	分析纯；	硼氢化钠	分析纯；
对硝基苯酚	分析纯；	过硫酸钾	分析纯；
N,N′-亚甲基双丙烯酰胺	分析纯；	蒸馏水	自制。

【实验步骤】

1. 聚 N-异丙基丙烯酰胺-乙烯基吡咯烷酮微凝胶的合成

将 1.34g N-异丙基丙烯酰胺、0.1g N-乙烯基吡咯烷酮、0.099g N,N′-亚甲基双丙烯酰胺溶于 100mL 水中，加入装有冷凝装置、电动搅拌装置、温度计及 N_2 导管的 250mL 三口烧瓶中，加热至 75℃，通入 N_2 充分除氧，用注射器注射加入溶有 0.029g 过硫酸钾的水溶液 20mL，75℃反应 3h. 产物用蒸馏水洗三次，除去未反应单体，烘干备用。

2. 微凝胶固载金纳米粒子催化剂的制备：

称取 0.1g 微凝胶分散于 40mL 去蒸馏水中，加入 6mL（24mmol/L）的氯金酸水溶液并将溶液定容至 30mL，搅拌 10min 后，将溶于 40mL 水中的 0.03g 硼氢化钠溶液加到微凝胶悬浮液中，快速搅拌 30min，过滤或离心得微凝胶稳定的固体催化剂。

3. 微凝胶固载金纳米粒子催化还原 4-硝基苯酚

将 0.1mL 硼氢化钠（0.3mol/L）和 2.7mL 对硝基苯酚（1.1×10^{-4} mol/L）加至石英比色皿池中混合均匀，在预设温度下恒定 10min，快速加入不同质量（0.005g、0.01g、0.015g、0.02g 分别记为 C_1、C_2、C_3、C_4）微凝胶固载金纳米粒子进行还原。对硝基苯酚和硼氢化钠的初始浓度分别为 1.0×10^{-4} mol/L 和 0.01mol/L，通过紫外可见分光光度计每 2min 记录一次溶液的吸收光谱，直至溶液颜色完全褪去，测量 400nm 处吸光度的变化，将数据填入表 45-1 记录。

【实验结果与处理】

1. 产品外观：____________ 产量：____________ 反应产率：____________。

2. 催化所测实验数据及计算结果列入表 45-1 中。

表 45-1 数据的记录

$C/(g/cm^3)$	t/s	转化率/%	催化效率/%
C_1			
C_2			
C_3			
C_4			

【常见问题及解决方法】

1. 制备的微凝胶尺寸过大影响其性能，要求在制备过程中保证交联剂的浓度适宜且在刚开始凝胶化时搅拌一定要充分，保证单体浓度较低利于其凝胶化后溶胀和反应完全。

2. 硼氢化钠水溶液应现配现用，而且在紫外测定过程中气泡的产生会影响结果的准确性，所以其浓度不宜过高。

【思考题】

1. 分析微凝胶和传统凝胶在性能方面的差异。

2. 微凝胶用于固载催化剂的好处有哪些？

【参考文献】

[1] Saunders B R，Vincent B. Advances in Colloid and Interface Science，1999，80 (1)：1-25.

[2] 马晓梅，唐小真．高分子学报，2006，(7)：897-902.

（刘训恿）

实验 46 水热法制备球形氧化亚铜负极材料

锂离子电池是 20 世纪开发成功的新型高能电池，具有能量高、电池电压高、工作温度范围宽、储存寿命长等优点。随着锂离子电池应用范围的扩大和锂离子电池工业的发展，其负极材料的研究成为热点之一。

【实验目的】

1. 了解负极材料的研究进展，熟悉氧化亚铜的不同制备方法。

2. 学会利用水热法制备球形氧化铜负极材料及其电池性质测试。

3. 掌握影响氧化铜形貌的主要因素。

【实验原理】

锂离子电池中常用的负极材料主要有碳负极材料和非碳负极材料。

碳负极材料主要有石墨材料、软碳和硬碳。石墨材料导电性好，结晶度高，充放电效率90%以上，不可逆容量低于50mA·h/g，具有良好的充放电电位平台，是目前锂离子电池应用最多的负极材料。软碳结晶度低，易石墨化，晶粒尺寸小，晶面间距较大，与电解液的相容性好，但是其首次充放电无明显电位平台。硬碳很难石墨化，是高分子聚合物的热解碳，其充放电的循环性能良好。

非碳负极材料主要包括氮化物、金属间化合物和金属氧化物。金属氧化物作为锂离子电池的负极，电池具有良好的循环性能。研究发现，过渡金属氧化物（氧化锌、氧化亚铜、氧化钴、氧化镍、三氧化二铁等）材料作为锂离子电池负极材料具有较高的比容量。因此，寻找和开发与Li^+/Li电对电位相近的氧化物负极材料很有意义。

氧化亚铜是具有广泛应用的化合物，由于其粒子的形貌和尺寸大小与其宏观的物理与化学性质有关，所以，不同形貌的氧化亚铜颗粒其应用领域不同。微米级氧化亚铜用作锂电池负极材料有更好的充放电性能。

目前，制备氧化亚铜的方法主要有烧结法、电化学法、水热法、溶剂热法、化学沉淀法等。

（1）烧结法

铜粉在反应中做还原剂，与氧化铜发生固相反应，存在反应不均匀、不彻底的缺点。制得的氧化亚铜的粒度取决于铜粉的粗细程度，且铜粉在烧结时难分散、易结块。

（2）电化学法

以金属铜作阳极，以含铜粒子的溶液为电解液进行电解，在阴极得到较纯的氧化亚铜。电化学法工艺简单、纯度高，但电耗高产量低。

（3）水热法

水热法是在高温、高压下，以水为介质的异相反应合成方法。水热温度可控制在100～300℃不等，反应过程中温度及升温速度、搅拌速度等因素都会影响粒径大小和粉末性能。水热法只需一步水热反应就能合成有规则形貌的微米级粒子，能避免或者减少液相反应过程中颗粒硬团聚现象，因此，近年来采用水热法合成纳米氧化亚铜粒子的研究备受青睐。

（4）溶剂热法

在溶剂热法中，溶剂既是一种化学组分参与反应，又是矿化的促进剂，同时还是压力的传播媒介。尤其是以乙二醇为代表的多元醇溶剂，在反应过程中作为稳定剂能有效地抑制粒子的生长及团聚。多元醇溶剂的沸点较高，反应可在高温下进行，得到结晶完好的产物。

（5）化学沉淀法

化学沉淀法中，强还原剂容易将Cu^{2+}还原成Cu，而不能得到纯净的Cu_2O。

本实验是在三乙醇胺存在的条件下，通过水热法制备氧化亚铜材料。采用乙二醇还原剂合成微米级球形氧化亚铜颗粒，并探讨表面活性剂对其形貌的影响，以及其电池性能。

【仪器和试剂】

1. 仪器

扫描电子显微镜，

型号 JSM-5610LV	1台；	高速离心机	1台；		
鼓风干燥箱	1台；	电子天平	1台；	真空干燥箱	1台；
惰性气体操作箱	1台；	手动封口机	1台；		
Land 电池测试仪	2台；	离心管	10个；	烧杯（100mL）	5个；
水热反应釜（30mL）	3套。				

2. 试剂

乙酸铜	分析纯；	三乙醇胺	分析纯；
乙二醇	分析纯；	无水乙醇	分析纯；
电解液	LBC305-01；	蒸馏水	自制；
N-甲基吡咯烷酮（NMP）	分析纯	聚偏氟乙烯（PVDF）	分析纯；
隔膜	Cegard2400；	乙炔黑	电池级。

【实验步骤】

1. Cu_2O 的制备

在3个100mL烧杯中各取0.75g乙酸铜，加入10mL去离子水持续搅拌至乙酸铜完全溶解，然后加入10mL乙二醇，再分别加入2mL、4mL、6mL三乙醇胺，标注为1、2、3号。将上述溶液分别注入水热反应釜中，封闭完好后在140℃下恒温加热2h，取出后冷至室温，离心并用去离子水洗涤沉淀三次，最后用无水乙醇洗涤沉淀并于烘箱中100℃下干燥，得1、2、3号样品。

2. Cu_2O 负极材料的物性表征

（1）XRD（X射线衍射）粉末衍射分析

按一般X射线物相分析步骤，测定制得的样品的X射线衍射图。确定其晶胞参数和简单结构，计算样品晶粒度大小。

（2）负极材料的表观形貌观察

用扫描电子显微镜拍摄材料微观照片，讨论制备过程与样品表观形貌的关系。

3. Cu_2O 负极材料的电池组装和测试

采用涂膜法制备电池负极，将合成的样品作为负极活性物质，按照活性 Cu_2O/乙炔黑/PVDF＝80/10/10的比例将正极材料和乙炔黑均匀混合在特定PVDF浓度的NMP溶液中制成黏稠的糊状负极浆液，然后将浆液涂糊在预处理过的铜箔上，经过120℃干燥5h，作为负极极片。以金属锂为正极，LBC305-01为电解液，Cegard2400为离子隔膜，在惰性气体操作箱中组装实验电池。利用Land-2001A电池测试系统测试实验电池的充放电性能，电压范围为0.35～2.2V，实验中分别选用50mA/g、100mA/g、200mA/g的恒流放电模式。

【实验结果与处理】

以电压为纵坐标、电池容量或充放电时间为横坐标绘出电池充放电曲线，从图中计算充放电容量和理论的电池电动势；绘制放电容量-循环次数图，判断电池的循环性能。

【思考题】

1. 结合实验讨论制备方法对球形样品的形貌影响。

2. 试根据所学知识给出氧化亚铜的充放电反应式。

参考文献

[1] 毕文团. 广州化工，2009，37(8)：56-58.
[2] Feldmann C. Solid State Sciencesl，2005，7(7)：868-873.

（徐彦宾）

实验 47　$LiMn_2O_4$正极材料的钛掺杂改性

锂离子电池是一种可逆式充放电电池，它工作时主要依靠锂离子在正极和负极之间的移动来实现电荷传递。在充放电过程中，Li^+在两个电极之间往返嵌入和脱出。充电时，Li^+从正极脱嵌，正极材料发生氧化，锂离子经过电解质嵌入负极，负极处于嵌锂状态；放电时则相反。一般采用含有锂元素的材料作为正极，是当前高性能可逆电池的代表。正是由于日本索尼公司研发了以碳材料为负极，以含锂的化合物作正极的锂电池，在充放电过程中，没有金属锂形成，只有锂离子的迁移，这才成为真正意义上的锂离子电池。相对于已经商品化的$LiCoO_2$正极材料来说，$LiMn_2O_4$材料的实际容量相对较小，约为120mA·h/g，但是制备容易，且在市场价格和环保方面具有很大的优势，已实现商业应用。

【实验目的】

1. 了解无机固态离子领域的相关知识，熟悉掺杂改性的$LiMn_2O_4$正极材料。
2. 学会正极材料的制备和循环伏安测定，培养学生的操作和自主创新能力。

【实验原理】

相对于已经商品化的$LiCoO_2$正极材料来说，$LiMn_2O_4$材料的实际容量相对较小，约为120mA·h/g，但是制备容易，且在市场价格和环保方面具有很大的优势，极有可能实现商业应用。

$LiMn_2O_4$作为正极材料在充放电过程中存在不可逆的容量衰减，极大地影响了其电化学性能。研究认为主要由以下三个因素造成：①过充放电状态下，出现Jahn-Teller畸变从而引起的结构塌陷；②在有机电解质$LiPF_6$于少量水分解产生的HF影响下，尖晶石结构材料中的Mn逐渐地溶解在有机电解液中；③在循环过程中，存在一个由不稳定的两相结构向相对稳定的单相结构转变的过程。这些因素都直接或间接地与材料的形貌和晶体结构有关，可以通过表面修饰和掺杂改性的方法得到有效的改善。表面修饰的方法一方面可以减小材料与电解液的接触面积；另一方面锂离子可以自由地出入表面的包覆材料，在不影响电化学性能的同时有效地抑制了锰在电解液中的溶解和高电压下导致的电解质分解。

为了有效抑制反应过程中的Jahn-Teller畸变，可以采用离子掺杂（阳离子掺杂、阴离子掺杂及复合掺杂）的方法稳定和保持材料的尖晶石结构，同时有效地改善$LiMn_2O_4$材料的循环性能。

制备$LiMn_2O_4$材料常采用的方法有固相法、溶胶-凝胶法、共沉淀法和Pechini法等。固相法操作简单易行，适合工业生产，但会造成组成不均一，容易引入杂质；溶胶-凝胶法等软化学方法，能制备小的颗粒且分布均匀的高性能尖晶石相样品，但却存在耗费大量原料、操作过程复杂等缺点。常采用的锂原料为硝酸锂、碳酸锂、氢氧化锂等；锰的原料为硝酸锰、二氧化锰、醋酸锰等。

本实验拟用溶胶-凝胶法合成一系列正极材料 $LiMn_{2-x}Ti_xO_4$，考察 Ti^{4+} 掺入对尖晶石型 $LiMn_2O_4$ 正极材料的电化学性能产生的影响。

仪器与试剂

1. 仪器

粉末衍射仪	Rigaku D/max2500VPC；				
实验电池模具	3 套；	CHI660C	1 台；	烘箱	1 台；
常压手套箱	1 台；	高温马弗炉	1 台；	真空干燥箱	1 台；
玛瑙研钵	1 套；	氧化铝坩埚	3 台；	高纯氩气瓶	1 个。

2. 试剂

碳酸锂	分析纯；	硝酸锂	分析纯；
二氧化锰	分析纯；	醋酸锰	分析纯；
醋酸锂	分析纯；	负极锂片	99.99%；
铝箔	99.99%；	隔膜	Cegard2400；
乙炔黑	电池级；	高纯氩气	99.99%；
电解液	1mol/L $LiPF_6$ 的 EC（碳酸乙烯酯）-DMC（碳酸二甲酯）（体积比为 1∶1）有机电解液。		

【实验步骤】

1. $LiMn_2O_4$ 及其掺杂改性材料的制备

按照一定的化学计量比称取分析纯原料 $LiAc\cdot 2H_2O$、$MnAc_2\cdot 4H_2O$，在玛瑙研钵中用无水乙醇将其溶解，再移取化学计量比的钛酸四丁酯溶液。将混合溶液置于红外灯下研磨，直至无水乙醇完全挥发，此时得到的前躯体粉末粉体均匀，颗粒大小合适。然后在 800℃下煅烧 5h，自然冷却后研磨得到最终产物 $LiMn_{2-x}Ti_xO_4$（$x=0.01$、0.03、0.05、0.07、0.10）。

2. 正极材料的物性测定

（1）XRD 粉末衍射分析

按 X 射线物相分析步骤测定制得的样品的 X 射线衍射图。确定晶胞参数变化。

（2）正极材料的电池组装和循环伏安测试

采用涂抹法制备电池正极。将合成的样品作为正极活性物质，按照正极活性物质/乙炔黑/PVDF（NMP 为溶剂）＝80/16/4 的比例制成浆液，涂于铝箔上，在电热恒温鼓风干燥箱中充分脱水干燥后作为正极极片。以金属锂片为负极，1mol/L 的 $LiPF_6$ 无水有机液为电解液，Celgard2400 为离子隔膜，在充满氩气的惰性气体操作箱中装配实验电池。利用 CHI660C 电化学工作站测试实验电池的循环伏安图、交流阻抗图。

【实验结果与处理】

1. 以 2θ 为横坐标，衍射强度为纵坐标绘制系列测试样品的粉末衍射图谱。在图谱中标出目标物相，计算并判断钛离子不同掺杂量样品的晶胞常数变化规律。

2. 以电压为横坐标、电量为纵坐标绘制测试样品的循环伏安图，对比钛离子掺杂对材料氧化还原电极电势的影响规律。

【思考题】

1. 结合锂离子电池的原理，试讨论钛离子掺杂对锰酸锂样品氧化还原电位的影响。

2. 试说明实验中钛离子的掺杂改性机理。

【参考文献】

[1] Whittingham M S. Chemical Reviews. 2004，104(10)：4271-4301.

[2] Thackeray M M，David W I F，Bruce P G，et al. Materials Research Bulletin. 1983，18(4)：461-472.

[3] Xie Y，Xu Y，Yan L，et al. Solid State Ionics. 2005，176(35-36)：2563-2569.

（徐彦宾）

实验 48　量子点敏化 TiO_2 纳米管阵列太阳能电池的制备及性能表征

近年来，由于能源的巨大需求和化石燃料的短缺促使人们将目光投向更加环保、可持续利用的新型能源上，而太阳能无疑是其中最璀璨夺目的一个。在太阳能的有效利用中，量子点敏化太阳能电池作为第三代太阳能电池材料，相比较 Si 基太阳能电池和染料敏化太阳能电池，具有成本低廉、制作简单、可以通过量子点粒径有效调控光谱吸收范围、耐久性好等优点。最近出现的 TiO_2 纳米管阵列克服了电子传导路径曲折的缺点，规则有序的管状结构不仅有利于量子点的修饰和附着，同时电子可以沿着管壁迅速地到达基体，降低电子在传输过程中被捕获的可能性，量子点敏化 TiO_2 纳米管阵列太阳能电池引起人们的广泛关注。

【实验目的】

1. 了解量子点敏化 TiO_2 纳米管阵列太阳能电池的基本原理、构成和性能特点。

2. 学会光电极的制备方法和敏化步骤。

3. 掌握太阳能电池的测定方法。

【实验原理】

TiO_2 纳米管在电池组件中作为电子传输的导体，与多孔 TiO_2 薄膜相比，特殊的管状结构有利于电子的快速转移，降低电子与空穴的复合率。此外，其管状结构也有利于量子点的有效负载，经过掺杂改性，光电功率转化效率可达到 5.2%。由阳极氧化法制备的 TiO_2 纳米管阵列由于其具有较大的比表面积可以吸附大量的量子点，并且这种高度有序阵列结构能够增强光散射，增加光生载流子产额，使光生电子迅速导出，减小了电子与空穴的复合概率。图 48-1(a)给出了固态量子点敏化太阳能电池的结构示意图，图 48-1(b)展示了电池的工作原理，在光照条件下，量子点激发产生光生电子跃迁到导带，在价带中留下空穴。电子迅速转移到 TiO_2 的导带中，并沿着管壁到达基体，与此同时，在量子点价带中的空穴则通过空穴导体转移到反电极，完成一次循环。

本实验主要是通过阳极氧化法制备出 TiO_2 纳米管作为光阳极，然后采用连续离子层吸附与反应法在纳米膜表面沉积 CdS 敏化剂，进而组装成光电极，测定该太阳能电池的光电转化效率。

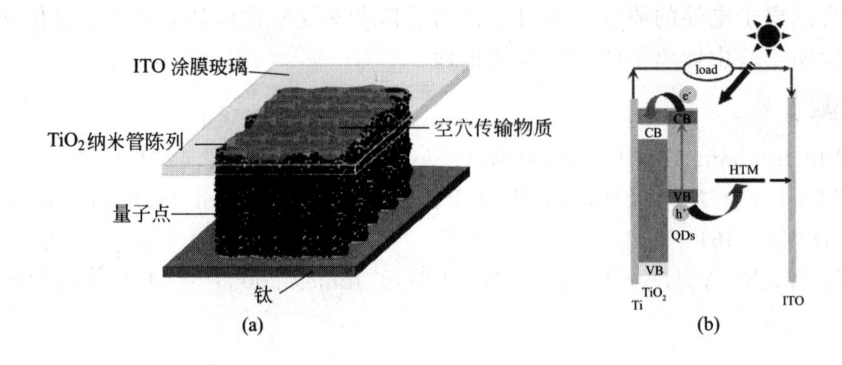

图 48-1　量子点敏化 TiO_2 纳米管阵列太阳能电池的结构组成（a）和工作原理图（b）

【仪器与试剂】

1. 仪器

超声清洗器	2 台；	Xe 灯光源	1 台；	电子天平（分析）	1 台；
稳压直流电源	10 台；	马弗炉	1 台；	电化学工作站	1 台；
恒温磁力搅拌器	10 台；	烘箱	1 台；	烧杯（50mL）	15 个；
镊子	10 个；	胶头滴管	10 支；	铁夹子	20 个。

2. 试剂

钛箔	分析纯；	异丙醇	分析纯；
丙酮	分析纯；	乙醇	分析纯；
硝酸	分析纯；	氢氟酸	分析纯；
氟化铵	分析纯；	乙二醇	分析纯；
氯化镉	分析纯；	硫化钠	分析纯；
亚硫酸钠	分析纯；	硫酸钠	分析纯；
甲醇	分析纯；	蒸馏水	自制。

【实验步骤】

1. 两步阳极氧化法制备 TiO_2 纳米管阵列

首先将高纯钛箔（99.9%）在丙酮、甲醇和异丙醇中依次超声脱脂处理，然后在混酸（HF：HNO_3：水=1：4：5）中清洗，去除表面氧化物。选用第三代电解液——NH_4F 和去离子水的乙二醇溶液作为阳极氧化的电解液，钛箔为阳极，铂片为阴极。为了制备出规整有序的 TiO_2 纳米管阵列，需对钛箔进行两次阳极氧化处理。首先，在 60V 电压下进行阳极氧化 1h，然后取出钛箔，并将其表面生成的氧化物薄膜超声去除，在相同的条件下继续阳极氧化 2h，随后对制备的 TiO_2 纳米管阵列进行煅烧，实现锐钛矿相转变。

2. CdS 量子点对 TiO_2 纳米管阵列的敏化

通过连续离子层吸附与反应法在 TiO_2 纳米管阵列表面沉积 CdS 量子点。首先将 TiO_2 纳米管阵列浸入一定浓度的 Cd^{2+} 溶液中 5min，用去离子水冲洗表面多余的离子，然后再将 TiO_2 纳米管阵列浸入一定浓度的 S^{2-} 溶液中 5min，用去离子水冲洗表面多余的离子。重复上述操作，得到一定量的 CdS 量子点。

3. 样品测定

本实验中所有光电化学性质表征都在一个连有上海辰化电化学工作站（CHI650E）的三电极体系中进行，如图 48-2 所示。本实验中所有测试电位值除特殊标明外都是相对饱和 Ag/AgCl 参比电极电位（vs. Ag/AgCl）；光电测试所用的模拟太阳光光源由 500W 的球形氙灯提供，光强度为标准值，$100mW/cm^2$。测试内容主要包括瞬态光电流测试和线性扫描伏安法测 *I-V* 曲线。

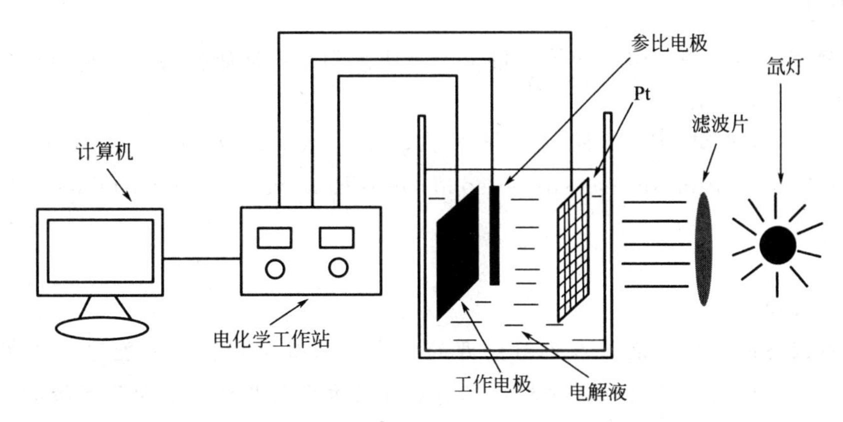

图 48-2 光电化学测试系统示意图

（1）瞬态光电流的测定

测定样品电极的可见光瞬态光电流性能，采用的是 500W 的氙灯（采用滤波片过滤掉 420nm 以下的紫外光），三电极体系，样品为工作电极、Pt 为反电极，饱和甘汞电极为参比电极，在测试过程中加入了 0.25V 的偏压。为研究样品的稳定性，电解液分别采用的是 0.1mol/L Na_2S 和 0.1mol/L Na_2SO_3 的溶液作为电解液。

（2）*I-V* 曲线的测定

测定样品电极的 *I-V* 曲线时，仍然采用的是实验室自组装的太阳能模拟系统。为研究样品的稳定性，电解液分别采用的是 0.1mol/L Na_2S 和 0.1mol/L Na_2SO_3 的混合电解液。

【实验结果与处理】

1. 测出电池的短路电流和开路电压。

2. 计算电池的填充因子

填充因子（FF）为电池具有最大输出功率 P_{max} 时的光电流 J_{max} 和光电压 V_{max} 的乘积与短路光电流 J_{sc} 和开路光电压 V_{oc} 的乘积之比，即：

$$FF=\frac{P_{max}}{J_{sc}V_{oc}}=\frac{J_{max}V_{max}}{J_{sc}V_{oc}}$$

3. 光电功率转化效率 η（%）

电池的最大输出功率 P_{max} 与电池的入射光功率 P_{inc} 的比值即为光电功率转化效率 η(%)，即：

$$\eta(\%)=\frac{P_{max}}{P_{inc}}=J_{sc}V_{oc}FF$$

式中，P_{inc} 为入射光的功率。

【常见问题及解决方法】

1. 电解液的配制要仔细，严格控制阳极氧化电解液的水含量。

2. 光电测试时要注意电极与电解液的接触，禁止夹子与电解液接触。

【思考题】

1. 采用 TiO_2纳米管作为光阳极的原因以及采用两步阳极氧化法制备纳米管的优点是什么?

2. 影响量子点太阳能电池的因素有哪些?

【参考文献】

[1] 杨健茂，胡向华，田启威等．量子点敏化太阳能电池研究进展．材料导报：A综述篇，2011，25(12)：1-4.

[2] Kouhnavard M，Ikeda S，Ludin N A，et al. A review of semiconductor materials as sensitizers for quantum dot-sensitized solar cells. Renewable and Sustainable Energy Reviews，2014，37：397-407.

附：背景知识

随着世界经济的快速发展，人们对能源的需求量与日俱增，化石能源作为不可再生能源，已无法满足全球的能源消耗。此外，化石能源的大量使用会造成全球变暖和环境污染等问题。因而，寻求可高效利用并且对环境友好的可再生能源是世界各国的共同目标。太阳能作为一种清洁的可再生能源，已经引起了广泛的关注，被认为是传统能源的最佳替代品。量子点，是三维尺寸小于或接近激子玻尔半径，具有量子局限效应的准零维纳米粒子。光敏性量子点是一种窄禁带宽度的半导体材料，如CdS、CdSe、PbS、InAs等，它可通过吸收一个光子能量产生多个激子或电子-空穴对，即多重激子效应，进而形成多重电荷载流子对，以更有效地利用太阳能，具有更高的理论光电转换效率。并且，量子点太阳能电池的制造成本远低于硅基太阳能电池。因此，量子点太阳能电池被认为是极具发展潜力的新一代太阳能电池，成为世界范围内研究的热点之一。

（王青尧）

实验49　天然染料敏化TiO_2太阳能电池的制备

染料敏化太阳能电池是一种模仿光合作用原理的、廉价的薄膜太阳能电池，它是由光敏电极和电解质构成的半导体，是一个电气化学系统。染料敏化太阳能电池有原材料丰富、成本低、工艺技术相对简单等优势，在大面积工业化生产中具有较大优势，同时所有原材料和生产工艺都无毒、无污染，部分材料可以得到充分的回收，对保护环境具有重要意义。

【实验目的】

1. 了解染料敏化太阳能电池的基本原理、各部分构成和性能特点。

2. 掌握染料太阳能电池的基本制备方案和步骤，能组装出太阳能电池。

3. 熟悉染料敏化太阳能电池的性能测试方法。

【实验原理】

染料敏化太阳能电池主要由表面吸附了染料敏化剂的半导体电极、电解质、Pt 对电极组成，其结构如图 49-1 所示。

当有入射光时，染料敏化剂首先被激发，处于激发态的染料敏化剂将电子注入半导体的导带。氧化态的染料敏化剂被中继电解质所还原，中继分子扩散至对电极充电。这样，开路时两极产生光电势，经负载闭路则在外电路产生相应的光电流（图 49-2）。

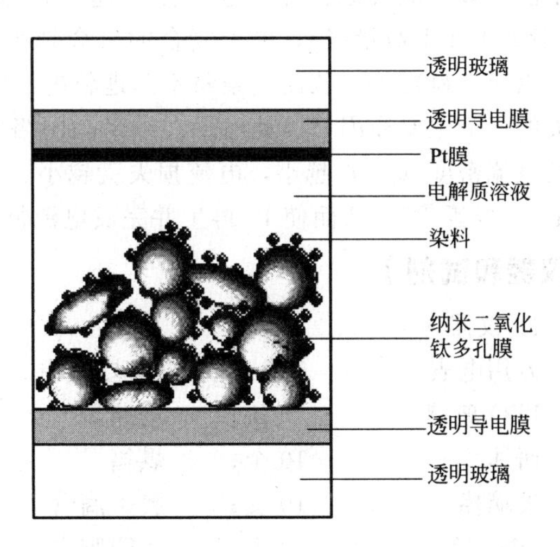

图 49-1　染料敏化太阳能电池结构图

通过超快光谱实验可得出染料敏化太阳能电池各个反应步骤速率常数的数量级。

① 染料（S）受光激发由基态跃迁到激发态（S^*）：

$$S+h\nu \longrightarrow S^*$$

② 激发态染料分子将电子注入到半导体的导带中：

$$S^* \longrightarrow S^+ + e^-\ (CB),\ k_{inj}=10^{10} \sim 10^{12}\ s^{-1}$$

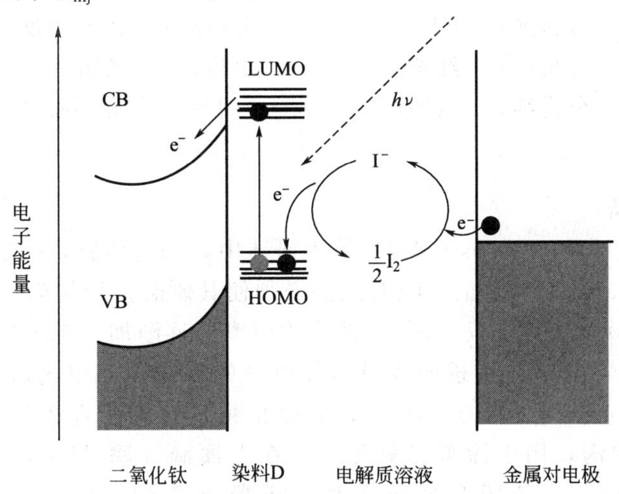

图 49-2　染料敏化太阳能电池工作原理图

③ I^- 还原氧化态染料可以使染料再生：

$$3I^- + 2S^+ \longrightarrow I_3^- + 2S,\ k_3=10^8\ s^{-1}$$

④ 导带中的电子与氧化态染料之间的复合：

$$S^+ + e^-(CB) \longrightarrow S, k_b=10^6\ s^{-1}$$

⑤ 导带中的电子在纳米晶网络中传输到后接触面（back contact，BC）后而流入到外电路中：

$$e^-(CB) \longrightarrow e^-(BC), k_5=10^3 \sim 10^{10}\ s^{-1}$$

⑥ 纳米晶膜中传输的电子与进入 TiO_2 膜的孔中的 $I_3{}^-$ 复合：

$$I_3^- + 2e^-(CB) \longrightarrow 3I^-, J_0=10^{-11} \sim 10^{-9}\ A/cm^2$$

⑦ I_3^- 扩散到对电极上得到电子使 I^- 再生：

$$I_3^- + 2e^- (CE) \longrightarrow 3I^-, J_0 = 10^{-2} \sim 10^{-1} A/cm^2$$

激发态的寿命越长，越有利于电子的注入，而激发态的寿命越短，激发态分子有可能来不及将电子注入到半导体的导带中就已经通过非辐射衰减而返回到基态。②、④两步为决定电子注入效率的关键步骤。电子注入速率常数（k_{inj}）与逆反应速率常数（k_b）之比越大（一般大于3个数量级），电子复合的机会越小，电子注入的效率就越高。I^-还原氧化态染料可以使染料再生，从而使染料不断地将电子注入到二氧化钛的导带中。步骤⑥是造成电流损失的一个主要原因，因此电子在纳米晶网络中的传输速度（k_5）越大，电子与I_3^-复合的交换电流密度（J_0）越小，电流损失就越小。步骤③生成的I_3^-扩散到对电极上得到电子变成I^-（步骤⑦），从而使I^-再生并完成电流循环。

【仪器和试剂】

1. 仪器

万用电表	5个；	Xe灯光源	1台；	电子天平（分析）	1台；
ITO玻璃	10块；	马弗炉	1台；	电化学工作站	1台；
研钵	10个；	烘箱	1台；	烧杯（50mL）	15个；
玻璃棒	10支；	胶头滴管	10支；	铁夹子	20个；
5B铅笔	10个；	透明胶带	10个。		

2. 主要试剂

TiO_2	分析纯；	KI	分析纯；	乙酰丙酮	分析纯；
I_2	分析纯；	红茶	市售；	乙醇	分析纯；
乙酸	分析纯；	蒸馏水	自制；	异丙醇	分析纯。

【实验步骤】

1. TiO_2膜的准备

称取12g二氧化钛粉（Degussa P25）放入研钵中，一边研磨，一边逐渐加入20mL硝酸或乙酸（pH值为3～4），每加入1mL酸都必须使其研磨得较均匀。另一种方法是：加入1mL水溶液（含0.12mL乙酰丙酮），然后边研磨边逐渐加入19mL水，用一个万用表来检测一下哪一面是导电面。用透明胶带盖住电极的四边，其中3边约盖住1～2mm宽，而第4边盖4～5mm宽。胶带的大部分与桌面相粘，有利于保护玻璃不动，这样形成一个40～50μm深的沟，用于涂覆二氧化钛。在上面滴3滴TiO_2溶液，然后用玻璃棒徐徐地滚动，使其均匀。待膜自然晾干后，再撕去胶带，放入炉中，在450℃下保温0.5h。

2. 二氧化钛膜的着色

在室温下把TiO_2膜浸泡在红茶（木槿属植物）溶液中。取出后如果还能看见白色的TiO_2膜，必须再放进去浸泡5min。着色后的TiO_2膜分别用水、乙醇和异丙醇清洗，最后用柔软的纸轻轻地擦干。若膜不立即用，可把它储存在盛有酸性去离子水（pH值为3～4）溶液的密闭深色瓶中保存。

3. 制备碳膜反电极

用石墨棒或软铅笔在整个反电极的导电面上涂上一层碳膜。这层碳膜主要对I^-和I_3^-起催化剂的作用，整个面无需掩盖和贴胶带，因而整个面都可以涂上一层催化剂，可以通过把碳膜在450℃下烧结几分钟来延长电极的使用寿命，电极必须用乙醇清洗，并烘干。

4. 电池的组装和输出特性的测量

小心地把着色后的电极从溶液中取出，并用水清洗。在加入电解质之前，着色后多孔TiO_2膜的去水分十分重要，一种办法是烘干之前再用乙醇或异丙醇清洗一下，以确保除去水分。把烘干后的电极的着色膜面朝上放在桌上，并把涂有催化剂的反电极放在上面，把两片玻璃稍微错开，以便于利用未涂有TiO_2电极的部分和反电极，留出约4mm宽的导电部分作为电池的测试用。用两个夹子把电池夹住，再滴入两滴电解质，由于毛细管原理，电解质很快在两个电极间均匀扩散。

5. 样品测定

本实验中所有光电化学性质表征都在一个连有上海辰化电化学工作站（CHI650E）的三电极体系中进行，如图48-2所示。本实验中所有测试电位值除特殊标明外都是相对饱和的Ag/AgCl参比电极电位（vs. Ag/AgCl）；光电测试所用的模拟太阳光光源由500W的球形氙灯提供，光强度为标准值，$100mW/cm^2$。测试内容主要包括瞬态光电流测试和线性扫描伏安法测I-V曲线。

（1）瞬态光电流的测定

测定样品电极的可见光瞬态光电流性能，采用的是500W的氙灯（采用滤波片过滤掉420nm）以下的紫外光，采用的是三电极体系，样品为工作电极、Pt为反电极，饱和甘汞电极为参比电极，在测试过程中加入了0.25V的偏压。为研究样品的稳定性，电解液采用的是0.5mol/L KI和0.05mol/L I_2的混合电解液。

（2）I-V曲线的测定

测定样品电极的I-V曲线时，仍然采用的是实验室自组装的太阳能模拟系统，电解液采用的是0.5mol/L KI和0.05mol/L I_2的混合电解液。

【实验结果与处理】

1. 测出电池的短路电流和开路电压。

2. 计算电池的填充因子

填充因子（FF）为电池具有最大输出功率P_{max}时的光电流J_{max}和光电压V_{max}的乘积与短路光电流J_{sc}和开路光电压V_{oc}的乘积之比，即：

$$FF=\frac{P_{max}}{J_{sc}V_{oc}}=\frac{J_{max}V_{max}}{J_{sc}V_{oc}}$$

3. 光电功率转化效率η（%）

电池的最大输出功率P_{max}与电池的入射光功率P_{inc}的比值即为光电功率转化效率η（%），即：

$$\eta(\%)=\frac{P_{max}}{P_{inc}}=J_{sc}V_{oc}\times FF$$

式中，P_{inc}为入射光的功率。

【常见问题及解决方法】

1. TiO_2膜的制备要仔细，要制备出TiO_2溶胶，然后旋涂。

2. 染料的敏化要充分，使膜的颜色发生明显变化，否则光电流太小，难以检测。

【思考题】

1. 影响染料敏化太阳能电池的影响因素有哪些？

2. 与其他太阳能电池相比，染料敏化太阳能电池有哪些优、缺点？

【参考文献】

Smestad G P，Gratzel M. Journal of Chemical Education. 1998，75(6)：752-756.

（王青尧）

实验 50　不同形貌氧化锌的制备及光催化性能

近年来，随着科学技术和电子工业的高速发展，使得电磁辐射污染成为一个日益严重的环境问题。而纳米科技的飞速发展为解决能源与环境危机提供了诸多的机遇与广阔的前景。ZnO 材料以其在电学、光学、力学和热学方面展现出的优异特性，从而在激光器、变频器、生物传感器、气敏元件及纳米储能器件等方面具有的应用前景而备受关注。

【实验目的】

1. 掌握合成氧化锌光催化材料的原理和过程。

2. 了解固体样品的主要表征手段 X 射线衍射（XRD）、扫描电子显微（SEM）分析。

3. 掌握氧化锌光催化降解亚甲基蓝的仪器操作及过程。

【实验原理】

氧化锌（ZnO）是一种重要的Ⅱ-Ⅳ族直接带隙宽禁带半导体材料。室温下能带带隙为 3.37eV，激子束缚能高达 60meV，能有效工作于室温（26meV）及更高温度，且光增益系数（$300cm^{-1}$）高于 GaN（$100cm^{-1}$），这使得 ZnO 迅速成为继 GaN 后短波半导体激光器件材料研究的新的国际热点。ZnO 有三种不同的结构，如图 50-1 所示。在自然条件下，ZnO 以单一的六方纤锌矿结构稳定存在，晶体的空间群为 C_{6v}^{4}-$P6_3mc$。室温下，当压力达 9GPa 时，纤锌矿结构 ZnO 转变为四方岩盐矿结构，体积相应缩小 17%。闪锌矿结构 ZnO 只在立方相衬底上才可稳定存在。

近年来，随着科学技术和电子工业的高速发展，使得电磁辐射污染成为一个日益严重的

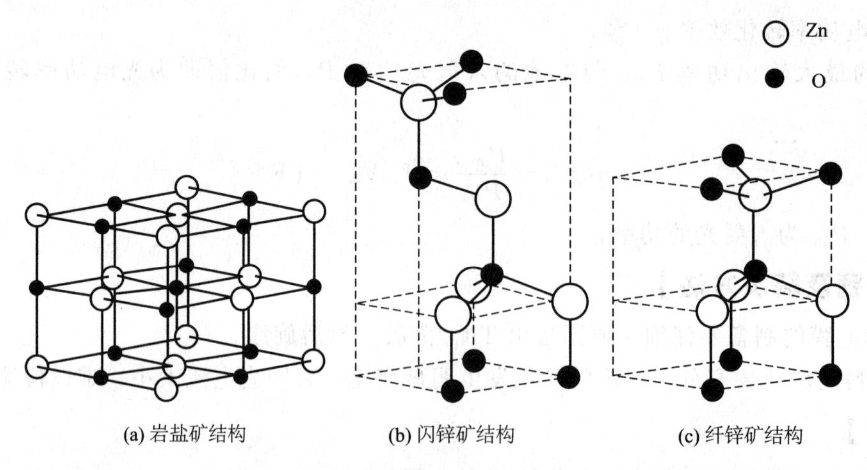

图 50-1　ZnO 晶体结构

环境问题。而纳米科技的飞速发展为解决能源与环境危机提供了诸多的机遇与广阔的前景。ZnO材料以其在电学、光学、力学和热学方面展现出的优异特性，而在激光器、变频器、生物传感器、气敏元件及纳米储能器件等方面具有的应用前景而备受关注。由于其低密度、轻质量、优异的半导体性能以及它能大量制备的特点，ZnO将成为一种新颖而优异的微波吸收材料。目前，氧化锌材料的制备方法比较多，常见的有热合成法、溶胶-凝胶法、微乳液法、直接沉淀法、均匀沉淀法等。

本实验以硝酸锌和氨水为反应物，聚乙二醇4000为形貌控制剂，采用回流法来制备不同形貌的氧化锌，并对其进行光催化降解亚甲基蓝性能进行研究。

【仪器与试剂】

1. 仪器

烧杯（100mL）	1个；	磁力搅拌器	1台；
真空干燥箱	1台；	电子天平	1台；
磨口圆底烧瓶（100mL）	1个；	冷凝管	1支；
台式离心机	1台。		

2. 试剂

硝酸锌	分析纯；	聚乙二醇	分析纯；
氨水	分析纯；	无水乙醇	分析纯；
蒸馏水。			

【实验步骤】

1. 氧化锌的制备

分别称取不同量的聚乙二醇4000（0、0.2g、1.0g和2.0g）和3.6g六水合硝酸锌于烧杯中，加入40mL蒸馏水，在磁力搅拌器上搅拌使其完全溶解，然后滴加氨水调节pH值为8～9（大约2mL），20min后，转入100mL烧瓶中，100℃加热回流1h，自然冷却至室温。分别用蒸馏水洗涤3次，再用无水乙醇洗涤1次，最后在80℃烘箱中干燥，得到粉末状干燥样品。样品分别记为A1～A4。

2. 产品物相分析

按一般XRD的分析步骤，测定得到ZnO的XRD图谱（日本理学MAX-2500VP型转靶X射线衍射仪）。

3. 产品扫描电子显微（SEM）分析

用来观察产品的形貌及尺寸大小。高、低真空扫描电镜-能谱仪型号为JSM-5610LV（日本电子株式会社），高真空分辨率：3.0nm；低真空分辨率：4.5nm；放大倍数：×18～300 000倍；加速电压：0.5～30kV；低真空度：1～270kPa。

4. 光催化性能测试

分别称取A1～A4样品30mg于石英管中，然后加入50mL 10mg/L亚甲基蓝溶液，先在暗室中吸附20min，然后再在光化学反应仪上进行光催化实验，光源为300W汞灯（最大波长为365nm），每隔20min取样，离心，用分光光度计测上层清液的吸光度。

【实验结果与处理】

实验结束以后，对数据进行处理，根据朗伯-比尔定律：

$$A/A_0=c/c_0$$

式中，A_0、c_0分别是初始状态亚甲基蓝溶液的吸光度和浓度；A、c 分别是光催化以后不同时刻 t 的亚甲基蓝溶液的吸光度和浓度。然后作 c/c_0-t 曲线，即样品光催化降解亚甲基蓝曲线，如图 50-2 所示。

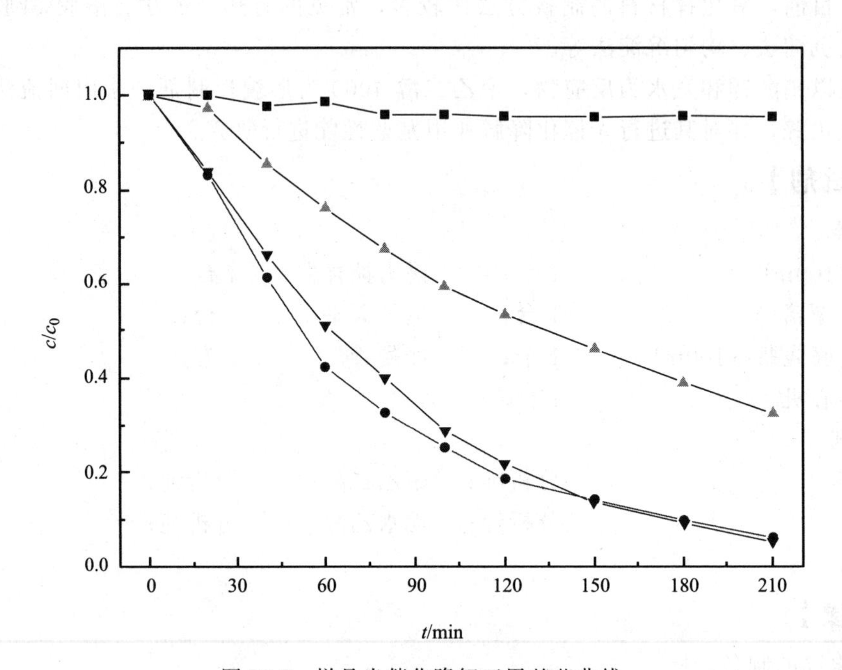

图 50-2　样品光催化降解亚甲基蓝曲线

【思考题】

根据表征结果讨论聚乙二醇 4000 对 ZnO 形貌和结构的影响，并分析其原因。

【参考文献】

［1］冯怡，袁忠勇．中国科技论文在线，2009，4(3)：157-169.

［2］Choopun S，Vispute R D，Noch W，et al. Applied Physics Letters，1999，75(25)：3947-3949.

［3］Bates C H，White W B，Roy R. Science，1962，137(3534)：993.

（王峰）

实验 51　纳米碳酸钙的沉淀法制备及表征

纳米 $CaCO_3$ 是一种优良的无机填料，在塑料、橡胶、涂料、化妆品等诸多工业领域应用前景广阔。$CaCO_3$ 可以用来检定和测定有机化合反应中的卤素，可以与氯化铵一起分解硅酸盐，可以制备氯化钙溶液以标化皂液，还可作为制造光学钕玻璃的原料及涂料原料。食品工业中可作为添加剂使用。

【实验目的】

1. 了解碳酸钙的性质及应用，掌握沉淀法制备碳酸钙实验原理。

2. 熟悉纳米材料的表征方法。

【实验原理】

碳酸钙是一种无机化合物，是石灰岩石（简称石灰石）和方解石的主要成分，白色粉末或无色结晶，无气味。有两种结晶：一种是正交晶体文石；另一种是六方菱面晶体方解石。在约 825℃时分解为氧化钙和二氧化碳。溶于稀酸，几乎不溶于水。文石相对密度为 2.83，熔点为 825℃（分解）；方解石相对密度为 2.711，熔点为 1339℃（10.39MPa）。

碳酸钙的形成是一个结晶过程，方程式为：

$$Ca(OH)_2+CO_2 \longrightarrow CaCO_3\downarrow+H_2O$$

随着 $Ca(OH)_2$ 中加入 CO_2，即碳化反应的进行，形成了 $CaCO_3$ 的过饱和溶液，由于局部温度起伏（碳化反应是放热反应）和浓度起伏而形成晶核。在 $Ca(OH)_2$ 吸收 CO_2 形成 $CaCO_3$ 的过程中，化学反应极为迅速，整个反应的主要控制因素是晶核的形成和生长。在反应初期的过饱和溶液中，大量 $CaCO_3$ 均相成核，形成非晶态碳酸钙粒子，由于其活性极高，它们会吸附到 $Ca(OH)_2$ 颗粒周围。一方面能降低 $Ca(OH)_2$ 与 CO_2 的反应速率；另一方面利用 $Ca(OH)_2$ 颗粒形成中间体。由于非晶态 $CaCO_3$ 粒子的不稳定性，它们很快发生晶型转变，生成 $CaCO_3$ 晶粒。在此反应过程中，可加入添加剂使晶体稳定存在。随着反应的进行，线形中间体不断地溶解、消失，晶粒就会不断生长，成为具有一定粒度和形貌的粒子。在反应过程中，可控制的条件有：①氢氧化钙的浓度；②二氧化碳的加入量；③反应温度；④添加剂的种类、数量和添加时间；⑤搅拌速度等。

纳米 $CaCO_3$ 是一种优良的无机填料，在塑料、橡胶、涂料、化妆品等诸多工业领域应用前景广阔。可以用来检定和测定有机化合反应中的卤素。可以与氯化铵一起分解硅酸盐。来制备氯化钙溶液以标化皂液。制造光学钕玻璃原料、涂料原料。食品工业中可作为添加剂使用。

本实验以无水三氯化铝（$AlCl_3$）和乙二胺四乙酸（EDTA）为晶型控制剂和分散剂，采用氢氧化钙碳化沉淀法来制备了纳米碳酸钙。

【仪器与试剂】

1. 仪器

二氧化碳钢瓶	1 个；	三口瓶（250mL）	1 个；
导气管（1m）	2 根；	桨式搅拌器	1 台；
胶塞	2 个；	恒温水浴；	1 套；
抽滤装置	1 套；	研钵	1 套；
标准筛（200 目）	1 个。		

2. 试剂

二氧化碳气体	高纯；	氢氧化钙	分析纯；
乙二胺四乙酸	分析纯；	三氯化铝	分析纯；
蒸馏水；		pH 试纸。	

【实验步骤】

（1）称取氢氧化钙（6g）与蒸馏水（94mL）在烧杯中配成 6% 的浆液，搅拌 0.5h 以后，过筛（200 目标准筛）。

（2）过筛后，将产物倒入三口瓶中，加入 0.05g 的乙二胺四乙酸（EDTA），边搅拌边通入二氧化碳气体（$0.1m^3/h$）进行碳化反应，反应温度控制在 30℃。

（3）待溶液呈黏稠状时，加入 0.1g 的 $AlCl_3$，继续通入 CO_2 进行碳化反应，直至溶液 pH 值为 7～8 为止。

（4）然后，抽滤，烘干，研磨，过筛得到碳酸钙产物。

（5）利用 X 射线衍射仪对所得产物的晶型进行表征。

（6）通过电镜观察所制得的碳酸钙的形貌。

【实验结果与处理】

1. 计算碳酸钙的产率。

2. 根据 XRD 和 SEM 表征结果，对所得纳米 $CaCO_3$ 的结构和形貌进行分析。

【思考题】

1. EDTA 和 $AlCl_3$ 在本实验中的主要作用是什么？

2. 根据表征结果讨论，当改变 $AlCl_3$ 用量时，$CaCO_3$ 结构和形貌将如何变化？

【参考文献】

[1] 韩志华，曹林．$CaCO_3$ 纳米线的制备及表征．无机材料学报，2005，20(6)：1349-1352.

[2] 张燕，吾国杰，崔英德．材料导报，2011，25(10)：83-85.

[3] 关爽，安冬敏，郑云辉等．高等学校化学学报，2011，32(11)：2478-2482.

[4] 陈志军，张秋云，坝德伟等．广州化工，2010，38(10)：20-22.

（王峰）

实验 52 吡咯烷类离子液体自组装制备超分子材料

基于自组装的超分子化学目前已成为现代材料研究的前沿领域，通过将具有不同结构和性质的分子引入自组装体系，能够得到不同类型的超分子材料，如空心球、微胶囊、双螺旋的超分子结构、一维材料和一些结构高度有序的有机纳米材料等。一维的纳米材料（包括纳米纤维、纳米线、纳米管和纳米棒）由于具有一些独特的性质，如磁性、光学和电学性能等，引起了人们的广泛关注并被不断应用于不同领域。

【实验目的】

1. 了解超分子材料及自组装制备超分子材料的方法。

2. 学习和使用光学显微镜、扫描电子显微镜、激光共聚焦显微镜、X 射线衍射仪等大型仪器对所得产物的形貌和性质进行表征。

【实验原理】

基于自组装的超分子化学目前已成为现代材料研究的前沿领域，通过将具有不同结构和性质的分子引入自组装体系，能够得到不同类型的超分子材料，如空心球、微胶囊、双螺旋的超分子结构、一维材料和一些结构高度有序的有机纳米材料等。一维纳米材料（包括纳米纤维、纳米线、纳米管和纳米棒）由于具有一些独特的性质，如磁性、光学和电学性能等，引起了人们的广泛关注并不断应用于不同领域。

制备自组装超分子材料的方法有很多种，例如金属螯合法、氢键法、π键法和自组装法（ionic self-assembly，ISA）等。其中，ISA自组装方法以其独特的性质引起了人们的关注，它是指带有相反电荷的构筑单元，在一系列相互作用下组装形成高级结构的超分子材料。在自组装过程中，底物单元通过静电吸引结合后，进而在氢键、疏水作用、π-π堆积等多种超分子作用下组装得到产物。这类方法具有很多优点，比如简便易行、便宜易得、柔性可逆、应用范围广等，因此引起了人们的广泛关注。许多有趣的超分子结构都是通过ISA方法由表面活性剂和与其带相反电荷的聚电解质或者染料分子构建而成的，如纳米纤维、纳米管、蜂窝状薄膜等。

离子液体因其独特的性质不断引起人们的关注，并用于不同领域。在材料合成方面，离子液体的应用主要分为两类，即以离子液体作溶剂合成材料和以它们参与构建的有序分子聚集体为模板合成材料。本实验将离子液体引入自组装体系，以长链离子液体 *N*-十四烷基-*N*-甲基吡咯烷溴化物（C_{14}MPB）与染料分子甲基橙（MO）和酸性蓝（PB）结合，借助一系列的非共价作用制备超分子纤维材料，并用光学显微镜、扫描电子显微镜、激光共聚焦显微镜、X射线衍射仪等仪器对其形貌和性质进行表征。三种分子的结构式如图52-1所示。

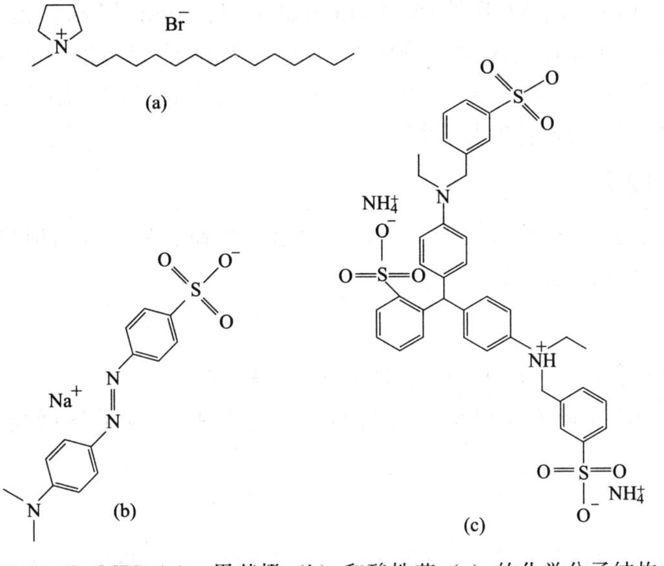

图52-1　C_{14}MPB（a）、甲基橙（b）和酸性蓝（c）的化学分子结构式

【仪器和试剂】

1. 仪器

50mL容量瓶	6个；	抽滤装置	1套；
5mL移液管	3支；	分析天平	1台；
10mL移液管	2支；	光学显微镜	1台；
1mL移液管	1支；	扫描电子显微镜	1台；

50mL 烧杯	1个；	激光共聚焦显微镜	1台；
磁力搅拌器	1套；	X射线衍射仪	1台；
控温烘箱	1台；	真空干燥箱	1台。

2. 试剂

N-十四烷基-*N*-甲基吡咯烷溴化物（C_{14}MPB）　　分析纯；

甲基橙（MO）　　分析纯；

酸性蓝（PB）　　分析纯；

蒸馏水。

【实验步骤】

1. 配制浓度为 0.50mmol/L 的 C_{14}MPB 溶液

先在分析天平上准确称取 0.25mmol C_{14}MPB 固体，放入 50mL 容量瓶中，加入蒸馏水定容，配成浓度为 5.0mmol/L 的 C_{14} MPB 溶液，之后用移液管移取 5mL 浓度为 5.0mmol/L的 C_{14} MPB 溶液放入 50mL 容量瓶中，加入蒸馏水定容，稀释成浓度为 0.50mmol/L 的 C_{14}MPB 溶液。

2. 配制甲基橙溶液和酸性蓝溶液

按上述方法配制浓度为 0.50mmol/L 的甲基橙溶液和浓度为 0.50mmol/L 的酸性蓝溶液。

3. 超分子纤维材料的合成

用移液管移取 10mL C_{14}MPB 溶液（0.50mmol/L）与 10mL 甲基橙溶液（0.50mmol/L）在 25℃下混合并搅拌，随后向上述混合物中加入 1.0mL 酸性蓝溶液（0.50mmol/L）并继续搅拌，将所得混合溶液于 45℃恒温箱中静置 48h。将混合物过滤并用蒸馏水洗至少三次，得到的固体粉末真空干燥 24h 后进行表征。

【实验结果与处理】

用光学显微镜、扫描电子显微镜、激光共聚焦显微镜、X 射线衍射仪等仪器对所得产品进行形貌和性质表征的结果及分析。

【思考题】

1. 通过自组装制备超分子材料的主要驱动力有哪些？

2. 通过激光共聚焦显微镜观察纤维材料的尺寸比扫描电子显微镜观察到的要大，为什么？

【参考文献】

[1] Stupp S I, LeBonheur V, Walker K, et al. Science, 1997, 276(5311): 384-389.

[2] Faul C F J, Antonietti M. Chem. Eur. J., 2002, 8(12): 2764-2768.

附：

1. 离子液体

离子液体也称为室温离子液体或低温熔融盐，通常是指熔点低于 100℃的有机盐。与传统的离子化合物相比，离子液体是由体积较大且结构不对称的有机阳离子及体积较小的无机阴离子组合而成，阴、阳离子无法有序且有效地相互吸引，明显降低了阴、阳离子之间的静电吸引力，导致了其熔点降低，室温下成为液态，因此被称为离子液体。

2. 超分子自组装

1987年法国化学家诺贝尔化学奖获得者J. M. Lehn首次提出了“超分子化学”这一概念，他指出：“基于共价键存在着分子化学领域，基于分子组装和分子间键而存在着超分子化学”。超分子化学是基于分子间的非共价键相互作用而形成的分子聚集体的化学，换句话说分子间的相互作用是超分子化学的核心。在超分子化学中，不同类型的分子间相互作用是可以区分的，根据它们不同的强弱程度、取向及对距离和角度的依赖程度，可以分为：金属离子的配位键、氢键、π-π堆积作用、静电作用和疏水作用等。它们的强度分布由π-π堆积作用及氢键的弱到中等，到金属离子配位键的强或非常强，这些作用力成为驱动超分子自组装的基本方法。人们可以根据超分子自组装原则，使用分子间的相互作用力作为工具，把具有特定结构和功能的组分或建筑模块按照一定的方式组装成新的超分子化合物。这些新的化合物不仅表现出单个分子所不具备的特有性质，还能大大增加化合物的种类和数目。如果人们能够很好地控制超分子自组装过程，就可以按照预期目标更简单、更可靠地得到具有特定结构和功能的化合物。

（张少华）

实验53 离子液体辅助模板法制备空心球状二氧化硅材料

离子液体也称为室温离子液体或低温熔融盐，通常是指熔点低于100℃的有机盐。与传统的离子化合物相比，离子液体是由体积较大且结构不对称的有机阳离子及体积较小的无机阴离子组合而成，阴、阳离子无法有序且有效地相互吸引，明显降低了阴、阳离子之间的静电吸引力，导致了其熔点降低，室温下成为液态。离子液体因其具有熔点低、不挥发、热稳定性高、不易燃烧等优点，在有机合成、萃取分离、催化、材料制备等领域得到广发应用。

【实验目的】

1. 了解空心材料的性质及制备方法，掌握材料制备中的一些常用方法。
2. 了解离子液体的性质及应用，了解表面活性离子液体。

【实验原理】

空心材料因具有高比表面积、低密度、大的空腔结构等特点而被广泛用于药物运输、催化、化学生物感应器以及医疗等领域。空心材料的制备方法主要包括模板法和非模板法两类。

非模板法主要包括蒸发溶剂法，喷雾干燥法，超声法，激光法等。其中，蒸发溶剂法是制备空心材料的一种非常有效方法。目前通过蒸发溶剂法已制备了二氧化硅纳米纤维、二氧化硅纳米管、二氧化硅空心球等不同形貌的二氧化硅材料。通过蒸发溶剂法可以制备结构新颖的材料，但也存在一些缺点，比如难以控制形貌，从而限制了蒸发溶剂法的应用范围。

模板法包括硬模板法和软模板法两种。硬模板是指具有相对刚性结构的模板，而软模板则主要包括胶体、溶致液晶、微乳液等有序分子聚集体和一些聚合物形成的聚集结构。软模板法中的乳液模板法被认为是制备空心材料的有效手段，它对应的模板体系包括水包油、油包水、水包油包水、油包水包油等。这些体系为我们制备空心材料提供了方便，是一类非常重要的模板。然而，它也存在自身的缺陷，比如产率低且制备过程复杂等等。

蒸发溶剂法和乳液模板法作为两类非常有效的方法，在空心材料的制备过程中得到了广泛运用。

离子液体具有熔点低、不挥发、热稳定性高、不易燃烧等优点，在有机合成、萃取分离、催化、材料制备等领域得到广发应用。当链长较短时，离子液体常被用作取代传统挥发性物质的溶剂，当链长增加到 8 个碳以后，它可以与传统表面活性剂一样，在不同溶剂中自组装形成各种有序聚集体，常被称作“表面活性离子液体”。

本实验将利用表面活性离子液体 1-十二烷基-3-甲基咪唑溴（$C_{12}mimBr$）结合蒸发溶剂法和乳液模板法制备空心球状二氧化硅材料。首先，正硅酸乙酯和水、乙醇的混合溶液在 $C_{12}mimBr$ 的辅助下形成了水包油型微乳液，其中正硅酸乙酯作为油核被 $C_{12}mimBr$ 分子包围，在碱性条件催化下，以正硅酸乙酯，水、乙醇的混合溶液和 $C_{12}mimBr$ 所形成的微乳液液滴为模板，正硅酸乙酯分子在微乳液液滴表面开始水解，最终通过溶剂蒸发、煅烧合成空心二氧化硅材料（见图 53-1）。

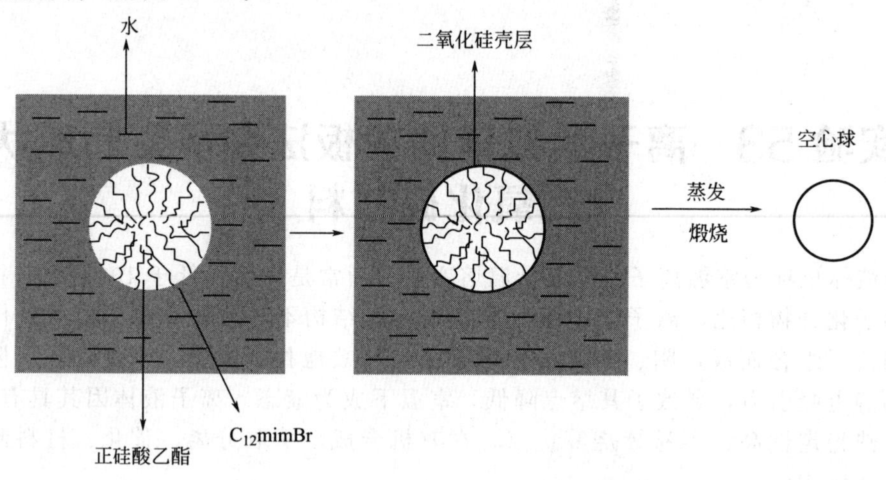

图 53-1　合成空心二氧化硅材料机理图

【仪器和试剂】

1. 仪器

50mL 容量瓶	1 个；	磁力搅拌器	1 套；
1mL 移液管	4 支；	控温烘箱	1 台；
2mL 移液管	1 支；	马弗炉	1 台；
5mL 烧杯	1 个；	分析天平	1 台；
玻璃片	1 个；	坩埚	1 个。

2. 试剂

1-十二烷基-3-甲基咪唑溴	分析纯；
正硅酸乙酯（TEOS）	化学纯；
氨水	分析纯；
乙醇	分析纯。

【实验步骤】

（1）配制浓度为 54mmol/L 的 C_{12}mimBr 溶液。先在分析天平上准确称取 2.7mmol C_{12}mimBr固体，放入 50mL 容量瓶中，加入蒸馏水定容。

（2）在室温下，用移液管移取 0.5mL C_{12}mimBr 溶液、0.8mL 水、0.5mL 氨水溶液（质量分数为 1.25%）和 2.0mL 乙醇溶液混合并搅拌；15min 后，将 0.15mL 的正硅酸乙酯缓慢加入到溶液中，继续搅拌 5min。将搅拌好的溶液倒在玻璃片上并放入 120℃的烘箱中，4h 后取出。将得到的白色粉末在 600℃下煅烧 6h，冷却，即得到最后的产品。这一过程对应的流程图如图 53-2 所示。

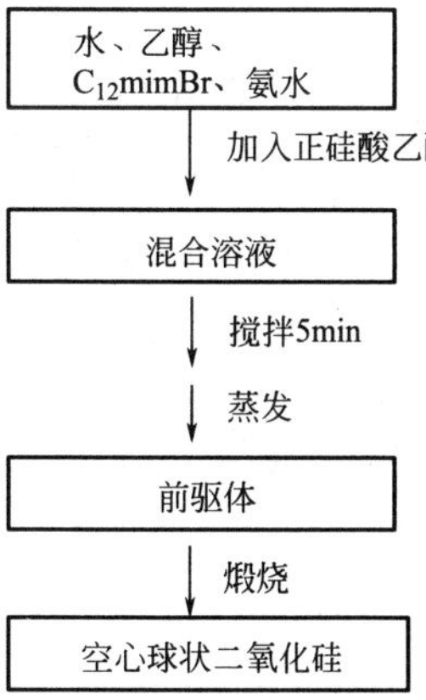

水、乙醇、C_{12}mimBr、氨水
↓ 加入正硅酸乙酯
混合溶液
↓ 搅拌5min
↓ 蒸发
前驱体
↓ 煅烧
空心球状二氧化硅

图 53-2 空心球状二氧化硅的合成步骤

【实验结果与处理】

1. 产品产量、产率

理论产量：______________；实际产量：____________；产率：_____________。

2. 使用扫描电子显微镜观察所得产物的形貌，并对产物形貌加以描述。

【思考题】

1. 空心二氧化硅材料合成中，C_{12}mimBr 的作用是什么？

2. 如何分析合成的二氧化硅材料中是否含有 C_{12}mimBr？

【参考文献】

[1] Lu H B，Liao L，Li H，et al. Materials Letters，2008，62(24)：3928-3930.

[2] Zoldesi C I，Imhof A. Materials Letters，2005，17(7)：924-928.

[3] Cayre O J，Biggs S. Journal of Materials Chemistry，2009，19：2724-2728.

[4] Zhao M W，Gao Y A，Zheng L Q，et al. European Journal of Inorganic Chemistry，2010，(6)：975-982.

附：乳液模板法

微乳液是两种互不相溶的液体形成的热力学稳定、各向同性、外观透明或不透明的分散体系；是由水、有机溶剂、表面活性剂以及助表面活性剂构成的，一般有水包油（O/W）型和油包水（W/O）型以及近年来发展的连续双包型。以微乳液为模板制备纳米材料的特点在于：微反应器的界面是一层表面活性剂分子，在微反应器中形成的纳米颗粒因这层界面膜隔离而不能聚结，是理想的反应介质。由于微乳液的结构可以限制颗粒的生长，使纳米颗粒的制备变得容易。这种方法的实验装置简单，操作方便，并且可以人为控制粒径，因此在纳米材料的制备中具有极其广泛的应用前景。

（张少华）

第3部分 附录

附录1 常用酸、碱的密度与浓度（20℃）

试剂	含量/%	密度/(g/mL)	浓度/(mol/L)
盐酸	36～38	1.18～1.19	11.6～12.4
硝酸	65.0～68.0	1.42	14.4～15.2
硫酸	95～98	1.83～1.84	17.8～18.4
磷酸	85.0	1.69	14.6
氢氟酸	40.0	1.13	22.5
高氯酸	70.0～72.0	1.68	11.7～12.0
稀醋酸	36.0～37.0	1.04	6.2～6.4
冰醋酸	99.0～99.8	1.05	17.4
氨水	25.0～28.0	0.88～0.90	13.3～14.8
三乙醇胺	99.0	1.124	7.5

附录2 常用基准物质的干燥条件和应用

基准物质		干燥后的组成	干燥条件	标定对象
名称	分子式			
碳酸氢钠	$NaHCO_3$	Na_2CO_3	270～300℃	酸
碳酸钠	$Na_2CO_3 \cdot 10H_2O$	Na_2CO_3	270～300℃保持50min	酸
碳酸氢钾	$KHCO_3$	K_2CO_3	270～300℃	酸
硼砂	$Na_2B_4O_7 \cdot 10H_2O$	$Na_2B_4O_7 \cdot 10H_2O$	放在装有氯化钠和饱和蔗糖溶液的密闭器皿中	酸
二水合草酸	$H_2C_2O_4 \cdot 2H_2O$	$H_2C_2O_4 \cdot 2H_2O$	室温空气干燥	碱或$KMnO_4$
邻苯二甲酸氢钾	$KHC_8H_4O_4$	$KHC_8H_4O_4$	110～120℃干燥至恒重	碱
重铬酸钾	$K_2Cr_2O_7$	$K_2Cr_2O_7$	140～150℃保持3～4h	还原剂
溴酸钾	$KBrO_3$	$KBrO_3$	130℃	还原剂
碘酸钾	KIO_3	KIO_3	120～140℃保持2h	还原剂
铜	Cu	Cu	室温干燥器中保存	还原剂
三氧化二砷	As_2O_3	As_2O_3	室温干燥器中保存	氧化剂
草酸钠	$Na_2C_2O_4$	$Na_2C_2O_4$	130℃保持2h	氧化剂

续表

基准物质		干燥后的组成	干燥条件	标定对象
名称	分子式			
碳酸钙	$CaCO_3$	$CaCO_3$	110～120℃保持2h	EDTA
锌	Zn	Zn	室温干燥器中保存	EDTA
氧化锌	ZnO	ZnO	900～1000℃保持50min	EDTA
氯化钠	NaCl	NaCl	500～600℃保持50min	$AgNO_3$
氯化钾	KCl	KCl	500～600℃	$AgNO_3$
硝酸银	$AgNO_3$	$AgNO_3$	280～290℃干燥至恒重	氯化物

注：除特殊注明，干燥后的基准物质应在干燥器中冷却和保存。

附录3 常用缓冲溶液的配制

缓冲溶液组成	pK_a	缓冲液pH值	缓冲溶液配制方法
氨基乙酸-HCl	2.35 (pK_{a1})	2.3	氨基乙酸150g溶于500mL水中，加浓盐酸80mL，用水稀释至1L
H_3PO_4-柠檬酸盐		2.5	$Na_2HPO_4 \cdot 12H_2O$ 113g溶于200mL水后，加柠檬酸387g，溶解，过滤后，稀释至1L
一氯乙酸-NaOH	2.86	2.8	200g一氯乙酸溶于200mL水中，加NaOH 40g溶解后，稀释至1L
邻苯二甲酸氢钾-HCl	2.95 (pK_{a1})	2.9	500g邻苯二甲酸氢钾溶于500mL水中，加浓盐酸80mL，稀释至1L
甲酸-NaOH	3.76	3.7	95g甲酸和NaOH 40g于500mL水中，溶解，稀释至1L
NH_4Ac-HAc		4.5	NH_4Ac 77g溶于200mL水中，加冰醋酸59mL，稀释至1L
NaAc-HAc	4.74	4.7	无水NaAc 83g溶于水中，加冰醋酸60mL，稀释至1L
NaAc-HAc	4.74	5.0	无水NaAc 160g溶于水中，加冰醋酸60mL，稀释至1L
NH_4Ac-HAc		5.0	NH_4Ac 250g溶于200mL水中，加冰醋酸25mL，稀释至1L
六亚甲基四胺-HCl	5.15	5.4	六亚甲基四胺40g溶于200mL水中，加浓盐酸10mL，稀释至1L
NH_4Ac-HAc		6.0	NH_4Ac 600g溶于200mL水中，加冰醋酸20mL，稀释到1L
NaAc-H_3PO_4盐		8.0	无水NaAc 50g和$Na_2HPO_4 \cdot 12H_2O$ 50g，溶于水中，稀释至1L
Tris-HCl [三羟甲基氨基甲烷 $CNH_2(HOCH_3)_3$]	8.21	8.2	取25g Tris试剂溶于水中，加浓HCl溶液8mL，稀释至1L
NH_3-NH_4Cl	9.26	9.2	NH_4Cl 54g溶于水中，加浓氨水63mL，稀释至1L
NH_3-NH_4Cl	9.26	9.5	NH_4Cl 54g溶于水中，加浓氨水126mL，稀释至1L
NH_3-NH_4Cl	9.26	10.0	NH_4Cl 54g溶于水中，加浓氨水350mL，稀释至1L

注：1. 缓冲液配制后可用pH试纸检查。如pH值不对，可用共轭酸或碱调节。pH值欲调节精确时，可用pH计调节。

2. 若需增加或减少缓冲液的缓冲容量时，可相应增加或减少共轭酸碱对物质的量，再调节之。

附录4 常用指示剂

(一)酸碱指示剂

序号	指示剂名称	变色pH值范围	酸色	碱色	pK_a	浓度
1	甲基紫(第一变色范围)	0.13~0.5	黄	绿	0.8	1g/L或0.5g/L的水溶液
2	甲酚红(第一变色范围)	0.2~1.8	红	黄	—	0.04g指示剂溶于100mL 50%乙醇
3	甲基紫(第二变色范围)	1.0~1.5	绿	蓝	—	1g/L水溶液
4	百里酚蓝(第一变色范围)	1.2~2.8	红	黄	1.65	0.1g指示剂溶于100mL 20%乙醇
5	茜素黄R(第一次变色)	1.9~3.3	红	黄	—	0.1%水溶液
6	甲基紫(第三变色范围)	2.0~3.0	蓝	紫	—	1g/L水溶液
7	甲基黄	2.9~4.0	红	黄	3.3	0.1g指示剂溶于100mL 90%乙醇
8	溴酚蓝	3.0~4.6	黄	蓝	3.85	0.1g指示剂溶于100mL 20%乙醇
9	刚果红	3.1~5.2	蓝紫	红		1g/L水溶液
10	甲基橙	3.1~4.4	红	黄	3.40	1g/L水溶液
11	溴甲酚绿	3.8~5.4	黄	蓝	4.68	0.1g指示剂溶于100mL 20%乙醇
12	甲基红	4.4~6.2	红	黄	4.95	0.2g指示剂溶于100mL 60%乙醇
13	溴酚红	5.0~6.8	黄	红		0.1g指示剂溶于100mL 20%乙醇
14	溴百里酚蓝	6.0~7.6	黄	蓝	7.1	0.1g指示剂溶于100mL 20%乙醇
15	中性红	6.8~8.0	红	黄	7.4	0.1g指示剂溶于100mL 60%乙醇
16	酚红	6.8~8.0	黄	红	7.9	0.1g指示剂溶于100mL 20%乙醇
17	甲酚红(第二变色范围)	7.2~8.8	亮黄	紫红	8.2	0.1g指示剂溶于100mL 50%乙醇
18	百里酚蓝(第二变色范围)	8.0~9.6	黄	蓝	8.9	0.1g指示剂溶于100mL 20%乙醇
19	酚酞	8.2~10.0	无色	紫红	9.4	0.1g指示剂溶于100mL 60%乙醇
20	百里酚酞	9.3~10.5	无色	蓝	10.0	0.1g指示剂溶于100mL 90%乙醇
21	茜素黄R(第二变色范围)	10.1~12.1	黄	紫	11.16	0.1%水溶液
22	靛胭脂红	11.6~14.0	蓝	黄	12.2	25%乙醇(50%)溶液

(二)混合酸碱指示剂

序号	指示剂名称	浓度	组成	变色点pH值	酸色	碱色
1	甲基黄	0.1%乙醇溶液	1∶1	3.28	蓝紫	绿
	亚甲基蓝	0.1%乙醇溶液				
2	甲基橙	0.1%水溶液	1∶1	4.3	紫	绿
	苯胺蓝	0.1%水溶液				
3	溴甲酚绿	0.1%乙醇溶液	3∶1	5.1	酒红	绿
	甲基红	0.2%乙醇溶液				
4	溴甲酚绿钠盐	0.1%水溶液	1∶1	6.1	黄绿	蓝紫
	氯酚红钠盐	0.1%水溶液				

续表

序号	指示剂名称	浓度	组成	变色点pH值	酸色	碱色
5	中性红	0.1%乙醇溶液	1∶1	7.0	蓝紫	绿
	亚甲基蓝	0.1%乙醇溶液				
6	中性红	0.1%乙醇溶液	1∶1	7.2	玫瑰	绿
	溴百里酚蓝	0.1%乙醇溶液				
7	甲酚红钠盐	0.1%水溶液	1∶3	8.3	黄	紫
	百里酚蓝钠盐	0.1%水溶液				
8	酚酞	0.1%乙醇溶液	1∶2	8.9	绿	紫
	甲基绿	0.1%乙醇溶液				
9	酚酞	0.1%乙醇溶液	1∶1	9.9	无色	紫
	百里酚酞	0.1%乙醇溶液				
10	百里酚酞	0.1%乙醇溶液	2∶1	10.2	黄	绿
	茜素黄	0.1%乙醇溶液				

注：混合酸碱指示剂要保存在深色瓶中。

（三）络合指示剂

名称	配制	用于测定		
		元素	颜色变化	测定条件
酸性铬蓝K	0.1%乙醇溶液	Ca	红～蓝	pH=12
		Mg	红～蓝	pH=10(氨性缓冲溶液)
钙指示剂	与NaCl配成1∶100的固体混合物	Ca	酒红～蓝	pH>12(KOH或NaOH)
铬天青S	0.4%水溶液	Al	紫～黄橙	pH=4(醋酸缓冲溶液)，热
		Cu	蓝紫～黄	pH=6～6.5(醋酸缓冲溶液)
		Fe(Ⅲ)	蓝～橙	pH=2～3
		Mg	红～黄	pH=10～11(氨性缓冲溶液)
双硫腙	0.03%乙醇溶液	Zn	红～绿紫	pH=4.5，50%乙醇溶液
铬黑T (EBT)	5g/L水溶液	Al	蓝～红	pH=7～8，吡啶存在下，以Zn^{2+}回滴
		Bi	蓝～红	pH=9～10，以Zn^{2+}回滴
		Ca	红～蓝	pH=10，加入EDTA-Mg
		Cd	红～蓝	pH=10(氨性缓冲溶液)
		Mg	红～蓝	pH=10(氨性缓冲溶液)
		Mn	红～蓝	氨性缓冲溶液，加羟胺
		Ni	红～蓝	氨性缓冲溶液
		Pb	红～蓝	氨性缓冲溶液，加酒石酸钾
		Zn	红～蓝	pH=6.8～10(氨性缓冲溶液)
紫脲酸铵	与NaCl配成1∶100的固体混合物	Ca	红～紫	pH>10(NaOH)，25%乙醇
		Co	黄～紫	pH=8～10(氨性缓冲溶液)
		Cu	黄～紫	pH=7～8(氨性缓冲溶液)
		Ni	黄～紫红	pH=8.5～11.5(氨性缓冲溶液)

续表

名称	配制	用于测定		
		元素	颜色变化	测定条件
吡啶偶氮萘酚(PAN)	0.1%乙醇(或甲醇)溶液	Cd	红～黄	pH=6(醋酸缓冲溶液)
		Co	黄～红	醋酸缓冲溶液,70～80℃,以 Cu^{2+} 回滴
		Cu	紫～黄	pH=10(氨性缓冲溶液)
			红～黄	pH=6(醋酸缓冲溶液)
		Zn	粉红～黄	pH=5～7(醋酸缓冲溶液)
PAR	0.05%或0.2%水溶液	Bi	红～黄	pH=1～2(HNO_3)
		Cu	红～黄(绿)	pH=5～11(六亚甲基四胺,氨性缓冲溶液)
		Pb	红～黄	六亚甲基四胺或氨性缓冲溶液
邻苯二酚紫	0.1%水溶液	Cd	蓝～红紫	pH=10(氨性缓冲溶液)
		Co	蓝～红紫	pH=8～9(氨性缓冲溶液)
		Cu	蓝～黄绿	pH=6～7,吡啶溶液
		Fe(Ⅲ)	黄绿～蓝	pH=6～7,吡啶存在下,以 Cu^{2+} 回滴
		Mg	蓝～红紫	pH=10(氨性缓冲溶液)
		Mn	蓝～红紫	pH=9(氨性缓冲溶液),加羟胺
		Pb	蓝～黄	pH=5.5(六亚甲基四胺)
		Zn	蓝～红紫	pH=10(氨性缓冲溶液)
磺基水杨酸	1%～2%水溶液	Fe(Ⅲ)	红紫～黄	pH=1.5～2
二甲酚橙 XO	0.5%乙醇(或水)溶液	Bi	红～黄	pH=1～2(HNO_3)
		Cd	粉红～黄	pH=5～6(六亚甲基四胺)
		Pb	红紫～黄	pH=5～6(醋酸缓冲溶液)
		Th(Ⅳ)	红～黄	pH=1.6～3.5(HNO_3)
		Zn	红～黄	pH=5～6(醋酸缓冲溶液)

(四)氧化还原指示剂

序号	名称	氧化型颜色	还原型颜色	E_{ind}/V [H^+]=1mol/L	浓度
1	二苯胺	紫	无色	+0.76	1%浓硫酸溶液
2	二苯胺磺酸钠	紫红	无色	+0.84	0.2%水溶液
3	*N*-邻苯氨基苯甲酸	紫红	无色	+1.08	0.1g指示剂加20mL 50g/L的 Na_2CO_3 溶液，用水稀至100mL
4	亚甲基蓝	蓝	无色	+0.532	0.1%水溶液
5	中性红	红	无色	+0.24	0.1%乙醇溶液
6	邻二氮菲-亚铁	浅蓝	红	+1.06	1.485g邻二氮菲加0.695g硫酸亚铁溶解，稀至100mL（0.025mol/L水溶液）
7	5-硝基邻二氮菲-亚铁	浅蓝	紫红	+1.25	1.608g 5-硝基邻二氮菲加0.695g硫酸亚铁溶解，稀至100mL（0.025mol/L水溶液）

（五）沉淀滴定常用指示剂

指示剂名称	可测离子	滴定条件	终点颜色变化	溶液配制方法
铬酸钾	Cl^-、Br^-	中性或弱碱性	黄色→砖红色	5%水溶液
铁铵矾（硫酸铁铵）	Ag^+、Br^-、I^-	酸性	无色→红色	8%水溶液
荧光黄	Cl^-、I^-、Br^-	中性或弱碱性	黄绿→玫瑰红　黄绿→橙	1%钠盐水溶液
二氯荧光黄	Cl^-、Br^-、I^-	pH 4.4～7.2	黄绿→粉红	1%钠盐水溶液
曙红	Br^-、I^-、SCN^-	pH 1～2	橙红→红紫	1%钠盐水溶液

附录5　相对原子质量表

（国际纯粹与应用化学联合会2007年公布）

本表数据源自2007年IUPAC元素周期表（IUPAC 2007 standard atomic weights），以 $^{12}C=12$ 为标准。本表［　］内数据为放射性元素（$Z>108$）半衰期最长的同位素的相对原子质量。相对原子质量末位数的不确定度加注在其后的（　）内，比如8号氧元素的相对原子质量15.9994(3)是15.9994±0.00003的简写。

113～120号元素的数据未被IUPAC确定。

附录表5-1　相对原子质量表

原子序数	元素	符号	相对原子质量	原子序数	元素	符号	相对原子质量
1	氢	H	1.00794 (7)	18	氩	Ar	39.948 (1)
2	氦	He	4.002602 (2)	19	钾	K	39.0983 (1)
3	锂	Li	6.941 (2)	20	钙	Ca	40.078 (4)
4	铍	Be	9.012182 (3)	21	钪	Sc	44.955912 (6)
5	硼	B	10.811 (7)	22	钛	Ti	47.867 (1)
6	碳	C	12.0107 (8)	23	钒	V	50.9415 (1)
7	氮	N	14.0067 (2)	24	铬	Cr	51.9961 (6)
8	氧	O	15.9994 (3)	25	锰	Mn	54.938045 (5)
9	氟	F	18.9984032 (5)	26	铁	Fe	55.845 (2)
10	氖	Ne	20.1797 (6)	27	钴	Co	58.933195 (5)
11	钠	Na	22.98976928 (2)	28	镍	Ni	58.6934 (4)
12	镁	Mg	24.3050 (6)	29	铜	Cu	63.546 (3)
13	铝	Al	26.9815386 (8)	30	锌	Zn	65.38 (2)
14	硅	Si	28.0855 (3)	31	镓	Ga	69.723 (1)
15	磷	P	30.973762 (2)	32	锗	Ge	72.64 (1)
16	硫	S	32.065 (5)	33	砷	As	74.92160 (2)
17	氯	Cl	35.453 (2)	34	硒	Se	78.96 (3)

续表

原子序数	元素	符号	相对原子质量	原子序数	元素	符号	相对原子质量
35	溴	Br	79.904（1）	72	铪	Hf	178.49（2）
36	氪	Kr	83.798（2）	73	钽	Ta	180.94788（2）
37	铷	Rb	85.4678（3）	74	钨	W	183.84（1）
38	锶	Sr	87.62（1）	75	铼	Re	186.207（1）
39	钇	Y	88.90585（2）	76	锇	Os	190.23（3）
40	锆	Zr	91.224（2）	77	铱	Ir	192.217（3）
41	铌	Nb	92.90638（2）	78	铂	Pt	195.084（9）
42	钼	Mo	95.96（2）	79	金	Au	196.966569（4）
43	锝	Tc	98.9072（4）	80	汞	Hg	200.59（2）
44	钌	Ru	101.07（2）	81	铊	Tl	204.3833（2）
45	铑	Rh	102.90550（2）	82	铅	Pb	207.2（1）
46	钯	Pd	106.42（1）	83	铋	Bi	208.98040（1）
47	银	Ag	107.8682（2）	84	钋	Po	[208.9824]
48	镉	Cd	112.411（8）	85	砹	At	[209.9871]
49	铟	In	114.818（3）	86	氡	Rn	[222.0176]
50	锡	Sn	118.710（7）	87	钫	Fr	[223.0197]
51	锑	Sb	121.760（1）	88	镭	Re	[226.0245]
52	碲	Te	127.60（3）	89	锕	Ac	[227.0277]
53	碘	I	126.90447（3）	90	钍	Th	232.03806（2）
54	氙	Xe	131.293（6）	91	镤	Pa	231.03588（2）
55	铯	Cs	132.9054519（2）	92	铀	U	238.02891（3）
56	钡	Ba	137.327（7）	93	镎	Np	[237.0482]
57	镧	La	138.90547（7）	94	钚	Pu	[239.0642]
58	铈	Ce	140.116（1）	95	镅	Am	[243.0614]
59	镨	Pr	140.90765（2）	96	锔	Cm	[247.0704]
60	钕	Nd	144.242（3）	97	锫	Bk	[247.0703]
61	钷	Pm	144.9（2）	98	锎	Cf	[251.0796]
62	钐	Sm	150.36（2）	99	锿	Es	[252.0830]
63	铕	Eu	151.964（1）	100	镄	Fm	[257.0591]
64	钆	Gd	157.25（3）	101	钔	Md	[258.0984]
65	铽	Tb	158.92535（2）	102	锘	No	[259.1010]
66	镝	Dy	162.500（1）	103	铹	Lr	[262.1097]
67	钬	Ho	164.93032（2）	104	𬬻	Rf	[261.1088]
68	铒	Er	167.259（3）	105	𬭊	Db	[262.1141]
69	铥	Tm	168.93421（2）	106	𬭳	Sg	[266.1219]
70	镱	Yb	173.054（5）	107	𬭛	Bh	[264.1201]
71	镥	Lu	174.9668（1）	108	𬭶	Hs	[277]

续表

原子序数	元素	符号	相对原子质量	原子序数	元素	符号	相对原子质量
109	鿏	Mt	[268]	115		Uup	[288]
110	鐽	Ds	[271]	116		Lv	[292]
111	錀	Rg	[272]	117		Uus	[295]
112	鎶	Cn	[285]	118		Uuo	[293]
113		Uut	[284]	119		Uue	[297]
114		Fl	[289]	120		Ubn	[298]

附录 6 常用有机溶剂在水中的溶解度

溶剂名称	温度/℃	在水中溶解度	溶剂名称	温度/℃	在水中溶解度
庚烷	15.5	0.005%	硝基苯	15	0.18%
二甲苯	20	0.011%	氯仿	20	0.81%
正己烷	15.5	0.014%	二氯乙烷	15	0.86%
甲苯	10	0.048%	正戊醇	20	2.6%
氯苯	30	0.049%	异戊醇	18	2.75%
四氯化碳	15	0.077%	正丁醇	20	7.81%
二硫化碳	15	0.12%	乙醚	15	7.83%
醋酸戊酯	20	0.17%	醋酸乙酯	15	8.30%
醋酸异戊酯	20	0.17%	异丁醇	20	8.50%
苯	20	0.175%			

附录 7 常用有机溶剂的沸点（bp）及相对密度（d_4^{20}）

名称	bp/℃	d_4^{20}	名称	bp/℃	d_4^{20}
甲醇	64.9	0.7914	苯	80.1	0.8786
乙醇	78.5	0.7893	甲苯	110.6	0.8669
乙醚	34.5	0.7137	二甲苯（*o*-、*m*-、*p*-）	140.0	
丙酮	34.5	0.7899	氯仿	61.7	1.4832
乙酸	117.9	1.0492	四氯化碳	76.5	1.5940
乙酸酐	139.5	1.0820	二硫化碳	46.2	1.263240
乙酸乙酯	77.0	0.9003	正丁醇	117.2	0.8089
二氧六环	101.7	1.0337	硝基苯	210.8	1.2037

附录8 水蒸气压力表

t/℃	p/mmHg	t/℃	p/mmHg	t/℃	p/mmHg	t/℃	p/mmHg
0	4.579	15	12.788	30	31.824	85	433.600
1	4.926	16	13.634	31	33.695	90	525.760
2	5.294	17	14.530	32	35.663	91	546.050
3	5.685	18	15.477	33	37.729	92	566.990
4	6.101	19	16.477	34	39.898	93	588.600
5	6.543	20	17.535	35	42.175	94	610.900
6	7.013	21	18.650	40	55.324	95	633.900
7	7.513	22	19.827	45	71.880	96	657.620
8	8.045	23	21.068	50	92.510	97	682.070
9	8.609	24	22.377	55	118.040	98	707.270
10	9.209	25	23.756	60	149.380	99	733.240
11	9.844	26	25.209	65	187.540	100	760.000
12	10.518	27	26.739	70	283.700		
13	11.231	28	28.349	75	289.100		
14	11.987	29	30.043	80	355.100		

注：表中数据温度范围 0～100℃，1mmHg=1/760atm=133.322Pa。

附录9 常用干燥剂的性能与应用范围

干燥剂	吸水作用	吸水容量	效能	干燥速度	应用范围
氯化钙	$CaCl_2 \cdot nH_2O$ $n=1,2,4,6$	0.97 按 $CaCl_2 \cdot 6H_2O$ 计	中等	较快，但吸水后表面为薄层液体所覆盖，故放置时间应长些为宜	能与醇、酚胺、酰胺及某些醛、酮形成配合物，因而不能用于干燥这些化合物。其工业品中可能含氢氧化钙和碱式氧化钙，故不能用于干燥酸类
硫酸镁	$MgSO_4 \cdot nH_2O$ $n=1,2,4,5,6,7$	1.05 按 $MgSO_4 \cdot 7H_2O$ 计	较弱	较快	中性，应用范围广，可代替 $CaCl_2$，并可用于干燥酯、醛、酮、腈、酰胺等不能用 $CaCl_2$ 干燥的化合物
硫酸钠	$Na_2SO_4 \cdot 10H_2O$	1.25	弱	缓慢	中性，一般用于有机液体的初步干燥
硫酸钙	$2CaSO_4 \cdot H_2O$	0.06	强	快	中性，常与硫酸镁(钠)配合，作最后干燥之用
碳酸钾	$K_2CO_3 \cdot \frac{1}{2}H_2O$	0.2	较弱	慢	弱碱性，用于干燥醇、酮、酯、胺及杂环等碱性化合物；不适于酸、酚及其他酸性化合物的干燥
氢氧化钾(钠)	溶于水	—	中等	快	强碱性，用于干燥胺、杂环等碱性化合物；不能用于干燥醇、酯、醛、酮、酸、酚等

续表

干燥剂	吸水作用	吸水容量	效能	干燥速度	应用范围
金属钠	$Na+H_2O \longrightarrow NaOH+\frac{1}{2}H_2O$	—	强	快	限于干燥醚、烃类中的痕量水分。用时切成小块或压成钠丝
氧化钙	$CaO+H_2O \longrightarrow Ca(OH)_2$	—	强	较快	适于干燥低级醇类
五氧化二磷	$P_2O_5+3H_2O \longrightarrow 2H_3PO_4$	—	强	快，但吸水后表面为黏浆液覆盖，操作不便	适于干燥醚、烃、卤代烃、腈等化合物中的痕量水分；不适用于干燥醇、酸、胺、酮等
分子筛	物理吸附	约 0.25	强	快	适用于各类有机化合物干燥

附录 10　常见二元共沸混合物

组分		共沸点/℃	共沸物组成（质量分数）	
A（沸点）	B（沸点）		A	B
水（100℃）	苯（80.6℃）	69.3	9%	91%
	甲苯（231.08℃）	84.1	19.6%	80.4%
	氯仿（61℃）	56.1	2.8%	97.2%
	乙醇（78.3℃）	78.2	4.5%	95.5%
	丁醇（117.8℃）	92.4	38%	62%
	异丁醇（108℃）	90.0	33.2%	66.8%
	仲丁醇（99.5℃）	88.5	32.1%	67.9%
	叔丁醇（82.8℃）	79.9	11.7%	88.3%
	烯丙醇（97.0℃）	88.2	27.1%	72.9%
	苄醇（205.2℃）	99.9	91%	9%
	乙醚（34.6℃）	110（最高）	79.76%	20.24%
	二氧六环（101.3℃）	87	20%	80%
	四氯化碳（76.8℃）	66	4.1%	95.9%
	丁醛（75.7℃）	68	6%	94%
	三聚乙醛（115℃）	91.4	30%	70%
	甲酸（100.8℃）	107.3（最高）	22.5%	77.5%
	乙酸乙酯（77.1℃）	70.4	8.2%	91.8%
	苯甲酸乙酯（212.4℃）	99.4	84%	16%

组分		共沸点/℃	共沸物组成（质量分数）	
A（沸点）	B（沸点）		A	B
乙醇（78.3℃）	苯（80.6℃）	68.2	32%	68%
	氯仿（61℃）	59.4	7%	93%
	四氯化碳（76.8℃）	64.9	16%	84%
	乙酸乙酯（77.1℃）	72	30%	70%
甲醇（64.7℃）	四氯化碳（76.8℃）	55.7	21%	79%
	苯（80.6℃）	58.3	39%	61%
乙酸乙酯（77.1℃）	四氯化碳（76.8℃）	74.8	43%	57%
	二硫化碳（46.3℃）	46.1	7.3%	92.7%
丙酮（56.5℃）	二硫化碳（46.3℃）	39.2	34%	66%
	氯仿（61℃）	65.5	20%	80%
	异丙醚（69℃）	54.2	61%	39%
己烷（69℃）	苯（80.6℃）	68.8	95%	5%
	氯仿（61℃）	60.0	28%	72%
环己烷（80.8℃）	苯（80.6℃）	77.8	45%	55%

附录 11 常见三元共沸混合物

组分 （沸点）			共沸物组成(质量分数)			共沸点/℃
A	B	C	A	B	C	
水(100℃)	乙醇(78.3℃)	乙酸乙酯(77.1℃)	7.8%	9.0%	83.2%	70.3
		四氯化碳(76.8℃)	4.3%	9.7%	86%	61.8
		苯(80.6℃)	7.4%	18.5%	74.1%	64.9
		环己烷(80.8℃)	7%	17%	76%	62.1
		氯仿(61℃)	3.5%	4.0%	92.5%	55.6
	正丁醇(117.8℃)	乙酸乙酯(77.1℃)	29%	8%	63%	90.7
	异丙醇(82.4℃)	苯(80.6℃)	7.5%	18.7%	73.8%	66.5
	二硫化碳(46.3℃)	丙酮(56.4℃)	0.81%	75.21%	23.98%	38.04

附录 12 常见官能团红外吸收特征频率表

化合物类型	官能团	吸收频率/cm^{-1}					备注
		4000～2500	2500～2000	2000～1500	1500～900	900 以下	
烷基	$-CH_3$	2960,尖[70] 2870,尖[30]			1460,[<15] 1380,[15]		甲基氧、氮原子相连时，2870cm^{-1}的吸收移向低波数； 借二甲基使 1380cm^{-1}的吸收产生双峰
	$-CH_2$	2925,尖[75] 2825,尖[45]			1470,[8]	725～720[3]	与氧、氮原子相连时，2825cm^{-1}的吸收移向低波数； $-(CH_2)_n-$中，$n>4$ 时方有725～720cm^{-1}的吸收，当 n 小时往高波数移动
	△三元碳环	3000～3080[变化]					三元环上有氢时，方有此吸收
不饱和烃	$=CH_2$	3080,[30] 2975,[中]					
	$=CH-$	3020,[中]					
	$C=C$			1675～1600[中～弱]			共轭烯移向较低波数
	$-CH=CH_2$				990,尖[50] 910,尖[110]		
	$-\overset{\vert}{C}=CH_2$					895,尖[100～150]	

续表

化合物类型	官能团	吸收频率/cm^{-1}					备注
		4000～2500	2500～2000	2000～1500	1500～900	900以下	
不饱和烃	反式二氢				965，尖[100]		
	顺式二氢					800～650[40～100]	常于730～675cm^{-1}出峰
	三取代烯					840～800，尖[40]	
	≡CH	3300，尖[100]					
	—C≡C—		2140～2100，[5]				末端炔基
			2260～2190，[1]				中间炔基
苯环及稠芳环	C═C			1600，尖[＜100] 1580[变] 1500，尖[＜100]	1450，[中]		
	═CH	3030[＜60]					
				2000～1600，[5]			当该区无别的吸收峰时，可见几个弱吸收峰
						900～850，[中]	苯环上孤立氢(如苯环上五取代)
						860～800，尖[强]	苯环上两个相邻氢，常出现在820～800cm^{-1}处
						800～750，尖[强]	苯环上有三个相邻氢
						770～730，尖[强]	苯环上有四个或五个相邻氢
						710～690，尖[强]	苯环单取代；1,3-二取代；1,3,5-及1,2,3-三取代时附加此吸收
杂芳环	吡啶	3075～3020，尖[强]		1620～1590[中] 1500[中]		920～720，尖[强]	900cm^{-1}以下吸收近似于苯环的吸收位置(以相邻氢的数目考虑)
	呋喃	3165～3125，[中，弱]		～1600，～1500	～1400		
	吡咯	3490，尖[强] 3125～3100[弱]		1600～1500[变化](两个吸收峰)			NH产生的吸收，═CH产生的吸收
	噻吩	3125～3050		～1520	～1410	750～690，[强]	

续表

化合物类型	官能团	吸收频率/cm^{-1}					备注
		4000～2500	2500～2000	2000～1500	1500～900	900以下	
醇和酚	游离态						存在于非极性溶剂的稀溶液中
	伯醇 —CH_2OH	3640, 尖[70]			1050,尖 [60～200]		
	仲醇 —CHOH	3630, 尖[55]			1100,尖 [60～200]		
	叔醇 —C—OH	3620, 尖[45]			1150,尖 [60～200]		
	酚	3610, 尖[中]			1200,尖 [60～200]		
	分子间氢键				同上		
	二聚体	3600～3500					常被多聚体的吸收峰掩盖
	多聚体	3600, 宽[强]					
	多元醇	3600～3500 [50～100]					
	π-氢键	3600～3500					
	螯合键	3200～2500, 宽[弱]					
醚	C—O—C				1150～1070, [强]		
	=C—O—C				1275～1200, [强]		
					1075～1020, [强]		
		3050～3000 [中,弱]					环上有氢时方有此吸收峰
	环氧(三元环,O)				1250, [强]	950～810, [强]	
						840～750, [强]	

续表

化合物类型	官能团	吸收频率/cm^{-1}					备注
		4000～2500	2500～2000	2000～1500	1500～900	900 以下	
酮	链状饱和酮			1725～1705，尖[300～600]			
	环状酮						
	大于七元环			1720～1700，尖[极强]			
	六元环			1725～1705，尖[极强]			
	五元环			1750～1740，尖[极强]			
	四元环			1775，尖[极强]			
	三元环			1850，尖[极强]			
	不饱和酮						羰基吸收
	α，β-不饱和酮			1685～1665，尖[极强]			
				1650～1600，尖[极强]			烯键吸收
	Ar—CO—			1700～1680，尖[极强]			羰基吸收
	Ar—CO—Ar			1670～1660，尖[极强]			羰基吸收
	α，β，α′，β′-不饱和酮						
	α-取代酮：α-卤代酮			1745～1725，尖[极强]			
	α-二卤代酮			1765～1745，尖[极强]			
	二酮：$-\overset{\overset{O}{\|}}{C}-\overset{\overset{O}{\|}}{C}-$			1730～1710，尖[极强]			当两个羰基不相连时，基本上回复到链状饱和酮的吸收位置
	醌：1，2-苯醌 1，4-苯醌			1690～1660，尖[极强]			
	草酮			1650，尖[极强]			
醛	饱和醛	28020[弱]，2720[弱]		1740～1720，尖[极强]			
	不饱和醛 α，β-不饱和醛 α，β，γ，δ-不饱和醛 Ar—CHO			1705～1680，尖[极强] 1680～1660，尖[极强] 1715～1695，尖[极强]			
羧酸	饱和羧酸	3000～2500，宽		1760[1500]	1440～1395[中，强]		1760cm^{-1}为单体吸收

续表

化合物类型	官能团	吸收频率/cm⁻¹					备注
		4000～2500	2500～2000	2000～1500	1500～900	900 以下	
				1725～1700 [1500]	1320～1210 [强] 920 宽[中]		1725～1700cm⁻¹为二聚体吸收，可能见到两个吸收，分别为单体及二聚体吸收
	α,β-不饱和羧酸			1720[极强] 1715～1690 [极强]			分别为单体及二聚体吸收
	Ar—COOH			1700～1680 [极强]			
	α-卤代羧酸			1740～1720 [极强]			
酸酐	饱和、链状酸酐			1820[极强] 1760[极强]	1170～1045 [极强]		
	α,β-不饱和酸酐			1775[极强] 1720[极强]			
	六元环酸酐			1800[极强] 1750[极强]	1300～1175 [极强]		
	五元环酸酐			1865[极强] 1785[极强]	1300～1200 [极强]		
羰酸酯	饱和链状羰酸酯			1750～1730，尖 [500～1000]	1300～1050 (两个峰) [极强]		
	α,β-不饱和羰酸酯				1730～1715 [极强]	1300～1250 [极强] 1200～1050 [极强]	
	α-卤代羰酸酯				1770～1745 [极强]		
	Ar—COOR				1730～1715 [极强]		
羰酸酯	CO—O—C=C—				1770～1745 [极强]	1300～1250 [极强] 1180～1100 [极强]	
	CO—O—Ar				1740[极强]		
	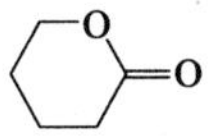 (六元环内酯结构式，O，=O)				1750～1735 [极强]		
	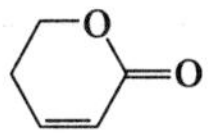 (六元环不饱和内酯结构式，O，=O)				1720[极强]		
	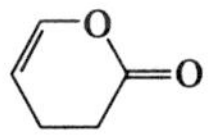 (六元环烯醇内酯结构式，O，=O)				1760[极强]		同时还有 C=C 吸收峰(1685cm⁻¹)
	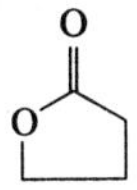 (五元环内酯结构式，O，O)			1780～1760 [极强]			
羧酸盐	—COO⁻			1610～1550 [强]	1420～1300 [强]		

续表

化合物类型	官能团	吸收频率/cm^{-1}					备注
		4000～2500	2500～2000	2000～1500	1500～900	900以下	
酰氯	饱和酰氯			1815～1770，尖[极强]			$-\mathrm{C}(=\mathrm{O})-\mathrm{F}$ 在较高波数处 $-\mathrm{C}(=\mathrm{O})-\mathrm{Br}$、$-\mathrm{C}(=\mathrm{O})-\mathrm{I}$ 在较低波数处
	α，β-不饱和酰氯			1780～1750，尖[极强]			
酰胺							圆括号内数值为缔合状态的吸收峰； 内酰胺的吸收位置随着环的减小而移向高波数方向
	伯酰胺 $-CONH_2$	3500，3400，双峰[强] (3350～3200，两个峰)					N—H吸收
	伯酰胺 $-CONH_2$			1690(1650)，尖[极强] 1600(1640)[强]			羰基吸收，酰胺Ⅰ带酰胺Ⅱ带。固定有两个峰
	仲酰胺 —CONH—	3440[强] (3300，3070)					N—H吸收
				1680(1665)，尖[极强]			酰胺Ⅰ带
				1530(1550)[变化]			酰胺Ⅱ带
					1260(1300)，[中，强]		酰胺Ⅲ带
酰胺	叔酰胺 —CON<			1650(1650)			
胺	伯胺 $R-NH_2$ $Ar-NH_2$	3500(3400)[中，强] 3400(3300)[中，强]			1640～1560[强，中]		圆括号内数值为缔合状态吸收峰
	仲胺 RNHR′	3350～3310[弱]					
	Ar—NHR	3450[中]					
	Ar—NHAr′	3490[中]					
	杂环上NH	3490[强]					
	叔胺 Ar—N(R)R′				1350～1260[中]		

续表

化合物类型	官能团	吸收频率/cm^{-1}					备注
		4000～2500	2500～2000	2000～1500	1500～900	900 以下	
胺盐	$—NH_3^+$	3000～2000 [强]宽吸收带上一至数峰		1600～1575，[强] 1550～1500 [强]			
	$—NH_2^+$	3000～2250 [强]宽吸收带上一至数峰		1620～1560 [中]			
	$—NH^+$	2700～2250 [强]宽吸收带上一至数峰					
腈	R—CN		2260～2240，尖[变化]				
	α，β-不饱和腈		2240～2215，尖[变化]				
	Ar—CN		2240～2215，尖[变化]				
硫氰酸酯	R—S—C≡N		2140，尖[极强]				
	Ar—S—C≡N		2175～2160，尖[极强]				
异硫氰酸酯	R—N═C═S		2140～1990，尖[极强]				
	Ar—N═C═S		2130～2040，尖[极强]				
亚胺	＞C═N—			1690～1630，[中]			共轭时移向低波数方向
肟	＞C═N—OH	3650～3500，宽[强]		1680～1630，[变化]	960～930		3650～3500cm^{-1}的吸收在缔合时移向低波数方向
重氮	—N═N			1630～1575，[变化]			
硝基	$R—NO_2$			1550，尖[极强]	1370，尖[极强]		
	$Ar—NO_2$			1535，尖[极强]	1345，尖[极强]		
硝酸酯	$—O—NO_2$			1650～1600，[强]	1300～1250，[强]		
亚硝基	—NO			1600～1500，[强]			
亚硝酸酯	—ONO			1680～1650，[变化] 1625～1610，[变化]			

续表

化合物类型	官能团	吸收频率/cm^{-1}					备注
		4000～2500	2500～2000	2000～1500	1500～900	900 以下	
含硫化合物	硫醇，—SH	2600～2550 [弱]					
	$>C=S$				1200～1050，[强]		
	亚砜 $>S=O$				1060～1040，尖[300]		
	砜 $>S(=O)_2$				1350～1310，尖[250～600] 1160～1120，尖[500～900]		
	磺酸盐 $R—SO_3^- M^+$				1200，宽[极强] 1050，[强]		M^+表示金属离子
	磺酰胺 $R—SO_2—N<$				1370～1330，[极强] 1180～1160，[极强]		
卤化物	C—F				1400～1000，[极强]		
	C—Cl					800～600 [强]	
	C—Br					600～500 [强]	
	C—I					500[强]	
含磷化合物	P—H		2440～2280 [中，强]				
	P—C					750～650	
	P=O				1300～1250 [强]		
	P—O—R				1050～1030 [强]		
	P—O—Ar				1190[强]		

注：1. 本表仅列出常见官能团的特征红外吸收。

2. 表中所列吸收峰位置均为常见数值。

3. 吸收峰形状标注在吸收位置之后，“尖”表示尖锐的吸收峰，“宽”表示宽而钝的吸收峰，若处于上述二者的中间状态则不加标注。

4. 吸收峰强度标注在吸收峰位置及峰形之后的括号中，“极强”、“强”、“中”、“弱”分别表示吸收峰的强度。

极强——表观摩尔吸收系数大于 200；

强——表观摩尔吸收系数 75～200；

中——表观摩尔吸收系数 25～75；

弱——表观摩尔吸收系数小于 25。

(当有近似的表观摩尔吸收系数数值时，则标注该数值。)

5. 参考文献：Nakanishi K，et al. Infrared Absorption Spectroscopy. 2nd ed. Holden-Day，1977.

附录 13 常用单体及引发剂的提纯与精制

1. 甲基丙烯酸甲酯的提纯

甲基丙烯酸甲酯是无色透明的液体，其沸点为 100.3～100.6℃；相对密度：d_4^{20}＝0.937；折射率：n_D^{20}＝1.4138。市售的甲基丙烯酸甲酯单体中常含有稳定剂对苯二酚，以防止在运输、储存过程中发生聚合。提纯方法如下：首先在 1000mL 分液漏斗中加入 500mL 甲基丙烯酸甲酯（MMA）单体，用 5％的 NaOH 水溶液反复洗至无色（每次用量 80～100mL），再用蒸馏水洗至中性，以无水硫酸镁干燥后静置过夜，然后进行减压蒸馏，收集 46℃/13332.2Pa（100mmHg）的馏分。甲基丙烯酸甲酯的沸点与压力关系见表 13-1。

表 13-1 甲基丙烯酸甲酯的沸点与压力的关系

压力/Pa(mmHg)	2666.44 (20)	3999.66 (30)	5332.88 (40)	6666.1 (50)	7999.32 (60)	9332.54 (70)	10665.76 (80)	11998.98 (90)
温度/℃	11.0	21.9	25.5	32.1	34.5	39.2	42.1	46.8
压力/Pa(mmHg)	13332.2 (100)	26664.4 (200)	39996.6 (300)	53328.8 (400)	66661 (500)	79993.2 (600)	101324.72 (760)	
温度/℃	46	63	74.1	82	88.4	94	101.0	

2. 苯乙烯的提纯

苯乙烯为无色或淡黄色透明液体，其沸点为 145.20℃；相对密度：d_4^{20}＝0.9060；折射率：n_D^{20}＝1.55469。

取 150mL 苯乙烯于分液漏斗中，用 5％氢氧化钠溶液反复洗至无色（每次用量 30mL）。再用蒸馏水洗涤到水层呈中性为止。用无水硫酸镁干燥、静置过夜。干燥后的苯乙烯在 250mL 克氏蒸馏瓶中进行减压蒸馏。收集 44～45℃/2666.44Pa（20mmHg）或 58～59℃/5332.88Pa（40mmHg）的馏分。苯乙烯的沸点和压力关系见表 13-2。

表 13-2 苯乙烯的沸点和压力的关系

压力/Pa(mmHg)	666.61 (5)	1333.22 (10)	2666.44 (20)	3999.66 (30)	5332.88 (40)	6666.1 (50)
温度/℃	17.9	30.7	44.6	53.3	59.8	65.1
压力/Pa(mmHg)	7999.32 (60)	9332.54 (70)	10665.76 (80)	11998.98 (90)	13332.2 (100)	26664.4 (200)
温度/℃	69.5	73.3	76.5	79.7	82.4	101.7
压力/Pa(mmHg)	3996.6 (300)	53328.8 (400)	66661 (500)	7993.2 (600)	101324.72 (760)	
温度/℃	113.0	123.0	130.5	136.9	145.2	

3. 醋酸乙烯酯的提纯

醋酸乙烯酯是无色透明的液体。沸点为 72.5℃；冰点为－100℃；相对密度：d_4^{20}＝0.9342；折射率：n_D^{20}＝1.3956。在水中溶解度（20℃）为 2.5％，可与醇混溶。

目前我国工业生产的醋酸乙烯酯采用乙炔气相法。在此法生产过程中，副产品种类很多。其中对聚合影响较大的物质有：乙醛、巴豆醛（丁烯醛）、乙烯基乙炔、二乙烯基乙炔等。为了储存的目的，在醋酸乙烯酯单体中还加入了0.01%～0.03%对苯二酚阻聚剂，以防止单体自聚。此外，在单体中还含有少量酸、水分和其他杂质等。因此在进行聚合反应之前，必须对单体进行提纯。

将20mL的醋酸乙烯酯放在500mL分液漏斗中，用饱和亚硫酸氢钠溶液洗涤三次，每次用量50mL，然后用蒸馏水洗涤三次。再用饱和碳酸钠溶液洗涤三次，每次用量50mL。然后用蒸馏水洗涤三次，最后将醋酸乙烯酯放入干燥的500mL磨口锥形瓶中，用无水硫酸镁干燥、静置过夜。将干燥的醋酸乙烯酯，在装有韦氏分馏柱的精馏装置上进行精馏。为了防止瀑沸和自聚，在蒸馏瓶中加入几粒沸石及少量对苯二酚阻聚剂。收集71.8～72.5℃之间的馏分。

4. 丙烯腈的提纯

丙烯腈为无色透明液体。其沸点为77.3℃；相对密度：$d_4^{20}=0.8060$；折射率：$n_D^{20}=1.3911$。在水中的溶解度（20℃）为7.5%。

取200mL工业丙烯腈放于500mL蒸馏瓶中进行普通蒸馏，收集73～78℃馏分。

注意：丙烯腈有剧毒，操作最好在通风橱中进行，操作过程中要仔细，绝对不能进入口中或接触皮肤。仪器装置要严密，毒气应排出室外，残渣要用大量水冲洗掉！

5. 过氧化苯甲酰（BPO）的精制

过氧化苯甲酰的提纯常采用重结晶法。通常以氯仿为溶剂，以甲醇为沉淀剂进行精制。过氧化苯甲酰只能在室温下溶于氯仿中，不能加热，因为容易引起爆炸。

其纯化步骤为：在1000mL烧杯中加入50g过氧化苯甲酰和200mL氯仿，不断搅拌使之溶解，过滤，滤液直接滴入500mL甲醇中，出现白色的针状结晶即BPO。然后，将带有白色针状结晶的甲醇过滤，用冰冷的甲醇洗净抽干，待甲醇挥发后，称重。根据得到的物质质量，按以上比例加入氯仿，使其溶解，加入甲醇，使其沉淀，这样反复再结晶两次后，将沉淀（BPO）置于真空干燥箱中干燥（不能加热，因为容易引起爆炸），称重。产品放在棕色瓶中，保存于干燥器中。过氧化苯甲酰在不同溶剂中的溶解度见附录表13-3。

附录表13-3　过氧化苯甲酰在不同溶剂中的溶解度（20℃）

溶　剂	石油醚	甲醇	乙醇	甲苯	丙酮	苯	氯仿
溶解度/%	0.5	1.0	1.5	11.0	14.6	16.4	31.6

6. 偶氮二异丁腈（AIBN）的精制

偶氮二异丁腈是广泛应用的引发剂，作为它的提纯溶剂主要是低级醇，尤其是乙醇。也有用乙醇-水混合物、甲醇、乙醚、甲苯、石油醚等作溶剂进行精制的报道。AIBN的精制步骤如下：在装有回流冷凝管的150mL锥形瓶中，加入50mL 95%的乙醇，于水浴上加热至接近沸腾，迅速加入5g偶氮二异丁腈，摇荡，使其全部溶解（煮沸时间长，分解严重）。热溶液迅速抽滤（过滤所用漏斗及吸滤瓶必须预热）。滤液冷却后得白色结晶，用布氏漏斗过滤后，结晶置于真空干燥箱中干燥，称重。其熔点为102℃（分解）。

7. 过硫酸钾和过硫酸铵的精制

在过硫酸盐中主要杂质是硫酸氢钾（或硫酸氢铵）和硫酸钾（或硫酸铵），可用少量水反复结晶进行精制。将过硫酸盐在40℃水中溶解并过滤，滤液用冰水冷却，过滤出结晶，并以冰冷的水洗涤，用$BaCl_2$溶液检验滤液无SO_4^{2-}为止，将白色柱状及板状结晶置于真空干燥箱中干燥，在纯净干燥状态下，过硫酸钾能保持很久，但有湿气时，则逐渐分解放出氧。

附录 14 无机半导体能带、导带和价带能级数据

半导体	E_g/eV	E_{CB}(vs. NHE)/eV	E_{VB}(vs. NHE)/eV
Ag_2O	1.2	0.19	1.39
$AlTiO_3$	3.6	−0.86	2.74
$BaTiO_3$	3.3	0.08	3.38
Bi_2O_3	2.8	0.33	3.13
CdO	2.2	0.11	2.31
$CdFe_2O_4$	2.3	0.18	2.48
Ce_2O_3	2.4	−0.5	1.9
CoO	2.6	−0.11	2.49
$CoTiO_3$	2.25	0.14	2.39
Cr_2O_3	3.5	−0.57	2.93
CuO	1.7	0.46	2.16
Cu_2O	2.2	−0.28	1.92
$CuTiO_3$	2.99	−0.18	2.81
FeO	2.4	−0.17	2.23
Fe_2O_3	2.2	0.28	2.48
Fe_3O_4	0.1	1.23	1.33
FeOOH	2.6	0.58	3.18
$FeTiO_3$	2.8	−0.21	2.59
Ga_2O_3	4.8	−1.55	3.25
HgO	1.9	0.63	2.53
In_2O_3	2.8	−0.62	2.18
La_2O_3	5.5	−1.97	3.53
$LaTi_2O_7$	4	−0.6	3.4
$MgTiO_3$	3.7	−0.75	2.95
MnO	3.6	−1.01	2.59
MnO_2	0.25	1.33	1.58
$MnTiO_3$	3.1	−0.46	2.64
NiO	3.5	−0.5	3
$NiTiO_3$	2.18	0.2	2.38
PbO	2.8	−0.48	2.32
$PbFe_{12}O_{19}$	2.3	0.2	2.5
PdO	1	0.79	1.79

续表

半导体	E_g/eV	E_{CB}(vs. NHE)/eV	E_{VB}(vs. NHE)/eV
SnO	4.2	−0.91	3.29
SnO_2	3.5	0	3.5
TiO_2	3.2	0.29	2.91
V_2O_5	2.8	0.2	3
WO_3	2.7	0.74	3.44
ZnO	3.2	−0.31	2.89
$ZnTiO_3$	3.06	−0.23	2.83
ZrO_2	5	−1.09	3.91
Ag_2S	0.92	0	0.92
$AgSbS_2$	1.72	0.01	1.73
CdS	2.4	−0.52	1.88
CoS	0	0.67	0.67
CoS_2	0	0.99	0.99
CuS	0	0.77	0.77
Cu_2S	1.1	−0.06	1.04
CuS_2	0	1.07	1.07
$CuFeS_2$	0.35	0.47	0.82
Cu_5FeS_4	1	0.05	1.05
$CuInS_2$	1.5	−0.44	1.06
FeS	0.1	0.47	0.57
Fe_3S_4	0	0.68	0.68
HgS	2	0.02	2.02
$HgSb_4S_8$	1.68	0.31	1.99
In_2S_3	2	−0.8	1.2
MnS	3	−1.19	1.81
MnS_2	0.5	0.49	0.99
MoS_2	1.17	0.23	1.4
NiS	0.4	0.53	0.93
PbS	0.37	0.24	0.61
$Pb_{10}Ag_3Sb_{11}S_{28}$	1.39	0.09	1.48
$PbCuSbS_3$	1.23	0.11	1.34
PtS_2	0.95	1.03	1.98
Sb_2S_3	1.72	0.22	1.94
SnS	1.01	0.16	1.17
WS_2	1.35	0.36	1.71
ZnS	3.6	−1.04	2.56
$Zn_3In_2S_6$	2.81	−0.91	1.9
ZrS_2	1.82	−0.21	1.61

注：数据引自：Yong Xu，Msrtin A. A. Schoonen. The absolute energy positions of conduction and valence bands of selected semi-conductingminerals. Americanmineralogist，2000，85，543-556.